例題で学ぶ

はじめての電気電子材料

臼田昭司・早川 潔・伊藤 敏・井上祥史・鷲野嘉映 著

技術評論社

はじめに

電気電子材料の範囲は、電子材料から半導体材料、磁気材料、電気絶縁材料など非常に広範囲にわたっています。本書は、電気電子材料の物性からはじまり、導電材料と半導体材料の物性や基本特性、コンデンサなどに使用される誘電材料、磁気材料の磁気特性、熱電変換材料の基本特性と二次電池やキャパシタに使用される蓄電材料、トランジスタなどの電気電子デバイス、最後に、材料評価について説明します。

各章は、本書のコンセプトである例題と解答を随所に入れ、本文の理解を含めるように工夫しています。

各章の内容については以下に概説します。

第1章は、電気電子材料の基本的な物性、化学結合と結晶構造について説明します。

第2章は、金属の導電性と電導モデル、レアメタルの電導性について説明します。

第3章は、真性半導体と不純物半導体、半導体デバイスの基本構造である *pn* 接合、光電変換と発光素子などについて説明します。

第4章は、電気絶縁の基礎となる誘電体の基礎からコンデンサとキャパシタ、代表的な絶縁材料であるマイカとチタン酸バリウムについて説明します。

第5章は、代表的な磁気材料と磁気の基本特性である磁化特性と測定例などについて説明します。

第6章は、熱電変換モデルであるゼーベック効果、ペルチエ効果、トムソン効果について、蓄電材料してリチウムイオン電池とリチウムイオンキャパシタを取り上げ、基本構成と基本動作、特性について説明します。

第7章は、電気電子デバイス（半導体デバイス）その1として、ガンダイオード、バイポーラトランジスタ、*MOS* トランジスタ、サイリスタ、集電素子について説明します。

第8章は、電気電子デバイスその2として、発光ダイオードとレーザダイオード、液晶、有機 *EL*、光ファイバー、太陽電池について説明します。

第9章は、材料の全般的な評価として、電気的評価、磁気測定、機械的特性試験について説明します。また、磁気特性については具体的な測定例を説明します。

付録については、材料評価の1つである「光ファイバーを使用した色温度と色度図の測定」と「導電率と粘度の測定」、グローバルな *SDGs* として人体の健康、安全を目的にした「人体および人体計測にかかわる電子材料」について、神経の電気信号伝達や生体の電極材料、センサについて説明します。最後に、本文で使用する「ギリシャ文字」と「電気電子工学の図記号」について掲載します。

各章は、独立していますので、読者の興味や仕事に関連性のある章を参照することができます。また、各章には随所に例題を入れていますので、本文の理解を深めるために、また本文の復習を兼ねて例題と解答を参照することができます。

本書は、電気電子材料の性質上、非常に広範囲で多岐にわたっていますので、すべてを網羅することはできませんが、学生の授業教材としての電気電子材料の入門書として、また、材料関連の仕事に関わっている初級技術者、読者の方々の参考書として活用していただければ幸いです。

最後に、本書執筆に際し、貴重な情報や資料をご提供いただいた企業の皆様に、さらに、企画から執筆の好機を与えていただいた技術評論社の谷戸伸好副編集長、松井竜馬課長はじめ関係の諸氏に感謝いたします。

2021年 8 月　著者らしるす

CONTENTS

第1章　電気電子材料の基礎

第2章　導電材料

第3章　半導体材料

第4章　誘電材料

第5章　磁気材料

第 6 章　熱電変換材料と蓄電材料

第 7 章　電気電子デバイス（半導体デバイス）

第 8 章　電気電子デバイス（発光・光学系デバイス）

第 9 章　材料評価

付録

第1章
電気電子材料の基礎

電気・電子工学の主要な働きを担っている導体や半導体、絶縁物について、最初に、材料物性や化学結合、原子構造、代表的な結晶格子と原子の充填率について説明します。また、これらの基礎的な考え方の基になっている量子力学の基本的な概念、半導体のバンド理論の基礎になっている帯理論と統計力学の基本的な知識、考え方について説明します。電気電子材料の物性的な中身を理解することは、電気電子の主要な材料を理解するうえで必要不可欠となります。

1－1 電気電子材料の物性

本節では、物質の構造、固体の構造と性質について説明します。

電気電子の材料は電気伝導物質、半導体、絶縁体で、使われ方が変わります。電気を通すか通さないかという性質はどこから出てくるのでしょうか？　それらを明らかにするために、物質を構成する元素と、それの集合状態について説明します。

元素とは物質の特性を表すもとであり、元素の性格を決める最小単位が原子です。原子は核と核外の2領域からなり、核は原子核、核外には電子があります。原子核は主にプラス電荷をもつ陽子と電荷をもたない中性子から構成されます(水素原子は陽子のみ、すなわちプラスの電荷をもつ)。原子の性格は核外にある電子の中で最外殻電子（価電子）に大きく影響されます。そのため、似た性格をもつ元素が周期的に繰り返す現象が起こります。それを表したのが表1－1に示す化学で学んだ周期表です。左から順に価電子が1つ、2つの元素が並べられ、縦方向に同じ価電子配置をもつ元素が並べられ、それぞれ化学的性質が似ています。周期表は原子の概念ができる以前から、経験的に化学的性質が似た元素を並べて分類したものです。それが原子の構造で裏付けられたのです。

表1－1　周期表

1 *H*																	2 *He*
3 *Li*	4 *Be*											5 *B*	6 *C*	7 *N*	8 *O*	9 *F*	10 *Ne*
11 *Na*	12 *Mg*											13 *Al*	14 *Si*	15 *P*	16 *S*	17 *Cl*	18 *Ar*
19 *K*	20 *Ca*	21 *Sc*	22 *Ti*	23 *V*	24 *Cr*	25 *Mn*	26 *Fe*	27 *Co*	28 *Ni*	29 *Cu*	30 *Zn*	31 *Ga*	32 *Ge*	33 *As*	34 *Se*	35 *Br*	36 *Kr*
37 *Rb*	38 *Sr*	39 *Y*	40 *Zr*	41 *Nb*	42 *Mo*	43 *Tc*	44 *Ru*	45 *Rh*	46 *Pd*	47 *Ag*	48 *Cd*	49 *In*	50 *Sn*	51 *Sb*	52 *Te*	53 *I*	54 *Xe*
55 *Cs*	56 *Ba*	57 ~71	72 *Hf*	73 *Ta*	74 *W*	75 *Re*	76 *Os*	77 *Ir*	78 *Pt*	79 *Au*	80 *Hg*	81 *Tl*	82 *Pb*	83 *Bi*	84 *Po*	85 *At*	86 *Rn*
87 *Fr*	88 *Ra*	89 ~103	104 *Rf*	105 *Db*	106 *Sg*	107 *Bh*	108 *Hs*	109 *Mt*	110 *Ds*	111 *Rg*	112 *Cn*	113 *Nh*	114 *Fl*	115 *Mc*	116 *Lv*	117 *Ts*	118 *Og*

電気を通しやすい元素を概観しましょう。最外殻電子配置が同じ縦の系列をみると、元素番号29の銅（*Cu*）、47番の銀（*Ag*）79番の金（*Au*）は貴金属として自然界で単体として産出します。左端から数えて11番目なので第11族元素といわれています。最外殻電子（価電子）はいずれも *s* 軌道に1つ電子がある元素で、良伝導体です。

価電子配置は同じでも、内部の電子配置が異なる遷移金属群があります。原子番号で21番から30番です。金属としてなじみの、クローム、鉄、コバルト、ニッケル、銅、亜鉛の名前が並んでいます。これらは電気をよく通す性質をもちます。

金属以外の元素として価電子が4つの元素を縦の系列でみると、原子番号6の炭素（*C*）、原子番号14のシリコン（ケイ素 *Si*）、原子番号32のゲルマニウム（*Ge*）があります。ケイ素※注やゲルマニウムは半導体としてよく知られています。そして、炭素 *C* より価電子が1つ少ない縦系列は、原子番号5のボロン（ホウ素 *B*）、アルミニウム（*Al*）、ガリウム（*Ga*）、インジウム（*In*）が並んでいます。価電子が1つだけ多い元素は窒素（*N*）、リン（*P*）、ヒ素（*As*）、アンチモン（*Sb*）です。いずれも半導体のドーピング元素として名前をよく聞く元素です。

原子番号6の炭素（*C*）の電子配置を模式的に図1－1に示します。中心の原子核電荷は6、電子は6個あります。エネルギー順位が低い軌道から順に電子が入ります。1*s* 軌道に2つ、2*s* 軌道に2つ、2*p* は3つあるので、それぞれに2つずつ、合わせて6つです。1番内側の円が 1*s* 軌道、2番目の円が 2*s*、2*p* 軌道です。すなわち、最外殻に4つの電子があります。ただし、2*s* 軌道と 2*p* 軌道はエネルギー準位が近いので、4つの軌道に1つずつ電子が入ります。電子配置は $1s^2\ 2s^2\ 2p^2$ または $1s^2\ 2s^1\ 2p^3$ になります。

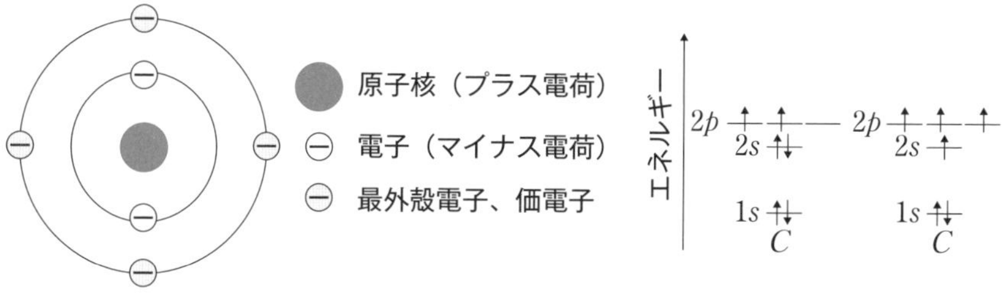

図1－1　炭素原子の電子配置

※注：ただし、室温ではケイ素は電気をあまり通さない絶縁体である。ほんの少しだけ不純物を入れることで半導体としての性格をもつ。

［例題１−１］

原子番号15のリン（P）の電子配置を調べて最外殻電子の数を述べなさい。

［解答］

原子番号が15なので、中心の原子核電荷は15、電子は15個あります。エネルギー順位が低い軌道から順に電子が入ります。$1s$ 軌道に２つ、$2s$ 軌道に２つ、$2p$ は３つあるので、それぞれに２つずつ、合わせて６つ、$3s$ 軌道に２つ、$3p$ 軌道に３つです。模式的に図１−２に示します。１番内側の円が $1s$ 軌道、２番目の円が $2s$、$2p$ 軌道、３番目の円が最外殻軌道で $3s$、$3p$ です。すなわち、最外殻に５つの電子があります。

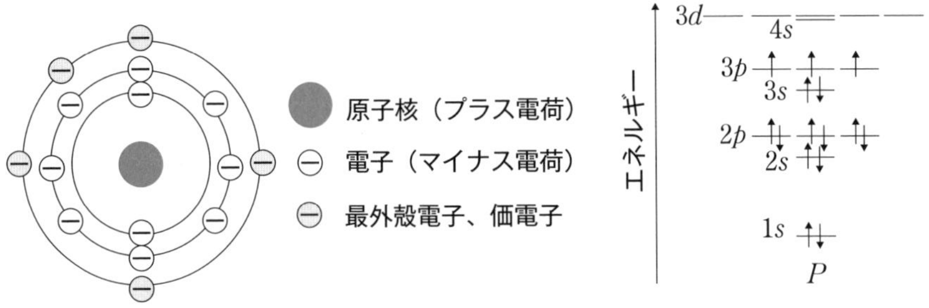

図１−２　リン原子の電子配置

答：５つ

シリコンに電子が1つだけ多いリン（P）を少し混ぜると結合で使われる電子4つ以外に1つ余分に電子が供給されます。すなわち結合に使われないで「自由」に動ける電子ができて、少しだけ電気を通す半導体の性格をもちます。これがn型半導体です。シリコンに電子不足の不純物として、ボロン（B）を混ぜると電子の穴（ホール）ができます。これがp型半導体です。青色LEDを作るのに使われた窒化ガリウムは窒素が価電子5つ、ガリウムが3つ、まさに価電子が4つのシリコンの両サイドに位置する元素から構成されています。

周期表（表1－1）から、すなわち最外殻電子（価電子）の状態から物質をみてきましたが、価電子を4つもつ炭素をみてみます。炭素で構成される黒鉛（グラファイト）は電気を通します。乾電池のプラス極材料として使われています。理科の実験で電気放電（アーク放電）させるときの電極としても使われます。これらは伝導体として使用されています。しかし、同じ炭素で構成されているダイヤモンドはとても優れた絶縁体です。同じ炭素なのに性質が異なります。これは同素体と呼ばれ、同一元素の単体の中で原子の配列、すなわち結晶構造や結合様式が異なる物質を表します。ダイヤモンドは図1－3（a）に示すように、正四面体の格子で頑丈に組まれ、炭素元素は周りに4つの炭素元素が配置され、もっている4つの価電子はすべて結合に使われます。電子が結合に使われるということは、動ける電子がないことになります。一方で、黒鉛は図1－3（b）に示すように、平面状で六方格子の層状構造をしています。平面内で六角形を構成しているので、炭素原子は周りの3つの炭素と結合します。すなわち、結合に使われない電子が1つあることになります。この電子が自由電子となり、伝導性をもちます。

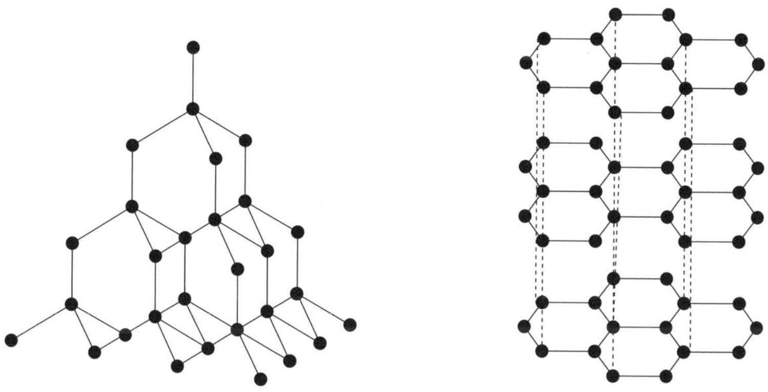

(a) ダイヤモンド　　(b) グラファイト（黒鉛）

図1－3　炭素元素の同素体の構造（ダイヤモンドと黒鉛）

物質の電気的性質は物質を構成する原子の電子構造に依存します。さらに、物質は原子や原子が結合した分子の集合体です。その集合体の集合状態により電気的性質が変わります。

コラム　周期表が認められるまで

周期表は1869年にメンデレーエフにより発見されました。発表当初は評価されず、ほとんど無視されたといわれています。しかし、6年後に、ボアボードランによりガリウム元素が発見され、比重も発表されました。メンデレーエフは周期表から比重を推定して、ガリウムの発見者に比重が違うのではと指摘をしました。最終的にメンデレーエフによる指摘が正しかったことから、周期表の有効性が認められ、その後の新元素発見の重要な手がかりとなりました。

（『現代化学の基礎』渡辺啓 著／サイエンス社／1995年より）

1－2 量子力学の基礎

本節では原子やポテンシャル中の電子、原子の電子構造について説明します。

原子内の電子はどのような状態で存在しているのでしょうか。原子内の電子のエネルギーは飛び飛びの値をとることが知られています。飛び飛びの値をとるという証拠は花火を科学の目で観測すると納得できます。すなわち、炎色反応になります。高温の炎の中に金属を入れると熱エネルギーによって金属原子内の電子が励起（低いエネルギー準位から高いエネルギー準位へ移動すること）されます。励起された電子がもとの軌道に戻るときに光を発します。その光の色はエネルギー準位の差により決まり、金属に特有の色になります。特有の色になることはエネルギー準位が特有の値であることを示しています。銅は青緑色です。リチウムは赤色です。ナトリウムは黄色で、ナトリウムランプとして高速道路の街灯として利用されています。もし、エネルギー準位が飛び飛びでなかったら特有の色は出ません。

私たちの身の回りではエネルギーは連続であり、飛び飛びではありません。私たちはものをどのように認識しているでしょうか。さまざまなものを認識するのに、位置や運動量とか、電圧や電流、光の波長（可視光域ならば色）、圧力などを測定し、それらの関係を調べて理解していきます。私たちの目に触れる物体の運動からの類推で、微視的な環境（原子の世界）でも同じようなことが起こっていると思いがちです。しかし、「知識」として得た電子のエネルギー準位は飛び飛びです。炎色反応から得た実験結果からも飛び飛びであることがわかります。

エネルギーが飛び飛びである原因を明らかにするために、数式を扱います。難しそうな顔をした数式ですが、眺めていただければよいです。もちろん式の導出をフォローしていただければ実力はつきますが、大切なことは式を眺めて、どこで飛び飛びのエネルギーが出てくるかを確認することです。

微小世界を表す基本式であるシュレディンガー方程式（*Schrödinger equation*）を取り扱います。式（1－1）は時間を含むシュレディンガー方程式です。

$$\left\{-\frac{h^2}{2m}\left(\frac{\partial^2}{\partial x^2}+\frac{\partial^2}{\partial y^2}+\frac{\partial^2}{\partial z^2}\right)+V(x, y, z)\right\}\psi=ih\frac{\partial\psi}{\partial t} \qquad (1-1)$$

この式を仮定して、さまざまな問題に適応をして、実験事実を説明することができました。すなわち、正しい式として証明されています。また、この式は振動を表す式と似ています。

イメージを浮かべるために、三次元で表された式（1－1）を一次元（変数を

xのみに）に、さらに時間変化がない定常状態として、式を書き直すと式（1－2）になります。

$$\left\{-\frac{h^2}{2m}\frac{d^2}{dx^2}+V(x)\right\}X=\varepsilon X \qquad (1-2)$$

ここで、右辺のεはエネルギーを表しています。ここで、微粒子の存在できる場所を長さaの特定の領域に限定します。電子が原子核近くに束縛されている状態に対応します。この条件で式（1－2）を解くと、式（1－3）、式（1－4）、式（1－5）になります。ここでnを量子数と称します。

$$X(x)=A\,sin\left(\frac{n\pi}{a}x\right) \qquad (1-3)$$

$$\varepsilon=\frac{h^2}{2m}\left(\frac{n\pi}{a}\right)^2 \qquad (1-4)$$

$$n=1, 2, 3\cdots \qquad (1-5)$$

詳しい導出過程は省略します。エネルギーを表す式（1－4）に注目してください。限定した領域の大きさを表すaが分母にあり、式（1－5）の量子数nが増えるごとにエネルギーは大きくなります。そして、そのエネルギーは飛び飛びです。電子が存在できる場所（領域）の大きさaを大きくすると、エネルギーの値は小さくなり、量子数nが変化してもエネルギーの飛びは小さくなります。すなわち、エネルギーが飛び飛びになる原因は、電子の存在領域を小さな範囲aに限定したからです。後で述べる化学結合でも同様の考えが使われます。微分方程式を解くときの条件として電子の存在できる**領域を限定**して、方程式を解き、その結果、エネルギー順位が飛び飛びになりました。

［例題１－２］

一次元定常状態のシュレディンガー方程式（1－2）を井戸型ポテンシャルの条件を用いて電子のエネルギーを求めなさい。

［解答］

シュレーディンガー方程式のポテンシャル$V(x)$を図１－４の井戸型ポテンシャルとします。井戸型ポテンシャルとは無限に高い壁（領域１および領域３）に囲まれた空間（領域２）をもつポテンシャルのことです。ポテンシャルVは領域xが$0<x<a$の場合、$V=0$、すなわちこの空間では粒子（電子）はエネルギーを消費せずに自由に移動できます。それ以外の領域、xが負の場合とaを超える領域では$V=\infty$になり、この領域へは移動できない条件です。この条件で式（1－2）を解きます。

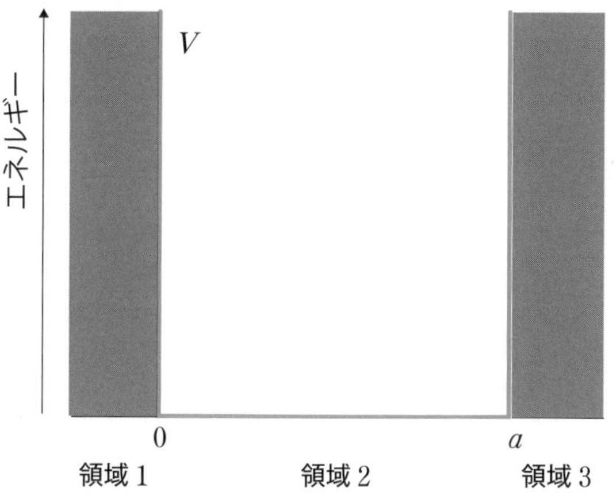

図1－4　井戸型ポテンシャル

領域 1 および 3 ではポテンシャルエネルギーが無限大なので、解は 0 になります。

領域 2 では、$V=0$ なので、

$$\frac{-h^2}{8\pi^2 m}\ \frac{d^2}{dx^2}X(x)=\varepsilon X(x) \qquad (1-6)$$

の波動方程式を満たします。境界条件 $X(a)=X(0)=0$ を満たす最も簡単な波動関数として

$$X(x)=X_0\ sin\frac{\pi}{a}n\ x \quad (n=\pm 1,\ \pm 2,\ \cdots) \qquad (1-7)$$

が得られます。このときの電子のエネルギーは

$$E=\frac{h^2}{8ma^2}n^2 \quad (n=\pm 1,\ \pm 2,\ \cdots) \qquad (1-8)$$

と飛び飛びの値になります。

答：$E=\frac{h^2}{8ma^2}n^2 \quad (n=\pm 1,\ \pm 2,\ \cdots)$

水素原子についてシュレディンガー方程式を解いていきましょう。水素原子は中心に原子核があり、その周りに電子が 1 つあります。原子核は電荷が 1 の陽子です。陽子と電子の質量比は1840：1 で、陽子の質量が圧倒的に大きいです。これらから陽子は不動であるとして、陽子のある場所を原点にとります。電子を電荷 $-e$ の点電荷であると考えて式をたてます。式（1 － 1）のシュレディンガー方程式の位置エネルギーを表す V に式（1 － 9）に示すように電荷の位置エネ

ルギーのみを与えます。

$$V=\frac{e^2}{4\pi\varepsilon_0 r} \qquad (1-9)$$

これから、水素原子のシュレディンガー方程式は式（1 −10）になります。

$$\left\{-\frac{h^2}{2m}\left(\frac{\partial^2}{\partial x^2}+\frac{\partial^2}{\partial y^2}+\frac{\partial^2}{\partial z^2}\right)-\frac{e^2}{4\pi\varepsilon_0 r}\right\}\varphi=\varepsilon\varphi\,(x,y,z) \qquad (1-10)$$

式（1 − 9）の位置エネルギーは中心からの距離 r の関数です。このような場合、座標を極座標で表すと便利です。極座標でシュレディンガー方程式を表すと式（1 −11）になります。

$$\left\{-\frac{h^2}{2m}\left(\frac{\partial^2}{\partial r^2}+\frac{2}{r}\frac{\partial}{\partial r}+\frac{1}{r^2}\Lambda\right)-\frac{e^2}{4\pi\varepsilon_0 r}\right\}\varphi\,(r,\theta,\phi)=\varepsilon\varphi\,(r,\theta,\phi)$$

$$(1-11)$$

この式を解くために、動径方向の成分を $R(r)$、方位（角度）方向 θ、ϕ の成分を $Y(\theta,\phi)$ と置いて変数分離を行います。数式を解くのは大変ですので、方位成分 $Y(\theta,\phi)$ のみの結論を書きます。式（1 − 2）を解いたときと同様に飛び飛びになりその状態を量子数で表現します。方位成分では量子数 l（方位量子数）を用います。

$$l=0：Y_0^0=\frac{1}{\sqrt{4\pi}} \qquad (1-12)$$

$$l=1：Y_1^0=\sqrt{\frac{3}{4\pi}}\cos\theta \qquad (1-13)$$

$$Y_1^{\pm1}=\mp\sqrt{\frac{3}{8\pi}}\sin\theta e^{\pm i\phi}$$

$$l=2：Y_2^0=\sqrt{\frac{5}{16\pi}}(3\cos^2\theta-1) \qquad (1-14)$$

$$Y_2^{\pm1}=\mp\sqrt{\frac{15}{8\pi}}\sin\theta\cos\theta e^{\pm i\phi}$$

$$Y_2^{\pm2}=\sqrt{\frac{15}{32\pi}}\sin^2\theta e^{\pm2i\phi}$$

これに動径方向（中心からの距離に依存する）の解から得られる量子数 n（主量子数）を合わせて、水素原子の原点（陽子の位置）から電子のポテンシャルを求めます。これより、電子の存在確率分布を求めることができます。これらの式から水素原子におけるエネルギー分布を描くと図1 − 5になり、それから求めた原子核（陽子）からの距離に応じた電子の存在確率を図1 − 6に示します。

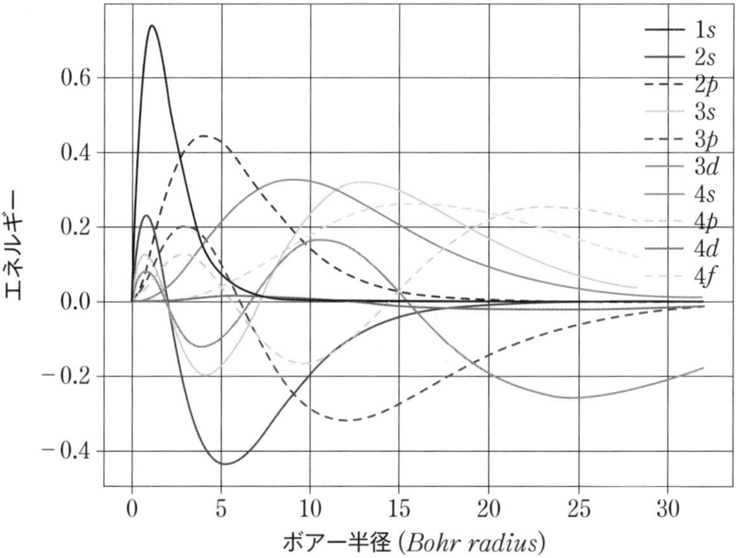

図1－5　水素原子のエネルギー分布

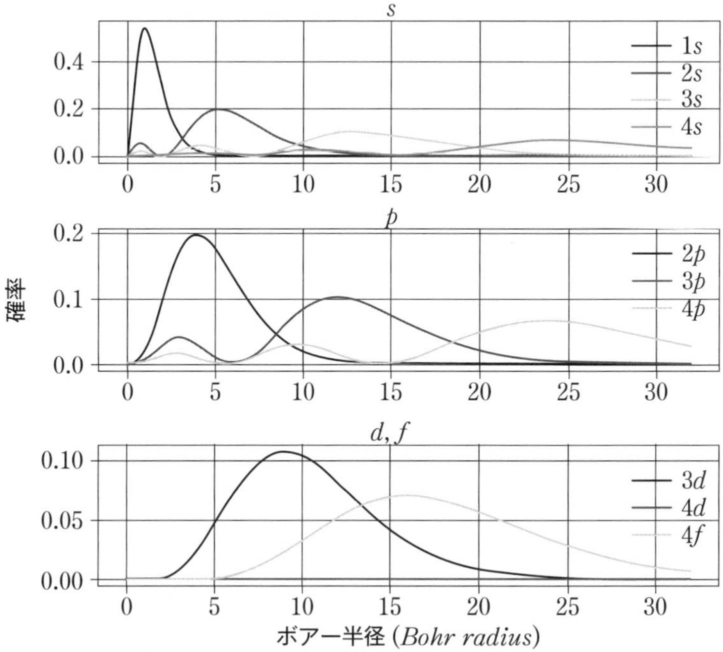

図1－6　水素原子内の電子の存在確率

難解にみえる数式の添え字にある“1”、“2”、“3”、“4”は主量子数 n です。方位量子数 l は式（1－12）の $l=0$ の場合は“s”、式（1－13）の $l=1$ の場合は“p”、式（1－14）の $l=2$ の場合は“d”、$l=3$ の場合は“f”と記号で軌道を表します（f の式は省略しました）。方位量子数 l の数値に合わせて記号で表したもので、s 軌道、p 軌道、d 軌道、f 軌道として知られています。

これらより、水素原子のエネルギー順位は、低い順位から 1s、2s、2p、3s、3p、3d、4s、4p、4d、4f…となります。この軌道の名前は聞いたことがあると思います。それぞれの軌道の形（電子の存在確率を雲形状で表したもの）を図1－7に示します。s 軌道は方位量子数が0の場合なので、全方位が等価であり、球形になります。1s 軌道のみを描いています。2s 軌道、3s 軌道は図1－7の上の図に示すように球の半径が大きくなります。同様に p 軌道は 2p 軌道のみを描いています。※注

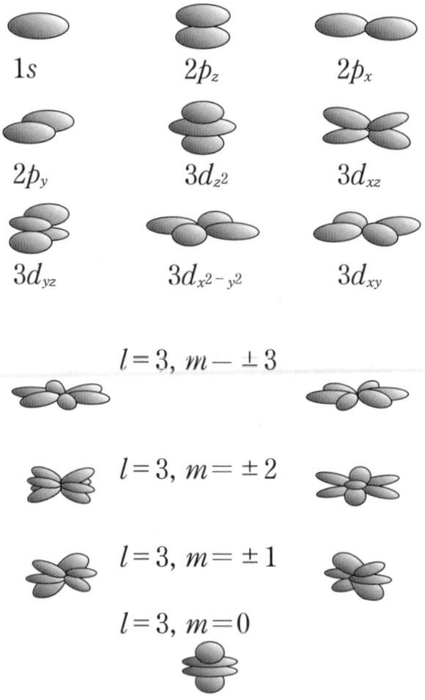

図1－7　s、p、d、f 軌道の形

※注：米澤進吾氏のWebページを参考。http://www.ss.scphys.kyoto−u.ac.jp/person/yonezawa/contents/program/gnuplot/gallery/spherical−harmonics−list.html

1－3 化学結合

化合物の基本単位は分子です。分子とは原子と原子が化学結合と呼ばれる力で結ばれていて、１つの単位のように挙動する原子の集団のことをいいます。化学結合は、次の４種類があります。結合力が強い順で並べます。

共有結合＞イオン結合＞金属結合＞分子間結合

多くの分子は共有結合により作られます。

共有結合について説明します。水素原子が２つ集まり水素分子になる場合を考えます。図１－８にエネルギーと存在確率の関係を示します。図の上がエネルギー準位、下が電子の存在する確率を雲状に表現した図です。

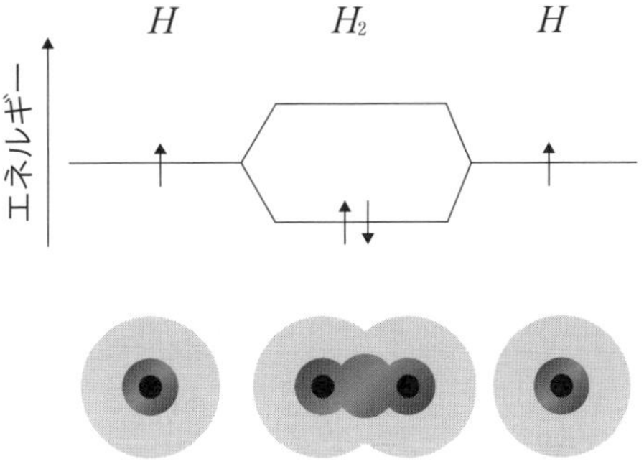

図１－８　水素原子と水素分子のエネルギー順位と電子の存在確率の模式図

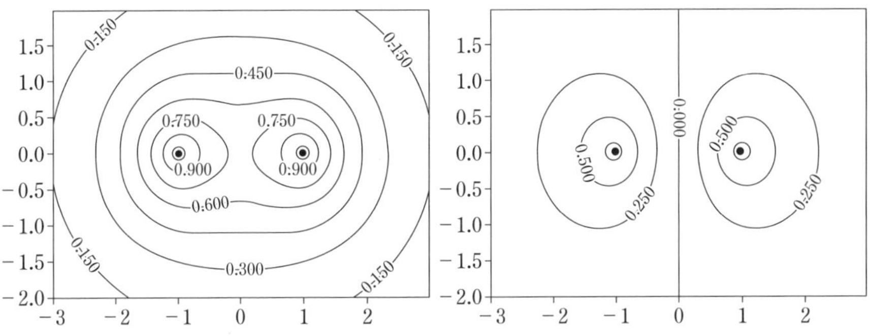

(a) 結合する軌道　　(b) 反結合する軌道

図１－９　水素分子内のエネルギー分布

図１－８の両端に示した２つの水素原子が、離れているときは、電子はそれぞれのエネルギー順位に存在しています。しかし、水素原子同士が近づき、図１－８の中央に示したように電子の存在場所が重なり合うと、エネルギー順位は変化します。式（１－４）で示したように、領域の大きさ a が大きくなるとエネルギーは低くなります。原子が互いに接近して電子が存在できる領域が重なると、存在できる領域が広がり、エネルギー順位が下がります。また、電子同士が近づくと反発しますので、エネルギー順位が高くなります。図１－９はその様子を示しています。図１－９（*a*）が結合する軌道のエネルギー分布で、同図（*b*）が反結合軌道のエネルギー分布を示します。水素分子の場合、各水素原子から１つずつ電子が供出され、結合軌道に入り、２つでエネルギー的に安定して、強固な結合が作られます。この結合を、２つの原子が互いに電子を共有することから**共有結合**といいます。

さらに構造に影響を与える混成軌道について説明します。図１－１の右で炭素原子のエネルギー準位を示しました。$2s$ 軌道と $2p$ 軌道のエネルギー準位がとても近いことがわかります。それで、図１－10に示すように、s 軌道と p 軌道がほぼ等価になり、混成する場合があります。s 軌道に２つ、p 軌道に２つ入っていた電子が s 軌道に１つ、３つの p 軌道にそれぞれ１つずつ入り、４つの電子の存在が等価になります。この場合、sp^3 混成軌道といいます。立体的に４方向が等価になり、結合のなす角度は109.5度です。図１－３（*a*）で示したダイヤモンド構造に該当します。１つの s 軌道と２つの p 軌道が混成する場合、sp^2 混成軌道といいます。この場合、３方向が等価になり、結合は平面で120度をなします。図１－３（*b*）で示したグラファイト（黒鉛）の構造に該当します。１つの s 軌道と１つの p 軌道が混成する場合、sp 混成軌道といいます。結合は一直線状になります。図１－11に sp^3、sp^2、sp 混成軌道を示します。

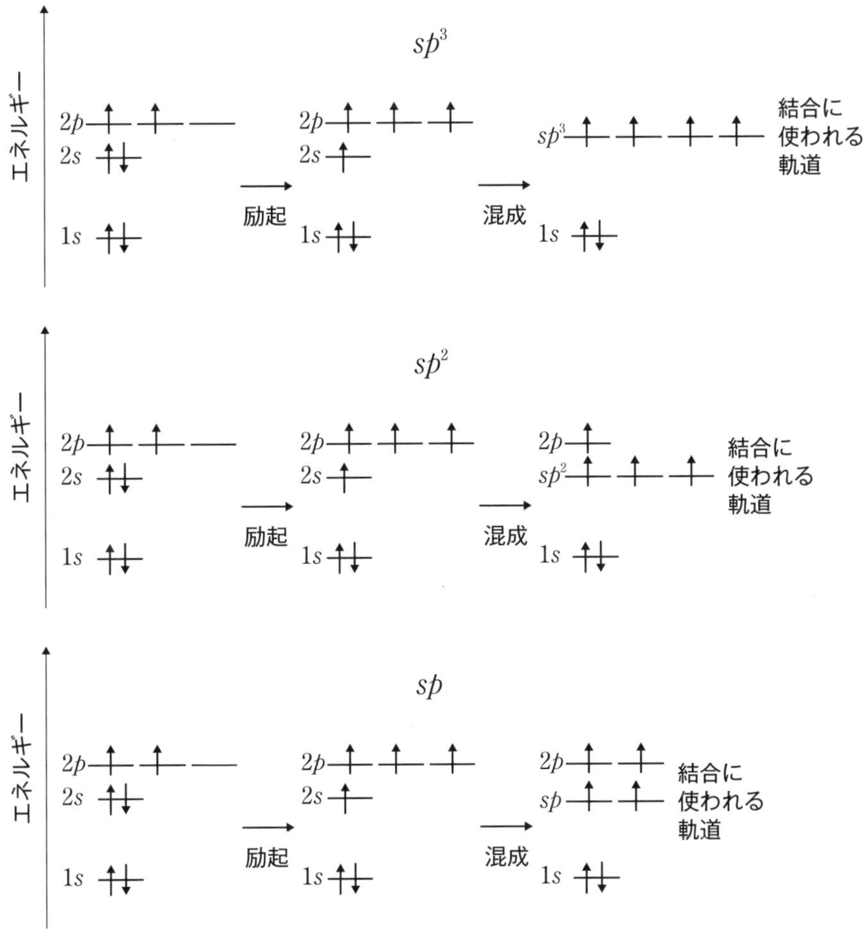

図1－10　sp^3、sp^2、sp 混成軌道のエネルギー準位

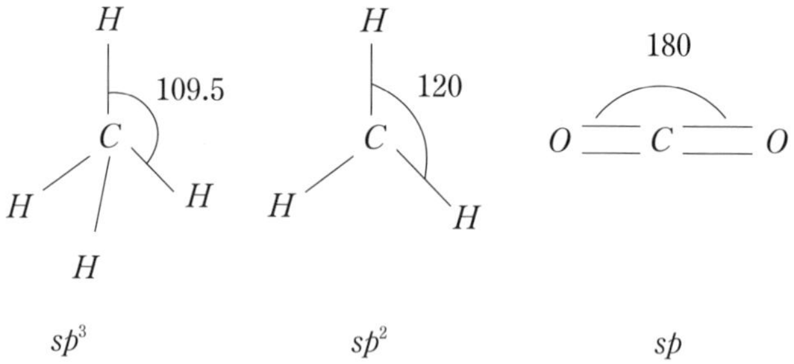

図1－11　sp^3混成軌道、sp^2混成軌道、sp 混成軌道の形状

一般的に共有結合で作られた分子の融点は高く、電子は原子に共有されるため移動できず、電気伝導性は低く、絶縁体が多いです。

イオン結合とは、プラスの電荷をもつイオンとマイナスの電荷をもつイオンが静電引力（クーロン力）により結合するものです。主に金属原子と非金属原子の間で形成されます。食塩（塩化ナトリウム）がイオン結合の例です。塩素は原子番号17で、17個の電子をもち、$1s$ 軌道から順に電子が入り３つの $3p$ 軌道の２つまでが埋まり、残りの１つの $3p$ 軌道が１つ電子不足の状態です。ナトリウムは原子番号11で、11個の電子をもちます。$1s$ 軌道から順に電子が入り、最外殻の $3s$ 軌道に１つだけ電子が入ります。塩素原子は１つ電子を取り込めば、最外殻の軌道が埋まります。ナトリウムは最外殻の電子１つを放出すれば、最外殻の軌道はすべて満席になります。それで、互いに電子をトレードして、塩素原子は電子をもらいマイナスイオンに、ナトリウムは電子を放出して、プラスイオンになります。異なる電荷をもちますのでクーロン力で結合します。整然と並んだ結晶構造を作ります。イオン結合化合物は、一般に融点が高く、硬くもろく、電気伝導性はさまざまです。光は通すといった特徴をもちます。

金属結合とは、金属原子が電子を出してプラスイオンとなり、電子は「自由」に動き回ります。共有結合に似ているように思われますが、共有結合は特定の原子間で電子を共有しており、金属結合では電子を集団として共有している点で区別されます。電子を互いに共有しているので、自由電子は金属内を移動可能です。すなわち、電気伝導度が高くなります。また、熱も伝えやすくなります。金属は延性をもちます。たたいて延ばすことができます。これは原子核の位置に合わせて電子が移動できるので結合を保ったまま位置移動ができるからです。また、金属光沢をもちます。これは、自由電子があるために、光が金属内に入ると、電子を振動させて、そのために光エネルギーを使ってしまい、それ以上金属内へ光が浸透しないからです。

分子間結合は原子が結合して分子を作る結合と比べると弱い結合です。電子の偏りに伴うクーロン力で発生する結合です。弱い結合ですが、分子間をゆるくつなげる役割を果たすので、集合体の性質には大きく影響を与えます。例をあげると、水素結合は水分子を弱く結合する役割をします。水分子の集合体である液体状の「水」のもつ性質は、同じ分子量の物体と比べると沸点がとても高くなります。

近い分子量をもつ物質と比較しましょう。水（H_2O）の分子量は18です。メタン（CH_4）は16です。水の沸点は100℃、メタンは－161℃です。沸点が高いということは分子がバラバラの気体になりにくいことを示しています。水の沸点が高いということは水分子の互いの結び付きが強いことを表しています。その原因が水素結合です。水素結合はタンパク質の形状に影響を与え、酵素の役割や薬の効果に影響を与える重要な結合です。

化学結合により、多くの分子の電気的性質が決められ、絶縁体であるか電気伝導体であるかが決まります。しかし、電気的性質は化学結合以外の要因も関係してきます。

［例題１－３］

共有結合で作られる分子の例を２つあげなさい。

［解答］

原子と原子が互いに電子を共有することで結び付くのが共有結合です。水素分子は２つの水素原子が１つずつ電子を出して互いに共有し、結合を作ります。二酸化炭素（炭酸ガス）は炭素１つと酸素２つが $O=C=O$ と直線状に並び、左の酸素と中央の炭素が２つずつ電子を出して互いに共有結合を作り、右の酸素も炭素も同様です。２つずつ共有するので二重結合になります。

答：例えば、水素分子 H_2、二酸化炭素 CO_2 $O=C=O$

1－4 結晶構造

物質の集合状態は大きく３つに分けられます。気体、液体、固体です。

気体は分子間の距離が離れていて、分子間引力に拘束されず高速で動き回っています。気体は容器に入れないと拡散してしまいます。液体は分子間の引力で互いに拘束しあい、特定の体積を占めます。しかし、形は自由に変わります。固体は原子や分子やイオンが各々の位置に固定されて、小さく振動している状態です。

固体には原子や分子などが規則的に配列した結晶と、不規則に配列した無定型固体（アモルファス）があります。無定型固体の例としてはガラスがあげられます。ガラスは固体状ですが、時間スケールを長くとると「ガラスも流れ」るので液体に分類する考えもあります。

結晶の構造を考えるのに、結晶系、結晶構造、その他の性質についていろいろな対称関係があります。結晶系で分類すると７つの結晶系に分けられます。結晶はいくら細分化しても整然と形を保つことから*X*線[※注1]などで詳しく研究されています。７つの結晶系の用語を表１－２に示します。

表１－２　７つの結晶系の名称

立方晶系 (等軸晶系)	黄鉄鉱。シリコン（*Si*）正四面体の頂点と体心にシリコン原子が配置された構造
三斜晶系	斜長石
正方晶	黄銅鉱
六方晶系	リン灰石、緑柱石
直方晶系 (斜方晶系[※注2])	白鉄鉱
三方晶系	方解石
単斜晶系	雲母、石膏

※注１：X線による解析については第９章９－１を参照。

※注２：斜方晶系という言い方があるが、日本結晶学会では2014年の総会で「直方晶系」を使うように推奨している。https://crsj.jp/activity/orthorhombic.html

結晶を構成する原子や分子を点で置き換えて、点の配列（空間格子）を考えていきます。空間格子は同じ形をした最小単位の集まりからなり、その最小単位を単位格子（*unit cell*）と称します。このような幾何学配置は14種類しかないことがわかっています。そのうちよくみられるのが表１－３に示す６種類です。

図１－12に結晶構造と単位格子の関係を、単純立方格子が作る結晶構造を例に示します。そのうち、単純立方格子、体心立方格子、面心立方格子、六方最密格子を図１－13に示します。

表１－３　単位格子の幾何学配置例

単純立方格子	塩化ナトリウム（$NaCl$）
体心立方格子	塩化セシウム（$CsCl$）、鉄
面心立方格子	ダイヤモンド（C）
体心正方格子	マルテンサイト
面心斜方格子	ヨウ素（I）
六方最密格子	ヒ化ニッケル（$NiAs$）

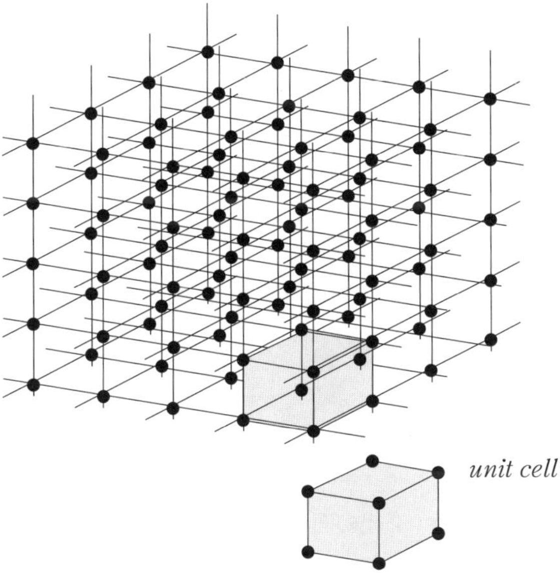

図１－12　結晶と単位格子

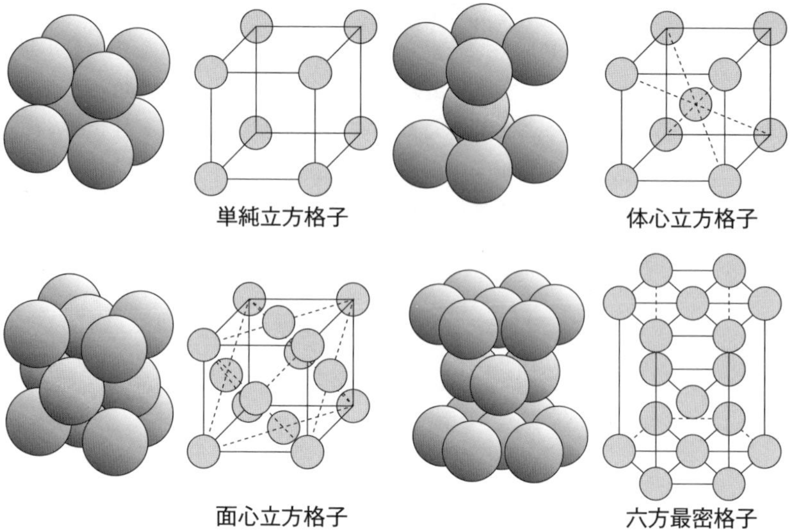

図1－13　代表的な結晶格子

［例題1－4］

シリコンの結晶系について述べなさい。

［解答］

シリコン（*Si*）は*IV*属元素で炭素（*C*）、ゲルマニウムと（*Ge*）と同じ構造をとります。最外殻電子4つであり、ダイアモンド構造（図1－3）を作ります。図1－14に示すように、同じ原子からできた面心立方格子を対角線長の1/4だけずらした構造であり、立方晶系に属する構造を作ります。

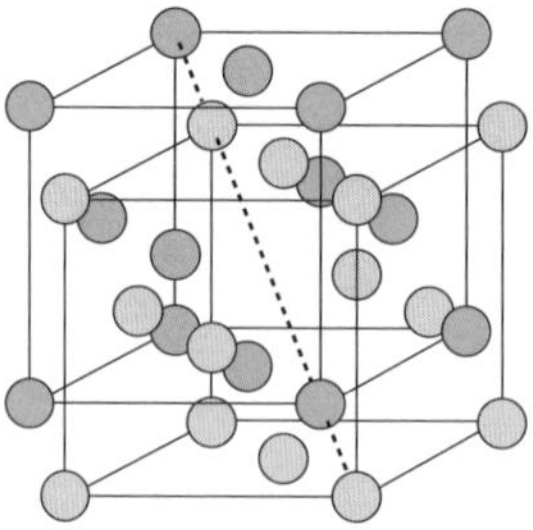

図1－14　2組の面心立方格子をずらした構造

答：立方晶系

単純立方格子は単位格子の各頂点に原子が位置します。塩化ナトリウム（食塩）がこの結晶構造をとります。体心立方格子（*body-centered cubic, bcc*）は単位格子の各頂点と中心に原子が位置しており、鉄がこの結晶構造です。面心立方格子（*face-centered cubic, fcc*）は単位格子の各頂点および各面の中心に原子が位置する結晶構造です。立方最密充填格子（*hexagonal close-packed, hcp*）は球を平面上に最密で並べ、それを順に重ねた構造です。複雑なので、図１－15に組み立ての様子を示します。左列に球を最密で平面に７つ、３つ、７つ平面に並べ、７つの上に３つの球を置くと中央列に、さらに７つの球を置きます。横からみたのが右列です。

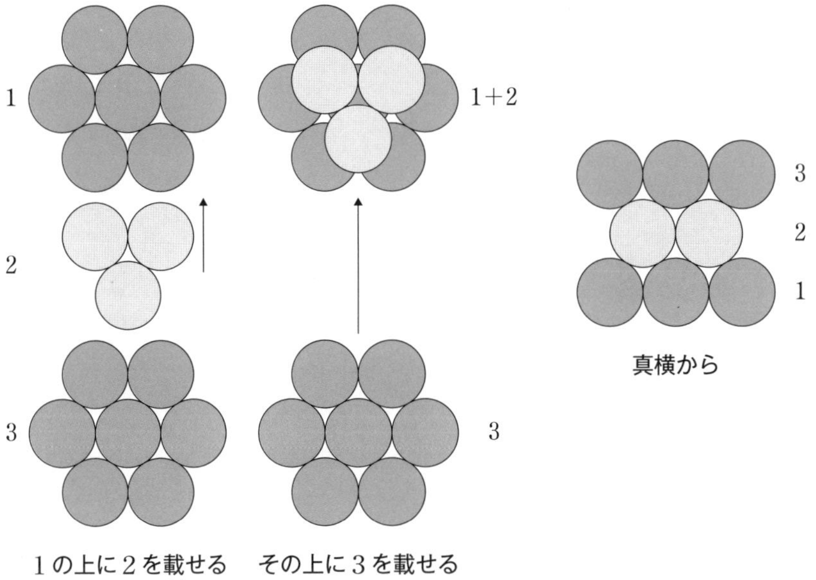

図１－15　立方最密充填格子の構造

充填率とは空間充填率ともいいます。結晶構造の体積でどれだけの割合を原子が占めているかを表します。常に１より小さな値になります。充填率は式（１－15）で表されます。

$$充填率=\frac{原子の体積}{単位格子の体積} \qquad (1-15)$$

単純立方格子の充填率を求めます。

単純立方格子を真横からみると図１－16の右図になります。立方体の１辺の長さをaとすると、立方体の体積はa^3です。原子を表す球の体積は半径が$a/2$で

す。球の体積は半径 r とすると $4\pi r^3/3$ なので

$$\frac{4\pi r^3}{3}=\frac{4\pi(a/2)^3}{3}=\frac{\pi a^3}{6} \qquad (1-16)$$

になります。1つの立方体内に8個の球（原子）がありますが、結晶はこの構造が三次元に広がりつながっているので、球は単位格子1つ辺り1/8個に相当します。ゆえに単位格子内にある球（原子）の体積は

$$\frac{\frac{\pi a^3}{6}\times 8}{8} \qquad (1-17)$$

となります。単位格子の体積は a^3 なので、上式を a^3 で割って

$$\frac{\frac{\frac{\pi a^3}{6}\times 8}{8}}{a^3}=\frac{\pi}{6}=0.52 \qquad (1-18)$$

となります。これが充填率です。

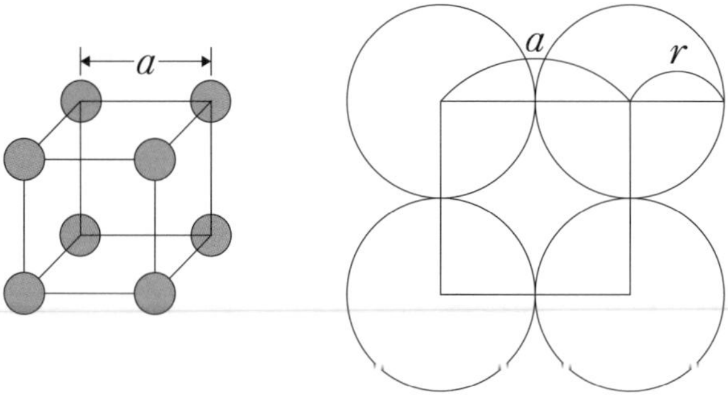

図1－16　**単純立方格子の充填率**

［例題1－5］

体心立方格子の充填率を求めなさい。

［解答］

体心立方格子を真横からみると図1－17になります。単位格子の1辺の長さを a とすると、立方体の体積は a^3 です。体心立方格子の場合、対角線で切り出しているので、長辺は $\sqrt{(a^2+a^2)}=\sqrt{2}\,a$ となります。これより対角線の長さは $\sqrt{(2a^2+a^2)}=\sqrt{3}\,a$ になります。また、この対角線の長さは原子の半径を r とする

と $4r$ になります。これより、$r=(\sqrt{3}/4)a$ となります。球の体積は $4\pi r^3/3$ です。１つの体心立方体内に１個の球（原子）、頂点部に８個ありますが、1/8 個に相当するので $1/8\times8=1$ 個です。ゆえに単位格子内にある原子の数は２個になります。これらより充填率は

$$\frac{\frac{4}{3}\pi\left(\frac{\sqrt{3}}{4}a\right)^3\times2}{a^3}=\frac{\sqrt{3}}{8}\pi=0.68 \qquad (1-19)$$

となります。

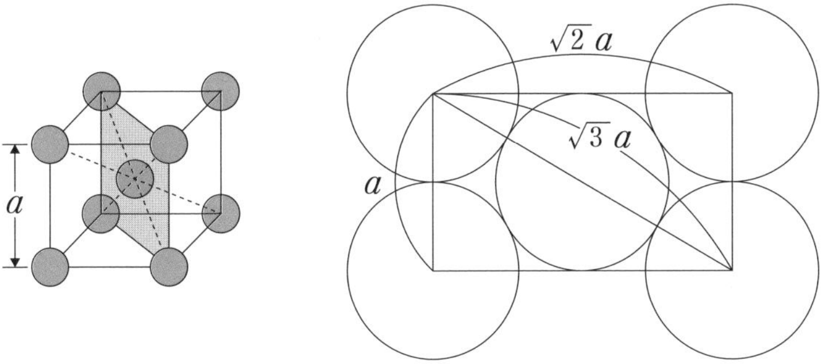

図１－17　体心立方格子の充填率

答：0.68

次に、面心立方格子の充填率を求めます。

面心立方格子を真横からみると図１－18になります。単位格子の１辺の長さを a とすると、立方体の体積は a^3 です。面心立方格子を真横からみると、辺は a となります。これより対角線の長さは $\sqrt{2}a$ になります。また、この対角線の長さは原子の半径を r とすると $4r$ になります。これより、$r=(\sqrt{2}/4)a$ となります。球の体積は $4\pi r^3/3$ です。１つの面心立方体内の面に１個ずつ合計６個の球（原子）がありますが、２単位で１つ共有しているので 1/2 個になり、$6\times1/2=3$ 個、頂点部に８個ありますが、1/8 個に相当するので $1/8\times8=1$ 個になります。したがって、単位格子内にある原子の数は頂点 1＋面 3 個＝4 個になります。これらより充填率は

$$\frac{\frac{4}{3}\pi\left(\frac{\sqrt{2}}{4}a\right)^3\times4}{a^3}=\frac{\sqrt{2}\,\pi}{6}=0.74 \qquad (1-20)$$

となります。この充填率は、立方六方最密格子と同じです。

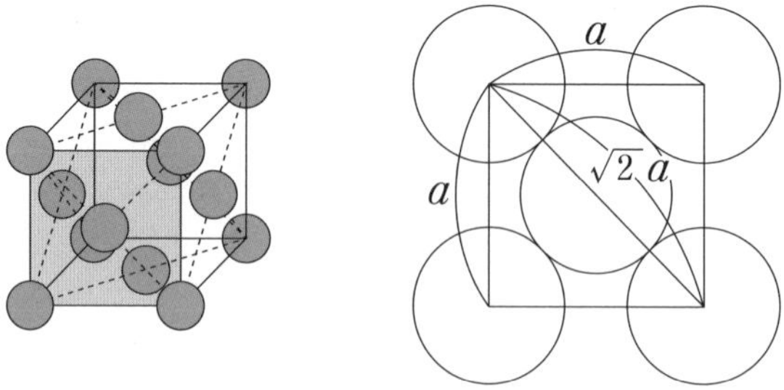

図1－18　**面心立方格子の充填率**

日常生活でよく接する物質の結晶系をみてみましょう。金、銀、銅の結晶系は立方晶系です。結晶格子は面心立方構造をしています。鉄は立方晶系ですが、結晶は体心立方構造です。図1－3に示したように、ダイヤモンドは立方晶系です。黒鉛（グラファイト）は六方晶系です。雲母は単斜晶系です。岩塩（塩化ナトリウム）は立方晶系です。

電子部品に使われる材料では、クロックとして使われる水晶振動子は水晶の結晶系である三方晶系です。リチウムイオン電池関係では正極に使われるコバルト酸リチウムは三方晶系、リン酸リチウムコバルトは直方晶系です。

結晶は原子が規則正しく並んだものです。配列が異なると物性は変化します。原子が異なれば配列が違い、物性が変化します。しかし、原子が変わらなくても周りの環境が変わる、例えば温度などが変わると原子や電子の配置が変化します。その変位が僅かでも、物性は大きく変わる場合があります。その変位は X 線などを用いた回折計測で調べることができます。例えば、半導体素子に用いられているシリコン（Si）の結晶はダイヤモンドと同じで、立方晶系です。常温ではダイヤモンドと同じく絶縁体です。しかし、温度が上がると絶縁体でなくなります。そのため、僅かな不純物を制御しながら入れて（不純物ドープという）半導体の性質をもたせています。

シリコンは高純度の結晶を作ることができます。純度がイレブンナイン $N11$ といわれ99.999999999と 9 が11桁続く純度の結晶を作ることが可能です。1000億に 1 つだけ不純物が許される状態です。精製法としてよく知られているのはゾーンメルティング法です。液体から固体に相変化するときに不純物が液体側へ移動する場合に利用できます。図1－19にそのイメージを示します。シリコンを棒状に整形し、図の左端のように一部を高周波で加熱し熔解します。不純物は熔解部分に集まります。熔解部分をゆっくり右端まで移動させます。これにより不純物が右端に集まります。この操作を繰返すことで、高純度のシリコンを作ることができます。

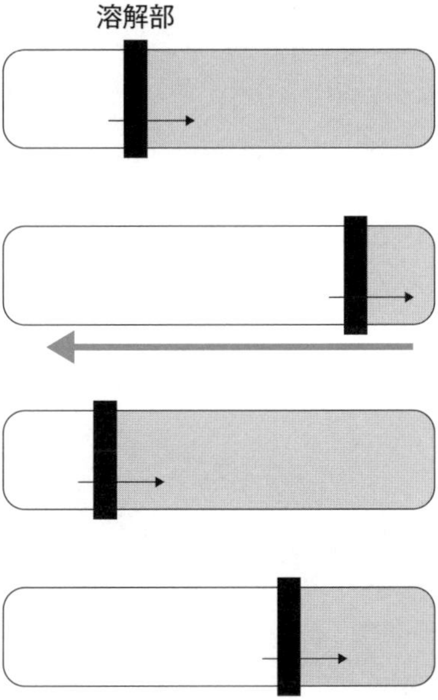

図1－19　ゾーンメルティング法のイメージ

このようにして精製されたシリコンをカットして基板にし、パターンを焼き付けてさまざまな素子を製作します。図1－20の左にカットのみのシリコンウェハ、右にテストパターンを焼き付けたシリコンウェハを示します。実際に使われていた*CPU*（*Z*80）のシリコンパターン部を開封した例を図1－21に示します。

図1－20　テストパターンが焼き付けられたシリコンウェハ

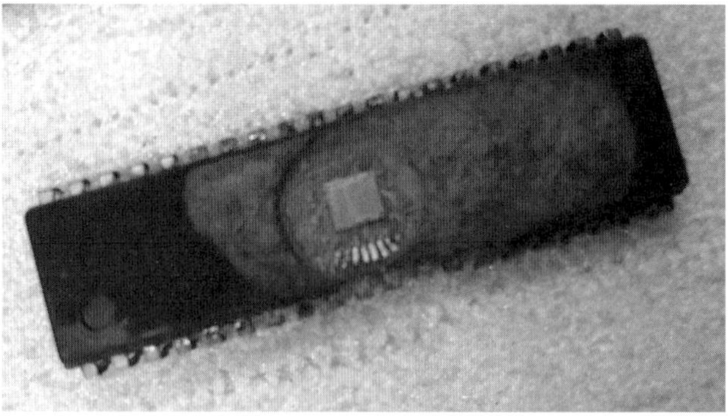

図1－21　CPU（Z80）の開封されたシリコン部

1－5 帯理論と統計力学

本節ではバンド理論、結晶内部の電子について説明します。

電気電子で物質を扱うときに、電気伝導度は大切な要素です。電気を伝えるのは動くことが可能な電子です。

シュレディンガー方程式を解くと、電子が入るエネルギー順位は不連続になることを示しました。さらに、水素分子を例にして2つの原子が近づくとエネルギー順位が分裂して新しいエネルギー順位ができることを示しました。結晶中では原子間の距離がとても近く、電子が入るエネルギー準位が分裂し、新しいエネルギー準位ができます。結晶中では、周りが原子で囲まれているので、周りの影響を受け、たくさんの分裂したエネルギー準位の間隔はとても小さくなり、ほぼ連続したエネルギー準位とみなすことができます。

原子1個の場合、電子のエネルギー準位は量子数に応じて不連続に分裂します。そのうちの1つのエネルギー順位をみてみます。原子が2つになるとエネルギー順位は2つに分裂します。原子がN個集まり、結晶を作ると、エネルギー準位1本1本がN本に分かれます。その様子を図1－22に示します。

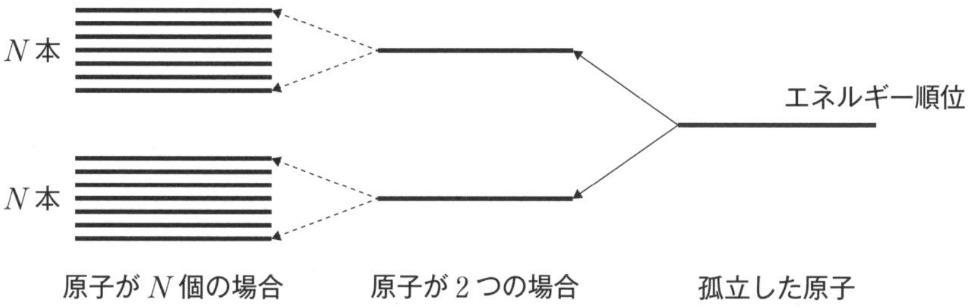

図1－22　右から順に、孤立した原子、原子が2個、N個集まった結晶の場合のエネルギー準位分裂の様子

図1－22の左側のエネルギー準位が密になった状態がバンド（帯）です。このエネルギー順位の群をエネルギーバンド（*energy band*）といいます。電子が詰まっているエネルギーバンドを充満帯（*filled band*）といいます。充満帯にある電子は結合に寄与しているので、価電子帯とも呼ばれます。図1－23（*a*）が金属、（*b*）が絶縁体をイメージしています。図1－23の（*a*）に示すように、充満帯よりエネルギーが高く、電子が一部存在しているバンドがあり、電気伝導に寄

与するエネルギーバンドを伝導帯（*conduction band*）といいます。ここで、伝導帯にある電子は、伝導帯のエネルギー準位すべてを「占有していない」※注こと、すなわち電子の空席があることが大切です。さらに、結晶には充満帯と伝導帯の間に電子が存在することができないエネルギー領域があります。この領域を禁制帯（*forbidden band*）、またはエネルギーギャップ（*energy gap*）、バンドギャップ（*band gap*）といいます。

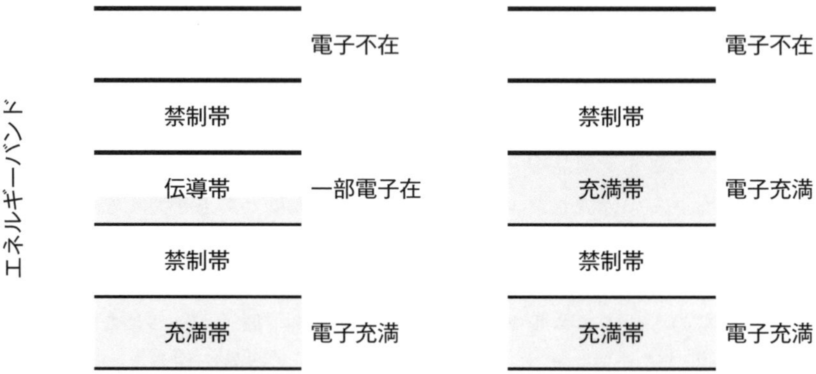

(a) 金属　　(b) 絶縁体

図1−23　結晶のエネルギー準位

電子が存在するにもかかわらず電気伝導に寄与できないことを説明します。ペットボトルに水を入れたモデルを例に図１−24で説明します。水が電子を表しています。電位差をかけるとは、ペットボトルを傾ける事に相当します。図１−24の左側が電位差なしの場合です。右側が電位差ありの場合です。電気伝導があるとは水（電子）がペットボトル内で左右に動くことです。

図１−24は上から順に（*a*）金属、（*b*）半導体、（*c*）絶縁体をイメージしています。図１−24の一番上（*a*）は導体のイメージです。図１−24（*a*）の下のペットボトルは満杯で図１−23の充満帯に相当します。上の半分水が入っているペットボトルは伝導帯に相当します。傾ける（電位差をかける）と上のペットボトル内で水が動きます。すなわち伝導性をもちます。下の水が満杯のペットボトル（充満帯）は傾けても水は動きません。

図１−24の１番下（*c*）に絶縁体のイメージをペットボトルで表しました。下

※注：図１−23では白の部分が電子に「占有されていない」にあたる。

のペットボトルは水がいっぱい入っています。ペットボトルを傾けても、水は動きません。上の伝導帯には水が入っていません。すなわち、下の充満帯の電子（水）は満杯で動くことができません。それゆえに電子があるにもかかわらず電気伝導をもたないです。

図１－24の（*b*）は半導体のイメージです。上の伝導帯に１滴水（電子）が入っています。下の充満帯には泡（ホール）があります。傾けることで、伝導帯の１滴の水は移動します。また、充満帯の泡は移動します。この場合、水がわずかに移動するので、少し電気伝導性をもちます。

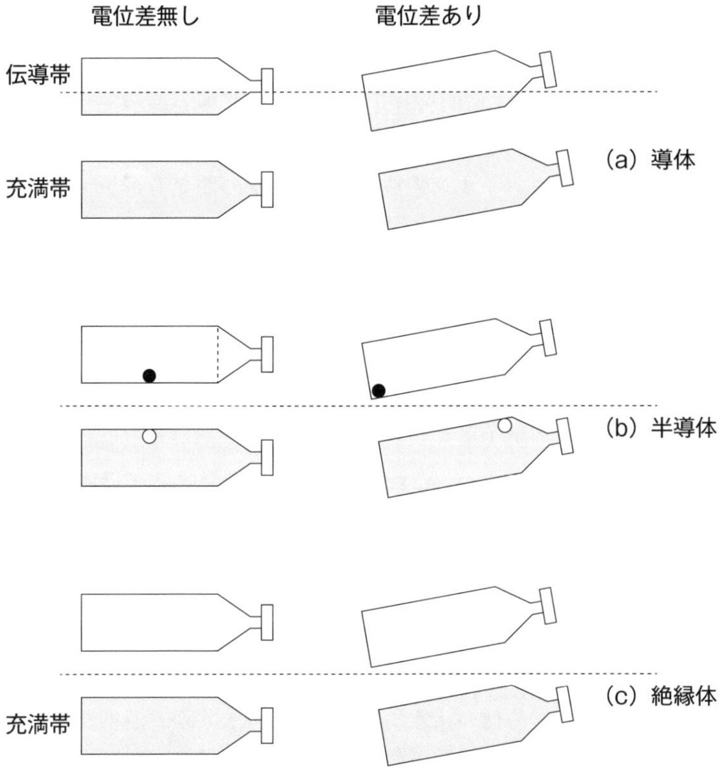

図１－24　ペットボトルと水でイメージした電気伝導

コラム リチウムイオン電池がノーベル化学賞を受賞した理由《わけ》

2019年にリチウムイオン電池の開発で吉野彰氏にノーベル化学賞を贈られました。リチウムイオン電池は電子工学の分野で欠かすことができない蓄電デバイスの1つです。しかし化学賞で受賞しました。なぜ化学賞でしょうか？ 電流は電子の動きです。電子工学・電気工学では電子の動きを利用した工学です。電池は化学反応により生じる電子の動きを制御することで得られます。すなわち「電子」を取り扱い利用する点では同じ土壌に立っているといえます。

さかのぼって、2014年に青色*LED*の開発で赤崎勇氏、天野浩氏、中村修二氏にノーベル物理学賞が贈られました。*LED*も電子工学の大切なデバイスの1つです。*LED*も電子の動きを見事に利用した例です。リチウムイオン電池も*LED*も、原理が解明され、機能が実現しただけではノーベル賞を受賞することは困難です。その機能が人類の幸せに貢献することが必要です。すなわち、リチウムイオン電池も青色*LED*の開発も電子工学で利用が拡大され、人類の幸せに欠くことができない半導体デバイスとして成長したからこそ、ノーベル賞が授与されたのです。このように電子電気工学は材料を使って、それのもつ機能を実現する素晴らしい学問であるといえます。

図1−23で示したエネルギー準位に電子がどのように分布（配置）されるかを表すには統計的な考えを導入する必要があります。この分布を表すのにフェルミ分布、ボーズ分布がありますが、これらは次章に譲り、ここでは古典的なマクスウェルボルツマン分布について述べます。

電子はエネルギーの低い順位から順に詰まっていきます。しかし電子は非常に多くの数があります。水素分子1gでアボガドロ数6×10^{23}個、6000垓個、すなわち1兆の60億倍あります。電子は熱揺動により激しく動いています。図1−25に概念的に示したように、熱揺動の影響がほとんどない絶対零度（古典論）では基底状態（エネルギーが一番低い状態）に電子はありますが、温度が上がるとある割合で上のエネルギー準位に電子が存在します。古典論では、エネルギー準位により存在する粒子の数をボルツマン分布で表します。ボルツマン分布ではエネルギーがεである順位に存在する粒子の数が式（1−21）で表されます。

$$f(\varepsilon)=\lambda e-\beta\varepsilon=e-\beta(\varepsilon-\mu) \qquad (1-21)$$

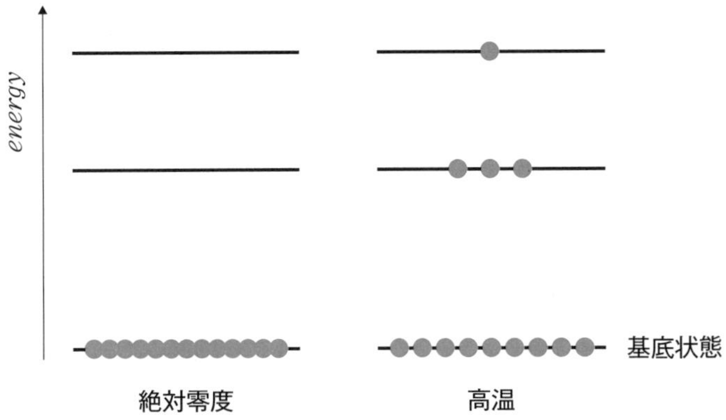

図1－25　エネルギー準位による電子分布

電子がエネルギーの異なる順位に存在する確率の比を計算します。エネルギー差を ΔE とした場合、確率の比を N_1/N_0 とすると、

$$\frac{N_1}{N_0}=exp\left(-\frac{\Delta E}{k_B T}\right) \qquad (1-22)$$

で表されます。ここで、$k_B=0.695cm^{-1}K^{-1}$ です。cm^{-1} は波数で表したエネルギーです。なお、エネルギーの単位は複数存在します。主なエネルギー単位の換算を表1－4に例示します。

表1－4　エネルギー単位換算表

	eV	kg	cm^{-1}	Hz	K	T	J	cal
$1eV$ (エネルギー)	$1eV$	1.78266 $\times 10^{-36}kg$	8.06554 $\times 10^{3}cm^{-1}$	2.41799 $\times 10^{14}Hz$	1.16045 $\times 10^{4}K$	1.7276 $\times 10^{4}T$	1.60218 $\times 10^{-19}J$	3.82742 $\times 10^{-20}cal$
$1kg$ (質量)	5.60959 $\times 10^{35}eV$	$1kg$	4.52444 $\times 10^{39}cm^{-1}$	1.35639 $\times 10^{50}Hz$	6.50965 $\times 10^{39}K$	9.69112 $\times 10^{39}T$	8.98755 $\times 10^{16}J$	2.14702 $\times 10^{16}cal$
$1cm^{-1}$ (波数)	1.23984 $\times 10^{-4}eV$	2.21022 $\times 10^{-40}kg$	$1cm^{-1}$	2.99792 $\times 10^{10}Hz$	$1.43878K$	$2.14195T$	1.98645 $\times 10^{-23}J$	4.74539 $\times 10^{-24}cal$
$1Hz$ (周波数)	4.13567 $\times 10^{-15}eV$	7.3725 $\times 10^{-51}kg$	3.33564 $\times 10^{-11}cm^{-1}$	$1Hz$	4.79924 $\times 10^{-11}K$	7.14477 $\times 10^{-11}T$	6.62607 $\times 10^{-34}J$	1.58289 $\times 10^{-34}ca$
$1K$ (絶対温度)	8.61734 $\times 10^{-5}eV$	1.53618 $\times 10^{-40}kg$	6.95036 $\times 10^{-1}cm^{-1}$	2.08366 $\times 10^{10}Hz$	$1K$	$1.48873T$	1.38065 $\times 10^{-23}J$	3.29822 $\times 10^{24}c$
$1T$ (磁束密度)	5.78838 $\times 10^{-5}eV$	1.03187 $\times 10^{-42}kg$	4.66865 $\times 10^{-1}cm^{-1}$	1.39962 $\times 10^{10}Hz$	6.71713 $\times 10^{-1}K$	$1T$	9.27401 $\times 10^{-24}J$	2.21546 $\times 10^{-24}cal$
$1J$ (ジュール)	6.24151 $\times 10^{18}eV$	1.11265 $\times 10^{-17}kg$	5.03412 $\times 10^{22}cm^{-1}$	1.50919 $\times 10^{33}Hz$	7.24296 $\times 10^{22}K$	1.07828 $\times 10^{23}T$	$1J$	2.38889 $10^{-1}cal$
$1cal$ (熱量)	2.61273 $\times 10^{19}eV$	4.65761 $\times 10^{-17}kg$	2.10731 $\times 10^{23}cm^{-1}$	6.31755 $\times 10^{33}Hz$	3.03194 $\times 10^{23}K$	4.51374 $\times 10^{23}T$	$4.18605J$	$\times 1cal$

［例題１－６］

式（１－22）を用いて $\Delta E/k_BT$ の変化に伴う電子の確率 N_1/N_0 の変化をグラフで表しなさい。

［解答］

式（１－22）使って、エネルギーが一番低い状態の基底状態と、それより上のエネルギー準位に電子が存在する比を計算します。*Excel* にグラフ化します。*A* 列に横軸 $\Delta E/k_BT$ を *B* 列に縦軸の N_1/N_0 を計算し、グラフ化します。$\Delta E/kBT$ の値は０から３までとします。*A*1 セルに表題として“$\Delta E/kBT$”を、*B*1 セルに“N_1/N_0”を代入します。*A* 列の *A*2 セルに０、*A*3 に0.2をと0.2増しで *A*32 セルに3.0を入れます。*B*2 セルには、確率計算の式（１－22）を ＝*EXP*（－*A*2）と入力して、*B*32 セルまでコピーをします。*A* 列と *B* 列を選択して、[挿入]−[グラフ]−[散布図] の線を選択します。

K18

	A	B
1	ΔE/kBT	N1/N0
2	0	1
3	0.1	0.904837
4	0.2	0.818731
5	0.3	0.740818
6	0.4	0.67032
7	0.5	0.606531
8	0.6	0.548812
9	0.7	0.496585
10	0.8	0.449329
11	0.9	0.40657
12	1	0.367879
13	1.1	0.332871
14	1.2	0.301194
15	1.3	0.272532
16	1.4	0.246597
17	1.5	0.22313
18	1.6	0.201897
19	1.7	0.182684
20	1.8	0.165299
21	1.9	0.149569
22	2	0.135335
23	2.1	0.122456
24	2.2	0.110803

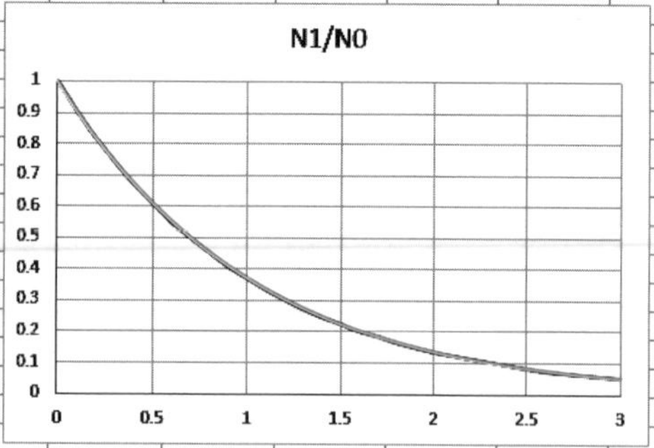

図１－26　*Excel* によるボルツマン分布図

答：図１－26参照

水素原子の場合、観測結果から波長656.29nmの光が観測されています[※注]。波数に変換すると、15235.81cm^{-1}です。このエネルギー差で存在確率を計算します。室温付近の300Kで計算すると

$$N_1/N_0 = exp\,(-15235.91cm^{-1}/0.6950cm^{-1}K^{-1}/300K) = 1.84\times10^{-32}$$

となります。1000K、2000Kの場合とまとめて表１－５に示します。温度が高くなると上の順位に存在する確率が劇的に上昇します。

ナトリウムNaのスペクトルはD線としてよく知られ、高速道路の照明として使われています。ナトリウムは表１－１の周期表で示したように、原子番号11で、電子は11個です。基底状態では、量子数n＝１、２の$1s$軌道、$2s$軌道、３つの$2p$軌道に２つずつ入り、n＝３の$3s$軌道に１つ電子が入ります。$3s$軌道の電子が最外殻電子であり、この電子が$3p$軌道に励起されて、$3s$軌道に戻るときに黄色の光を発します。本章の冒頭に書いた炎色反応のスペクトルで、波長589.592nm、588.995nmがよく知られています。波数に変換すると、16961.83cm^{-1}と16977.96cm^{-1}です。このエネルギー差で存在確率を計算した結果を表１－５に示しました。

表１－５　原子のスペクトルから推定した存在比

原子	電子配置	スペクトル/nm	エネルギー差/cm^{-1}	存在確率の比　計算した温度		
				300	1000	2000
水素	$1s$	656.29	15235.81	1.84×10^{-32}	3.02×10^{-10}	1.74×10^{-5}
ナトリウム	$1s^2 2s^2 2p^6 3s$	589.592	16961.83	4.67×10^{-36}	2.52×10^{-11}	5.02×10^{-6}
		588.995	16977.96	4.32×10^{-36}	2.46×10^{-11}	4.96×10^{-6}

いずれの場合も、準位のエネルギー差が可視光の波長程度の場合、存在確率の比はかなり小さいです。しかし、高温になると室温付近より10^{27}から10^{30}倍になります。兆の兆倍です。このように電子は低いエネルギー準位に存在する確率が高いですが、温度が上がると高いエネルギー準位へ飛び上がる割合が増えます。次章では、古典論のボルツマン分布だけでなくフェルミ分布なども取り扱います。フェルミ分布関数は、半導体の性格を決める大切な関数です。そして、十分温度が高ければボルツマン分布と一致することを覚えておきましょう。

※注：『理科年表』自然科学研究機構国立天文台編／丸善出版／2020年

用語解説

◎元素

元素は物質を構成する基本的な成分です。同じ数の陽子をもち、質量数が異なっても陽子の数が同じなら同じ元素です。原子番号（陽子の数）順に並べると、化学的性質が似た元素が繰り返し現れます。

◎原子

すべての物質は原子からできています。原子は正の電荷をもつ原子核と負の電荷をもつ電子から構成されています。原子核は正の電荷をもつ陽子と、電荷をもたない中性子からできています。原子核のもつ陽子の数を原子番号といいます。

◎周期表

元素を、物理的および化学的性質が似たものを並べた表です。原子番号順に並べられます。

◎最外殻電子

最も外側にある電子殻に存在する電子のことです。他の原子との反応に使われるのは、最外殻電子なので、多くの場合、価電子ともいわれます。

◎励起

原子や分子があるエネルギー状態にあるとき、外部からエネルギーを得て、より高いエネルギー状態へ移動することをいいます。

◎シュレーディンガー方程式（*Schrödinger equation*）

量子力学における基本方程式です。提案者エルビィン・シュレーディンガー（*Erwin Schrödinger*）にちなみます。電子などの極小物質の状態を表すのに使われます。

◎ボアー半径

水素原子の安定状態では球形ですが、その半径のことです。原子や電子などの微小物質を扱う分野で用いられる長さの基本単位となる量です。

◎自由電子

物質内で特定の原子間の結合に束縛されずに動ける電子です。

◎結晶系

結晶を形作る分子の並びを、並び方の違いで分類したものです。結晶系は主に表1－2の7つに分類されます。

◎結晶格子

結晶内で規則正しく配列している粒子の三次元配列を表したものです。結晶格子の最小の単位を単位格子といいます。金属の結晶格子で代表的なものは、面心立方格子、体心立方格子、六方最密格子があります。

◎絶対零度

下限の温度で0K（ケルビン）と表します。摂氏で表すと－273.15℃です。温度は物質の振動から決められているので、絶対零度では振動がなくエネルギーが最低になった状態です。量子力学で取り扱うときは、不確定原理のため、原子の振動が止まることがないので、絶対零度の状態でも振動をしています。

◎エネルギーバンド

原子が単独で存在するとき電子軌道は飛び飛びのエネルギー準位ですが、複数の原子が集まると、複数の電子軌道が重なり合い、各電子軌道間のエネルギー差が小さくなります。非常に多くの電子軌道が重なり合った場合、エネルギー準位は連続とみなせ、これをエネルギーバンドと呼びます。

第2章

導電材料

本章では、さまざまな物質の電気的な特性について説明します。物質によって電気の流れやすさが異なるので、それらの分類・区分、温度などの環境による電気の流れやすさについて説明します。また、合金やレアメタルについて説明します。合金の説明では、ニクロム線を例に、合金の特性や用途について説明します。レアメタルの説明では、超電導やTCOについて説明します。

2－1 金属の伝導性

金属の伝導性を説明する前に、電気を流す源となる自由電子について説明します。一般的な物質は、原子核と電子が電気的に結合し、電気的には中立（電荷は0）になります。電気を流す金属では、原子核との結合が弱い電子（価電子という）が原子核の結合から離れ、自由に動き回ることができます。それが自由電子です。この自由電子が電気を流すことになります。価電子を失った原子は、電気的にはプラスになります。この原子を陽イオンと呼んでいます。例えば、電気を流す金属として、銅（*Cu*）がありますが、これは図２－１のように原子核の周りに29個の電子が回っていて、一番外側を回っている電子（価電子）が、自由電子になります。価電子が抜けた銅の原子は、銅の陽イオンになります。

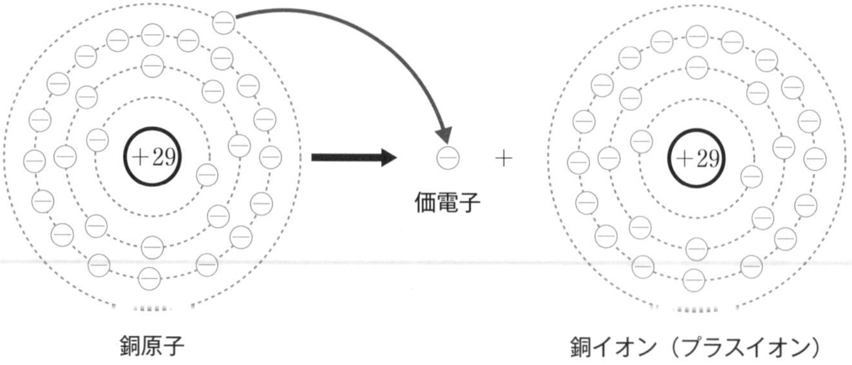

図２－１　銅の原子構造と陽イオン

図２－２のような固定された金属の原子が規則正しく並んで結合することを金属結合といいます。価電子を除いた原子核は陽イオン（プラスの電荷をもっている）になります。その陽イオンが規則正しく並び、自由電子を共有している結合になります。この金属結合内では、価電子が自由に動き回ることができ、電圧をかけることにより、電流が流れます。

金属結合は、自由電子の雲の中に陽イオンが規則正しく並んでいるような結合と考えることができます。原子核の周りにある電子は、１つの原子核であれば、電子もきちんとした軌道でその原子核の周りを回ります。しかし、複数の原子核が近づいてくると、最も外側の電子（閉殻電子という）は他の電子の影響を受け、どれが自分の軌道なのかわからなくなります。その結果、隣りの原子核の範囲まで回ってしまうような現象が起ります。したがって、自由電子全体が１つの雲の状態になります。プラスの磁石がマイナスの磁石に引き付けられるように、電子の雲の中に数多くの（原子核を含む）陽イオンが引き付けられる状態になります。

その電子の雲の中で、陽イオンはきちんと固定して並んでいます。プラスの性質をもつ陽イオン同士はあまり近づき過ぎると反発し合いますが、周りの雲が緩衝材となってきちんと結合しています。陽イオン同士を吸着させるこの雲がまんべんなくあれば、近傍の陽イオンと結び付くことができます。

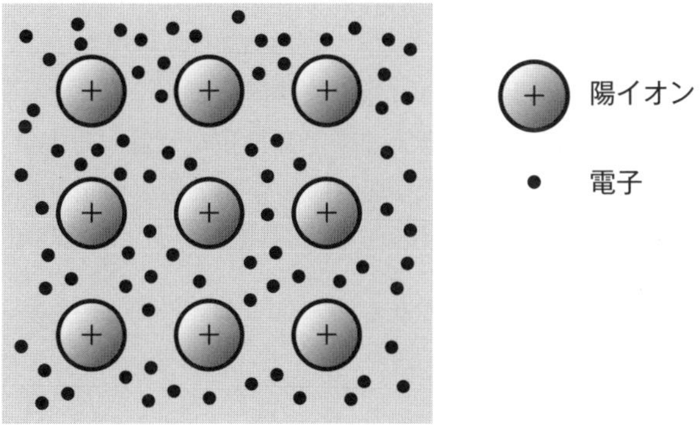

図２－２　金属結合

図２－２は二次元で表した図ですが、三次元構造で考えると、金属の構造は、主に図２－３に示す３種類に分けられます。つまり、「体心立方格子」、「面心立方格子」、および「六方最密充填格子」の３つの原子構造です。

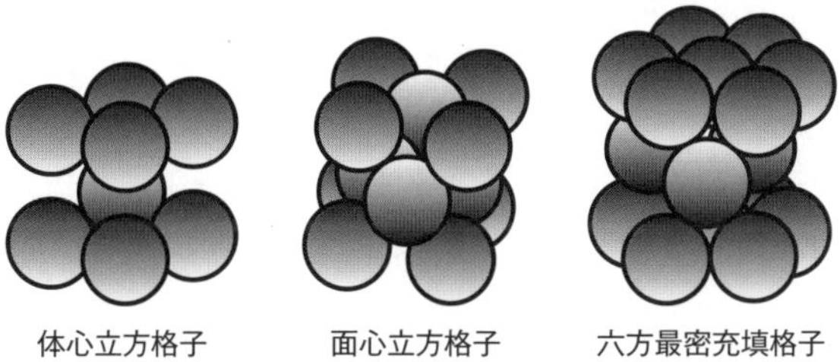

図２－３　金属の三次元構造

金や銅は面心立方格子、亜鉛やマグネシウムは六方最密充填格子、鉄やナトリウムは体心立方格子で、それぞれ構成されます。

金属を周期表※注に合わせて説明します。*IA* 族、*IIA* 族に属する金属は、軟らかく、普段はあまり金属として目にすることはありません。これらの金属をアルカリ金属（*s* メタル）といい、ナトリウム（Na）とカルシウム（Ca）などが属しています。その右の *IIIA* 族から *IIB* 族までの10列が、遷移金属（*d* メタル）といい、鉄（Fe）やマンガン（Mn）、クロム（Cr）などが属しています。その右の非金属との境目にはアルミニウム（Al）や鉛（Pb）、錫（Sn）などがあり、貴金属（*p* メタル）と呼ばれています。

金属結合の中の自由電子は、負の電荷をもっています。したがって、金属結合の導体に電池をつなぐと、自由電子は電池の正極（＋）に引き付けられます。電池の負極（−）からは電子が供給されて、それが新たな自由電子となります。この電子の連続的な流れが電流になります。負の電子の移動なので、電流の向きは、自由電子の流れる向きと逆向きになります。

この電子の移動から電流の量を考えます。断面積を通過する電気量が１秒間に１$[C$：クローン$]$であるとき、電流が１$[A]$となります。つまり、導体の断面積を t 秒間に $Q\,[C]$ の電荷が通過すれば、流れる電流（I）は、式（２−１）になります。

$$I=\frac{Q}{t}\,[A] \qquad (2-1)$$

電子の電気量は１電子あたり、約$1.602\times10^{-19}\,[C]$ですので、１$[C]$流れるということは、$1/(1.602\times10^{-19})=6.24\times10^{18}$個の電子が導体の断面を通過したことに相当します。

図２−４に示す断面積 $S\,[m^2]$ を、体積１$[m^3]$あたり n 個の電子が速さ $v\,[m/s]$ で移動しているとします。この場合の電流を求めます。電子の速さ $v\,[m/s]$ から、１秒間に電子が移動する距離は $v\,[m]$ です。導体の断面積は $S\,[m^2]$ なので、１個の電子が１秒間に移動する範囲を体積で考えると、$Sv\,[m^3]$ となります。導線には体積１$[m^3]$あたり n 個の電子が含まれているとすると、体積 $Sv\,[m^3]$（図中の灰色の部分）に含まれる電子の個数は、nSv [個] となります。電子１個あたりの電気量を1.602×10^{-19}とすると、導体を１秒間に通過する電気量は、式（２−２）となり、この式が電流となります。

$$I=1.602\times10^{-19}\times nSv\,[A] \qquad (2-2)$$

※注：第１章の表１−１（p. 12）を参照。

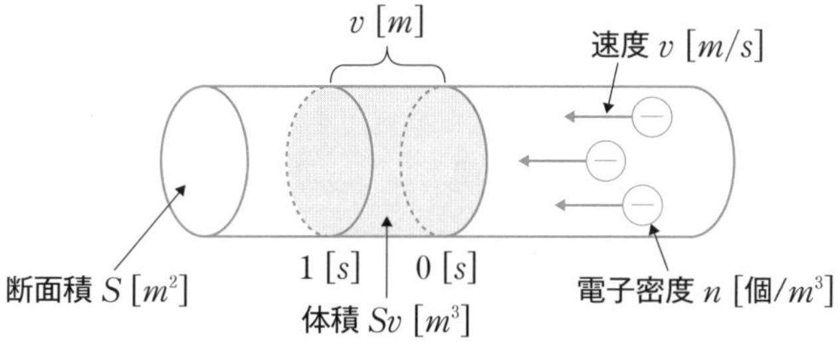

図2－4　自由電子の移動と電流の関係

[例題2－1]

導体の断面積を通過する電気量が5秒間に20 $[C]$ であった。このときの電流を求めなさい。また、5秒間定常的に電流が流れたとすると、その断面を1秒間に通過する電子の数を求めなさい。

なお、電子の電気量を $1.602 \times 10^{-19}\ [C]$ とする。

[解答]

式（2－1）より、

$$I = \frac{Q}{t} = \frac{20}{5} [A] = 4\ [A]$$

となります。

また、電流が4 $[A]$ ということは、1秒間に4 $[C]$ の電気量が導体の断面を通過したことになります。電子の電気量が1電子あたり、$1.602 \times 10^{-19}\ [C]$ とすると、1秒間に導体の断面を通過した電子の数は、

$$電子の数 = \frac{4}{1.602 \times 10^{-19}} \fallingdotseq 2.5 \times 10^{19}\ [個]$$

となります。

答：電流＝4 $[A]$、電子の数＝2.5×10^{19} [個]

電流を流すために、伝導体に電圧をかける必要があります。金属などの伝導体の場合、電圧（$V[V]$）と電流（$I[A]$）には、式（2－3）に示すオームの法則が成り立ちます。

$$V = RI \qquad (2-3)$$

式（2－3）の抵抗 $R\ [\Omega]$ は、金属の種類、形状、および温度に応じて変化します。図2－4に示す金属線で抵抗について考えます。この金属線の長さを l

[m]、断面積を S [m^2] とします。断面積を固定して長さを変化させると、電線の長さに比例して抵抗が大きくなります。一方、長さを固定して断面積を変化させると、断面積 S の大きさに反比例して抵抗が小さくなります。したがって、抵抗の値は、伝導体の長さと断面積に関連して、式（2 − 4）で表されます。

$$R=\rho\frac{l}{S}\ [\Omega] \qquad (2-4)$$

ρ は、物質に固有な定数で、どのぐらい電流の流れを妨げるかを示す数値です。したがって、ρ を抵抗率と呼んでいます。なお、ρ の単位は [$\Omega\cdot m$] で、長さ 1 [m]、断面積 1 [m^2] のときの物質の抵抗となります。主な金属の抵抗率（20 [℃] のとき）を表 2 − 1 に示します。

表 2 − 1　主な金属の抵抗率（20 [℃]＝約293K のとき）

金属名	抵抗率 ρ [$\Omega\cdot m$]
軟銅（Cu）	1.72×10^{-8}
金（Au）	2.4×10^{-8}
銀（Ag）	1.62×10^{-8}
純鉄（Fe）	9.0×10^{-8}
マグネシウム（Mg）	4.5×10^{-8}
アルミニウム（Al）	2.75×10^{-8}
プラチナ（Pt）	10.2×10^{-8}

[例題 2 − 2]

直径0.4 [mm]、長さ100 [mm] の銅線（軟銅線）の抵抗を求めなさい。なお、温度は20 [℃] とし、抵抗率は表 2 − 1 を参照すること。

[解答]

直径と長さを [m] に換算すると、それぞれ直径 4×10^{-4} [m]（半径は 2×10^{-4} [m]）、長さ0.1 [m] になります。これらの値を式（2 − 4）に代入して抵抗を求めると、次式になります。

$$R=1.72\times10^{-8}\times\frac{0.1}{\pi\times(2\times10^{-4})^2}=\frac{1.72\times10^{-9}}{3.14\times4\times10^{-8}}\fallingdotseq13.7\times10^{-3}\ [\Omega]$$

したがって、電気回路の配線による銅線の抵抗はあまり気にしなくてもいいことなります。

答：$R=13.7\times10^{-3}$ [Ω]

抵抗率は、電流の流れにくさを数値で表したものですが、逆に電流の流れやすさを数値で表した導電率という数値があります。導電率は式（２－５）に示す通り抵抗率の逆数で表され、単位は[S/m]（ジーメンス毎メートル）となります。

$$\sigma=\frac{1}{\rho}\ [S/m] \quad (2-5)$$

電流の流れやすさを表す方法の１つとして、標準軟銅を基準として表す方法があります。つまり、標準的な軟銅の流れやすさを100 [%] として、何 [%] ぐらい流れやすいかを表す方法です。この方法をパーセント導電率 [$\%\sigma$] といい、式（２－６）で表されます。

$$\%\sigma=\frac{\sigma}{\sigma_s}\times100\ [\%] \quad (2-6)$$

ここで、標準軟銅の導電率 $\sigma_s\left(=\frac{1}{1.7241\times10^{-8}}[S/m]\right)$ です。

［例題２－３］

20 [℃] における金の抵抗率を2.4×10^{-8} [$\Omega\cdot m$] とする。このときのパーセント導電率を求めなさい。

［解答］

金の導電率（σ_{Au}）は、

$$\sigma_{Au}=\frac{1}{2.4\times10^{-8}}[S/m]$$

となります。

式（２－６）の分子が σ_{Au} になり、分母が標準軟銅の導電率になるので、金のパーセント導電率は

$$\%\sigma=\frac{\sigma_{Au}}{\sigma_s}\times100=\frac{\frac{1}{2.4\times10^{-8}}}{\frac{1}{1.7241\times10^{-8}}}\times100\fallingdotseq71.8\ [\%]$$

となります。

これより、金は標準的な軟銅より、約３割弱流れにくい物質ということになります。

答：$\%\sigma=71.8$ [%]

電流の流れやすさは、温度にも関係があります。つまり、温度が変化するとともに、抵抗も変化します。10［℃］程度（例えば、20［℃］から30［℃］への温度変化）の温度変化において、抵抗の変化を直線近似して考えることができます。図2－5に示すように、温度 t_1［℃］のときの抵抗 R_{t1}［Ω］とします。この抵抗値を基準として、温度 t_2［℃］に変化したときの抵抗 R_{t2}［Ω］とします。抵抗の値が直線的に変化すると考えて、温度1［℃］あたりの抵抗の変化量 ΔR を考えると式（2－7）になります。

$$\Delta R = \frac{R_{t2} - R_{t1}}{t_2 - t_1} \qquad (2-7)$$

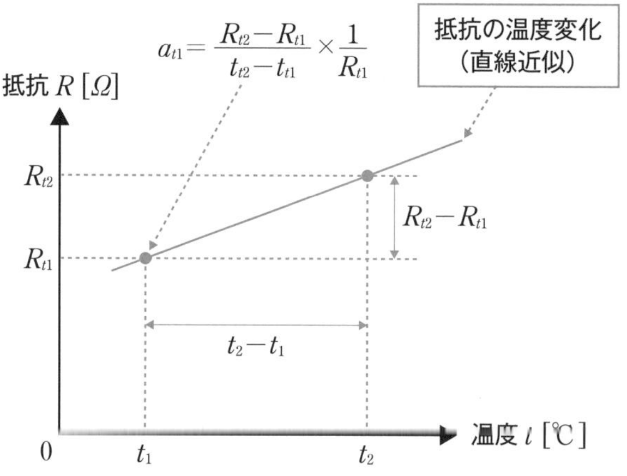

図2－5　温度変化時の抵抗変化（近似直線）

この ΔR は、温度 t_1［℃］における抵抗 R_{t1} の変化量なので、抵抗1［Ω］あたりの変化量にすると、式（2－8）になります。

$$\alpha_{t1} = \frac{R_{t2} - R_{t1}}{t_2 - t_1} \times \frac{1}{R_{t1}} [℃^{-1}] \qquad (2-8)$$

式（2－8）の α_{t1}［$℃^{-1}$］は、温度 t_1［℃］のときの抵抗温度係数といいます。具体的な値として、20［℃］のときの抵抗温度係数を表2－2に示します。この抵抗温度係数を使って、温度が変化したときの抵抗を計算することができます。例えば、温度 t_1［℃］の抵抗値が R_{t1}［Ω］、抵抗温度係数が α_{t1}［$℃^{-1}$］のとき、温度が t_3［℃］に変化したときの抵抗値 R_{t3}［Ω］は、式（2－9）から算出することができます。

$$R_{t3} = R_{t1}\{1+\alpha_{t1}(t_3-t_1)\}[\Omega]$$ （2－9）

表2－2　主な金属の抵抗温度係数（20 [℃]のとき）

金属名	抵抗温度係数 α_{20} [℃$^{-1}$]
軟銅（Cu）	4.3×10^{-3}
金（Au）	4.0×10^{-3}
銀（Ag）	4.1×10^{-3}
純鉄（Fe）	6.6×10^{-3}
マグネシウム（Mg）	4.0×10^{-3}
アルミニウム（Al）	4.2×10^{-3}
プラチナ（Pt）	3.9×10^{-3}

［例題2－4］

20 [℃] における軟銅の抵抗値が10 [Ω] であった。30 [℃] では何 Ω になるか答えなさい。なお、軟銅の抵抗温度係数は表2－2の値とする。20 [℃] から30 [℃] に温度が変化したときの軟銅の抵抗は直線的に変化するものとする。

［解答］

軟銅の抵抗温度係数 α_{20} は、表2－2から4.3×10^{-3} [℃$^{-1}$] となります。この抵抗温度係数や抵抗値、温度を式（2－9）に代入すると、

$$R_{30} = 10\times\{1+4.3\times10^{-3}\times(30-20)\} = 10.43\ [\Omega]$$

が得られます。

答：$R_{30}=10.43\ [\Omega]$

2-2 金属の伝導モデル

金属の中の電子の流れをもう少し理論的に説明します。ここでは、自由電子が図2－6に示した固定された陽イオンの中を移動するというモデルで考えます。ここで、電子の質量を m、電子の電気量を $-e$（$e=1.602\times10^{-19}$ [C]）とします。

電場がないとき、自由電子は四方八方に熱運動しています。電子の運動量の分布は図2－7のように0を中心に分布するので、運動量ベクトル p のアンサンブル平均 $\langle p\rangle$ は0になります。アンサンブル平均 $\langle p\rangle$ とは、いろいろな場所の自由電子の運動量ベクトルを平均化することです。つまり、電場を印加していないので、図2－6（a）のように、左に移動する自由電子もあれば右に移動する自由電子もあり、平均すると0になります。

一方、図2－6（b）のように、電場 E を印加すると、すべての自由電子が一様に eE の力を受けて、電界の向きと逆向きに加速されます（つまり、$-eE$）。したがって、図2－7の実線のように運動量分布が左にシフトします。電子は陽イオンに衝突しながら進むので、いろいろな運動量の電子が現れます。ただし、電場を印加しているので、平均すると負の運動量となります。

電場を印加した状態で、微小時間 Δt における運動量の増分を考えます。この運動量の増加分は、電場が電子に及ぼす力積となり、式（2－10）で表されます。

$$\langle p\,(t+\Delta t)\rangle-\langle p\,(t)\rangle=-eE\Delta t \qquad (2-10)$$

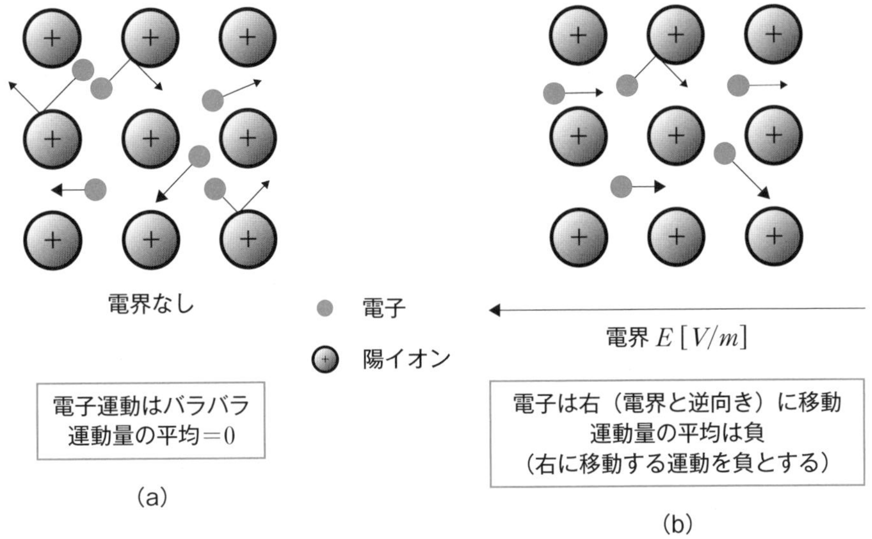

図2－6　**電子の散乱モデル**

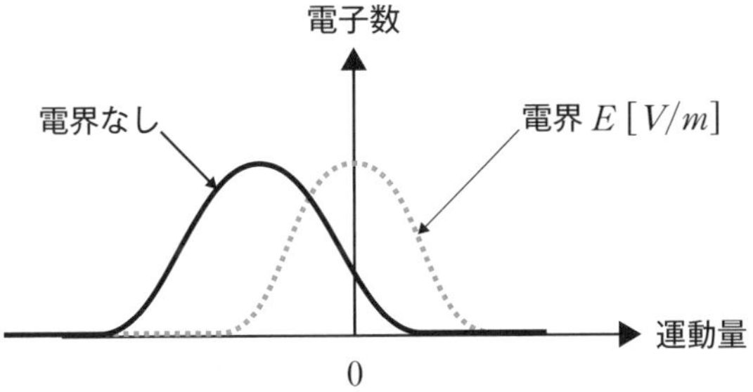

図2－7　**電子の運動量分布**

2－1節で述べたように、陽イオンが固定して規則正しく並んでいて、そこに自由電子が衝突してバラバラな向きに散乱されると考え、式（2－10）を示しましたが、この散乱による運動量の減少分が反映されていません。そこで、自由電子が、時間的に一定の割合で散乱されると仮定し、単位時間あたり $1/\tau$ 回散乱すると考えます。つまり、ある散乱から次の散乱までの時間が τ であると考えます。この時間を平均自由時間（または緩和時間）と呼んでいます。微小時間 Δt で散乱する回数は $\Delta t/\tau$ なので、この散乱回数に運動量をかけた分だけ運動量が失われることになります。したがって、式（2－10）にその失われた運動量を加えると式（2 −11）になります。

$$\langle p(t+\Delta t)\rangle - \langle p(t)\rangle = -eE\Delta t - \frac{\Delta t}{\tau}\langle p(t)\rangle \qquad (2-11)$$

式（2 −11）の両辺を Δt で割り、Δt の極限（$\Delta t \to 0$）をとると、式（2 −12）が導かれます。

$$\lim_{\Delta t \to 0}\frac{\langle p(t+\Delta t)\rangle - \langle p(t)\rangle}{\Delta t} = -eE - \frac{1}{\tau}\langle p(t)\rangle$$

$$\frac{d}{dt}\langle p(t)\rangle = -eE - \frac{1}{\tau}\langle p(t)\rangle \qquad (2-12)$$

この式（2 −12）が自由電子の運動方程式になります。

ある一定の電場（電圧）をかけてしばらくすると、自由電子の運動量は平衡状態（変化しない状態）になります。したがって、式（2 −12）の左辺の微分は 0 になり、式（2 −13）になります。式（2 −13）において、$\langle p(t)\rangle$ は時間変化しないので、「(t)」を削除できます。

$$\langle p\rangle = -e\tau E \qquad (2-13)$$

ここで、電子の運動量を電子の質量 m と速度のアンサンブル平均 $\langle v\rangle$ で表すと、式（2 −14）になります。

$$\langle p\rangle = m\langle v\rangle \qquad (2-14)$$

したがって、式（2 −13）は式（2 −15）になります。

$$\langle v\rangle = -\frac{e\tau E}{m} \qquad (2-15)$$

ここで、単位面積（断面積）あたりに流れる電流として、電流密度 $j\,[A/m^2]$ を考えます。式（2 − 2）の電流の式から両辺を断面積 S で割ると電流密度が求まり、式（2 −16）になります。なお、式（2 −16）にマイナスが付くのは、式（2 − 2）では絶対値を考えいるからです。本来なら、式（2 − 2）にもマイナスが付きますが、電気量をスカラーで考えているので、マイナスは付けません。

$$j = -en\langle v\rangle \qquad (2-16)$$

式（2 −16）に式（2 −15）を代入すると、式（2 −17）になります。この式はドルーデの式（*Drude* の式）と呼ばれています。ここで、σ は式（2 − 5）で説明した導電率です。

$$j = \frac{e^2 n\tau}{m}E = \sigma E \qquad (2-17)$$

式（2 −17）はオームの法則を表しています。式（2 − 3）と式（2 − 4）からオームの法則は、式（2 −18）で表されます。

$$V=\rho\frac{l}{S}I \qquad (2-18)$$

式（2 −18）を式変形して、

$$\frac{1}{\rho}\frac{V}{l}=\frac{I}{S}$$

となります。

$1/\rho$ は電導率 σ、V/l は電場 E、I/S は電流密度 j なので、上の式は式（2 −17）と同等になります。

［例題 2 − 5］

軟銅の電子密度 $n=8.45\times10^{28}$ $[m^{-3}]$、電子の質量 $m=9\times10^{-31}$ $[kg]$、電子の電荷量 $e=1.6\times10^{-19}$ $[C]$ とする。軟銅の20［℃］のときの平均自由時間 τ $[s]$ を求めなさい。なお、軟銅の20［℃］のにおける電導率 σ_{20} は、表 2 − 1 の抵抗率から求めなさい。

［解答］

式（2 −17）の両辺を E で割って、平均自由時間 τ の式を求めると式（2 −19）になります。

$$\tau=\frac{\sigma m}{e^2 n} \qquad (2-19)$$

軟銅の20［℃］のときの抵抗率は、表 2 − 1 から 1.72×10^{-8} $[\Omega\cdot m]$ なので、電導率は式（2 − 5）から

$$\sigma_{20}=\frac{1}{\rho_{20}}=\frac{1}{1.72\times10^{-8}}\fallingdotseq 58.1\times10^{6}\ [S/m]$$

になります。

この数値を代入して、計算すると平均自由時間は

$$\tau=\frac{58.1\times10^{6}\times9\times10^{-31}}{(1.6\times10^{-19})^2\times8.45\times10^{28}}=\frac{522.9}{21.632}\times\frac{10^{-25}}{10^{-10}}\fallingdotseq 24.2\times10^{-15}\ [s]$$

になります。

答：$\tau=24.2\times10^{-15}$ $[s]$

2－3 合金の伝導性と用途

前節までは、1つの原子で構成される金属（銅や鉄など）の電気伝導性について説明しました。本節では、複数の原子で構成された金属（合金）について説明します。なぜ、合金にするかというと、電気伝導性を変えたいということもありますが、同時に物質の耐熱性や剛性を変化させたいということもあります。

一般的に抵抗率は、熱振動（温度）、不純物（合金）、塑性変形による抵抗率の和となることが知られています。つまり、熱振動による抵抗率 ρ_t、不純物による抵抗率 ρ_i、塑性変形による抵抗率 ρ_d とすると、ある金属（合金を含む）の抵抗率 ρ_{total} は、式（2－20）で表されます。式（2－20）をマティーセンの法則（*Matthiessen* の法則）といいます。

$$\rho_{total} = \rho_t + \rho_i + \rho_d \qquad (2-20)$$

具体的な例として、銅とニッケル合金の抵抗率について、ニッケルの含有率ごとの抵抗率の変化を図2－8に示します。ニッケルの含有率が増すほど、抵抗率も上昇していきます。

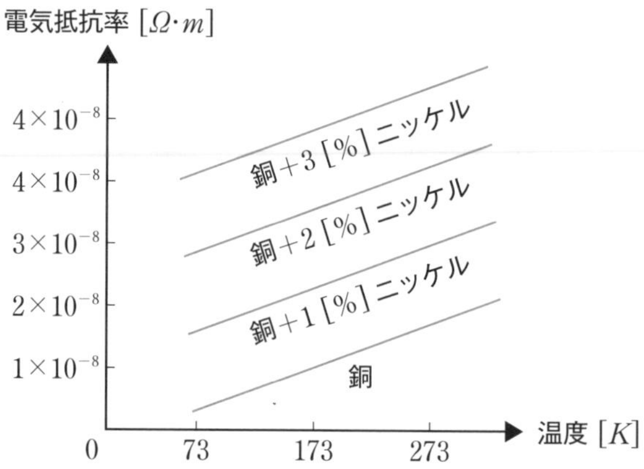

図2－8 ニッケルの含有率ごとの抵抗率

ニッケルとの合金でよく知られているものにニッケルとクロムの合金があります。通称、ニクロム線と呼ばれています。ニクロム線は、電気加熱が可能な物質として知られています。電気で加熱する方法の1つとして、電気抵抗で発するジュール熱を使った方法があげられます。電気抵抗を大きくし、そこに電気を流すことにより、大量のジュール熱が発生する仕組みです。

一般に抵抗 $R\,[\Omega]$ に電流 $I\,[A]$ を t 秒間流したときに発生するジュール熱 $Q\,[J]$ は式（2 −21）になります。式（2 −21）からわかるように、抵抗を大きくしていけば、ジュール熱も抵抗に比例して、大きくなります。

$$Q = I^2Rt \qquad (2-21)$$

一方、ある物体 $M\,[kg]$ を $T\,[℃]$ 上げるのに必要なジュール熱は式（2 −22）になります。式（2 −22）において、$H\,[J/(kg\cdot℃)]$ は比熱です。水の比熱は、$4.19\times10^3\,[J/(kg\cdot℃)]$ となります。

$$Q = HMT \qquad (2-22)$$

したがって、抵抗 $R\,[\Omega]$ に電流 $I\,[A]$ を流し、ある物体 $M\,[kg]$ を $T\,[℃]$ 上げるのに必要な時間 $t\,[s]$ は式（2 −23）になります。なお、式（2 −23）において、時間 $t\,[s]$ は、抵抗 $R\,[\Omega]$ で発生したジュール熱がすべて物質に伝わった場合の時間になります。

$$t\,[s] = \frac{HMT}{I^2R} \qquad (2-23)$$

ニクロム線の抵抗率は約 $1\times10^{-6}\,[\Omega\cdot m]$ であり、軟銅の抵抗率 $1.72\times10^{-8}\,[\Omega\cdot m]$ より2桁大きくなっています。また、ニクロム線の融点は約1400［℃］と非常に高く、ジュール熱による発熱にも耐えられる物質的性質をもちます。さらに、加工が容易であることから、電気コンロやトースター、ヘアードライヤーなどに使われています。

［例題 2 − 6］

ニクロム線で作られた電気コンロで、水 2 $[kg]$ の温度を20［℃］上げたい。抵抗率 $1\times10^{-6}\,[\Omega\cdot m]$、断面積 $4\times10^{-7}\,[m^2]$、長さ 5 $[m]$ のニクロム線に 5 $[A]$ の電流を流したとき、水の温度上昇が20［℃］になるまでに何秒かかるか答えなさい。なお、水の比熱を $4.19\times10^3\,[J/(kg\cdot℃)]$ とし、ニクロム線で発生したジュール熱はすべて水に伝わったとする。

［解答］

式（2 − 4）より、ニクロム線の抵抗 R は

$$R = 1.0\times10^{-6}\times\frac{5}{4\times10^{-7}} = 12.5\,[\Omega]$$

になります。

これに、$H = 4.19\times10^3\,[J/(kg\cdot℃)]$、$M = 2\,[kg]$、$T = 20\,[℃]$、$I = 5\,[A]$、$R = 12.5\,[\Omega]$ を式（2 −23）に代入し計算すると、求める時間は

$$t\,[s]=\frac{4.19\times10^{3}\times2\times20}{5^{2}\times12.5}=536.32\,[s]$$

となります。

答：536.32 [s]

電気回路でよく使用される合金として、はんだが知られています。はんだは、19世紀以前、金属と金属を物理的に接着するために用いられていました。電気製品が市場に出回るようになり、金属同士を接着して、かつ電気を通す物質として、はんだは電気製品で多用されるようになりました。

はんだには、「共晶はんだ」と「鉛フリーはんだ」があります。昔は共晶はんだが電気回路で使われました。しかし、共晶はんだに含まれる鉛が健康を害するということで、今では鉛フリーはんだがよく使われます。

共晶はんだはスズ（*Sn*）と鉛（*Pb*）の合金です。スズを37%、鉛を63%の割合で合金にします。スズの融点は232 [℃]、鉛の融点は327 [℃] ですが、上記の割合で混ぜると183 [℃] という温度で溶けるようになります。銅の融点は1083 [℃] なので、共晶はんだは、銅に比べて非常に低い融点になります。共晶はんだの抵抗率は約17×10^{-8} [$\Omega\cdot m$] であり、銅の抵抗率に比べて10倍程度高い値になります。しかし、使われる量が少ないので、電気回路の電気伝導には影響がありません。

共晶はんだを融点の183 [℃] 以上温めると、はんだが溶けてスズが銅に入り込んで新たな合金を作ります。したがって、このスズと銅の合金により接着が可能になります。

鉛フリーはんだは、主にスズ、銀、および銅の合金でできています。鉛が含まれていない分、人間に害を与えないのですが、いくつかの欠点があります。その１つは高い融点です。融点が高いため、部品を壊す可能性があります。また、高い融点まで温めるのに時間がかかり、作業効率が落ちます。したがって、故障が許されない航空機や医療機器などの電気回路には、依然として共晶はんだが使われています。

2−4 レアメタルの電気伝導性

レアメタルは、量が少なく、鉱石も少なく、精錬しにくい金属ですが、最先端技術を支える構成元素として、重要性が増しています。レアメタルの対語として、コモンメタルがあります。コモンメタルは古くから量産されている鉄、銅、およびアルミニウムなどの金属です。

レアメタルかそうでないかを表2－3の元素周期表で詳しく分類します。コモンメタルは、鉄、銅、アルミニウム、亜鉛、銀、金、白金、スズ、鉛の9種類です。レアメタルは、青く塗られている47種類の元素となります。レアメタルの中でレアアースに分類されているものがあります。レアアースは、スカンジウム(*Sc*)、イットリウム（*Y*)、およびランタノイド（*La*）系の金属、合計17種類の金属をいいます。これら17種類のレアアースを1つの金属として、31種類の金属がレアメタルといわれることもあります。

表2－3　周期表（青い部分がレアメタル）

1 *H*																	2 *He*
3 *Li*	4 *Be*											5 *B*	6 *C*	7 *N*	8 *O*	9 *F*	10 *Ne*
11 *Na*	12 *Mg*											13 *Al*	14 *Si*	15 *P*	16 *S*	17 *Cl*	18 *Ar*
19 *K*	20 *Ca*	21 *Sc*	22 *Ti*	23 *V*	24 *Cr*	25 *Mn*	26 *Fe*	27 *Co*	28 *Ni*	29 *Cu*	30 *Zn*	31 *Ga*	32 *Ge*	33 *As*	34 *Se*	35 *Br*	36 *Kr*
37 *Rb*	38 *Sr*	39 *Y*	40 *Zr*	41 *Nb*	42 *Mo*	43 *Tc*	44 *Ru*	45 *Rh*	46 *Pd*	47 *Ag*	48 *Cd*	49 *In*	50 *Sn*	51 *Sb*	52 *Te*	53 *I*	54 *Xe*
55 *Cs*	56 *Ba*	*La*	72 *Hf*	73 *Ta*	74 *W*	75 *Re*	76 *Os*	77 *Ir*	78 *Pt*	79 *Au*	80 *Hg*	81 *Tl*	82 *Pb*	83 *Bi*	84 *Po*	85 *At*	86 *Rn*
87 *Fr*	88 *Ra*	*Ac*	104 *Rf*	105 *Db*	106 *Sg*	107 *Bh*	108 *Hs*	109 *Mt*	110 *Ds*	111 *Rg*	112 *Cn*	113 *Nh*	114 *Fl*	115 *Mc*	116 *Lv*	117 *Ts*	118 *Og*

La	57 *La*	58 *Ce*	59 *Pr*	60 *Nd*	61 *Pm*	62 *Sm*	63 *Eu*	64 *Gd*	65 *Tb*	66 *Dy*	67 *Ho*	68 *Er*	69 *Tm*	70 *Yb*	71 *Lu*
Ac	89 *Ac*	90 *Th*	91 *Pa*	92 *U*	93 *Np*	94 *Pu*	95 *Am*	96 *Cm*	97 *Bk*	98 *Cf*	99 *Es*	100 *Fm*	101 *Md*	102 *No*	103 *Lr*

レアメタルの特徴の1つとして、超電導性があげられます。超電導というのは、超電導性のある物質を非常に低い温度にすると、ある温度以下で電気抵抗率ρが0 $[\Omega\cdot m]$になる現象です。この超電導性はレアメタルでなくても生じる物質がありますが、レアメタルの方が、電気抵抗率が0 $[\Omega\cdot m]$になる温度が高かったり、安定して超電導性を示したりするので、超電導を生じさせるためにレアメタルを使うことが多いです。

超伝導の発見は、1911年にオランダの物理学者であるカメルリン・オンネスによって発見されました。2−3節で説明したように、金属の電気抵抗率は温度によって変化します。通常、金属は温度が下がると電気抵抗率も下がっていきます。つまり、低い温度の方が電気は流れやすくなります。1911年当時は、コモンメタルである水銀（Hg）を冷やして抵抗率の変化を調べていました。水銀では、図2−9のように、4.2 $[K]$（約−270［℃］）で急激に抵抗率が下がり、0 $[\Omega\cdot m]$になります。物質が超伝導になる温度のことを臨界温度または転移温度（T_C）といいます。

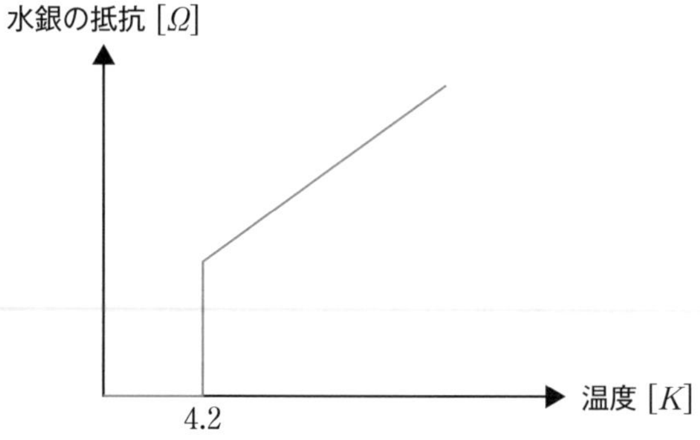

図2−9　水銀の温度と抵抗率の関係

超伝導材料として使われるのは、レアメタルの単金属、金属間化合物からなる合金、および酸化物です。多くの金属は、極低温で超伝導になりますが、実用で使える金属は液体ヘリウムの沸点温度9.2 $[K]$（−268.8［℃］）で安定した超電導を示すニオブ（Nb）です。液体窒素の沸点77 $[K]$（−196［℃］）以上で安定して超電導を示す金属は、高温超電導体と呼ばれ、ランタン（La）、イットリウム（Y）などのレアメタルの酸化物から構成されます。

表2−4にレアメタル化合物の転移温度を示します。ランタン−バリウム−銅の酸化物（$La_{2-x}Sr_xCuO_4$）で超電導材料が発見されてから、酸化物超伝導材

料が注目され始めました。特に、イットリウム－バリウム－銅の酸化物（$YBa_2Cu_3O_7$）やビスマス－ストロンチウム－カルシウム－銅の酸化物（$Bi_2Sr_2Ca_2Cu_3O_{10}$）といった銅酸化物高温超電導体が発表されています。

表2－4　レアメタルの超電導物質

物質名	臨界温度 [K]
Hg	4.2
Nb	9.2
Pb	7.2
$La_{2-x}Sr_xCuO_4$	30
$YBa_2Cu_3O_7$	93
$Bi_2Sr_2Ca_2Cu_3O_{10}$	109

（数値は大まかな値。条件により変化する）

超電導と同様に、レアメタルの特性として注目されているのが、透明な電極素材（*TCO*：透明電極用酸化物）です。この *TCO*（*Transparent Conductive Oxide* の略）は、スマートフォンなどの液晶画面上で活用されています。図2－10にスマートフォン画面の内部構造を示します。スマートフォンでは、液晶パネルの上に電極として *TCO* 膜というレアメタル化合物が配置されます。この電極によって、手が液晶パネルを触ったとことによる微少な電荷変化を読み取ることができます。本来なら電気抵抗率が低い銅などの金属を使いたいのですが、液晶パネルの面上にある関係上、透明な *TCO* 膜でなければなりません。この *TCO* は、インジウム（*In*）の酸化物 In_2O_3 に微少（数%）のスズを不純物として混ぜた化合物です。微少の不純物を混ぜることを「不純物をドープする」といいます。*TCO* 膜は透明性が透過率95% 以上と非常に高く、加工性においても液晶ディスプレイ電極に求められる微細加工が容易です。

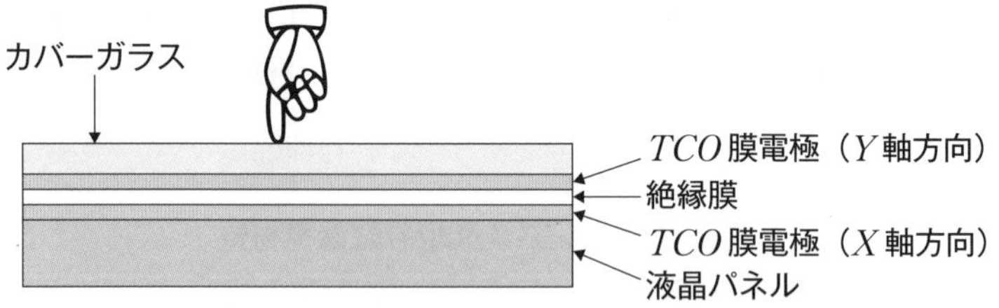

図2－10　スマートフォンにおける透明性電極用酸化物電膜

インジウムは希少金属であり、戦略的物質にもなりうるので、高価で安定供給が懸念されています。そこで、代替材料として SnO_2 系および ZnO 系の物質が注目を集めています。In_2O_3、SnO_2、ZnO などの2つ元素で構成される化合物を二元素化合物といいますが、これらの二元素化合物にいろいろな不純物をドープことにより特性が変わります。SnO_2 にアンチモン（*Sb*）を混ぜると、化学的安定性が高い *TCO* ができます。また、SnO_2 にフッ素（*F*）を混ぜることにより *TCO* ができます。ZnO にアルミニウム（*Al*）を混ぜると、安価に *TCO* が製造できます。

[例題2－7]

以下に示す化合物は、超電導物質なのか *TCO* 物質なのかを答えなさい。

（1）$Bi_2Sr_2Ca_2Cu_3O_{10}$　（2）SnO_2　（3）In_2O_3　（4）*Nb*

[解答]

$Bi_2Sr_2Ca_2Cu_3O_{10}$ と *Nb* が超電導物質で、SnO_2 と In_2O_3 は *TCO* になります。この中で、SnO_2 はレアメタル化合物ではありません。

答：(1) 超電導物質、(2) *TCO* 物質、
(3) *TCO* 物質、(4) 超電導物質

用語解説

◎電気伝導

電気伝導とは、電圧をかけることにより、物質中の電荷が移動する現象です。電荷が移動することを「電流が流れる」といいます。電荷の種類としては、電子のほかにイオンや正孔があります。

◎**金属結合**

金属結合とは、陽イオン同士が結合している結合です。陽イオンは、もともと金属原子が電子を放出してイオンになるので、陽イオンの周りには無数の電子が自由に飛び回っています。これら陽イオンと電子によるクーロン力でお互い結び付けられています。

◎**金属の伝導モデル**

ドルーデモデルとも呼ばれ、1900年パウル・ドルーデによって提唱されたモデルです。気体分子運動論を活用し、固体中の電子の動きを古典的に扱えるモデルです。重く動きづらい陽イオンの間をピンボールのように電子が常に移動すると仮定し、電子の運動方程式と電流密度と、電場の関係式を導きます。これらの関係式から、オームの法則の導出について説明することができます。

◎**合金**

合金とは、単一の金属元素からなる純金属に対して、他の元素を添加し、組成を調節する金属をいいます。合金にする目的は、強度、融点、磁性、耐食性、自己潤滑性といった性質を変化させ、合金の性能を使用目的に合った金属にすることです。

合金にはさまざまな形態があり、完全に溶け込んでいる固溶体、結晶レベルとして成分の金属がそれぞれ独立している共晶、一定割合で結合した金属間化合物などがあります。

◎**レアメタル**

レアメタルとは、非鉄金属（鉄や鉄の合金以外の金属）の中で、産出量・流通量が少ない物質をいいます。具体的には、非鉄金属の中で、銅、亜鉛、アルミなどのコモンメタルと金や銀などの貴金属を除いたものをいいます。

レアメタルの用途は、構造材料、電子材料、磁性材料、機能性材料に分かれます。構造材料では、コモンメタルと合金を作り、錆にくくしたり、強度を増したりする材料として使用されます。電子材料では、半導体レーザー、強力な永久磁石、超伝導体材料として使用されます。機能性材料では、工学ガラス、透明電極、形状記憶合金として使用されます。

第 3 章

半導体材料

半導体は、あらゆる電子機器で使用されています。半導体素子による増幅装置やコンピュータ内部での演算装置にも使われています。また、半導体の発光現象を利用して LED 電球にも応用されています。

本章では、半導体の電子構造や電気・電子回路で使用される素子について説明します。半導体の原子配列を説明し、導体や絶縁体との違いを説明します。半導体の代表的なものとして、n 型および p 型半導体について説明します。また、pn 接合や金属－半導体接合について説明します。半導体の特徴の 1 つでもある発光現象についても説明します。

3－1 真性半導体

半導体の一般的性質を説明するため、原子の構造と自由電子について説明します。物質の中の原子は、プラスの電荷をもつ原子核を中心に、マイナス電荷をもつ電子がその原子核の周りを回っているモデルで表現されます。電気を流す性質は、一番外側（最外殻）を回っている電子（最外殻電子または価電子という）の個数によります。電気を流さない物質の多くは、最外殻電子の数が８個で、物質的には安定し、最外殻電子が飛び回ることができません。一方、最外殻電子の数が８個にならないと不安定となり、最外殻電子が自由に移動でき（自由電子という)、電気を流します。

半導体物質の１つであるシリコンは、図３－１のような原子構造になっています。シリコンは原子核の周りに14個の電子が回っています。それらの電子のうち、最外殻電子は４つです。ちなみに、ゲルマニウムという半導体の最外殻電子も４つなので、同じ考え方ができます。最外殻電子の数が４つなので、不安定で電気を流しそうですが、シリコン原子が集まってシリコン物質になると、共有結合を構成し、実質的に最外殻電子の数を８個にします。

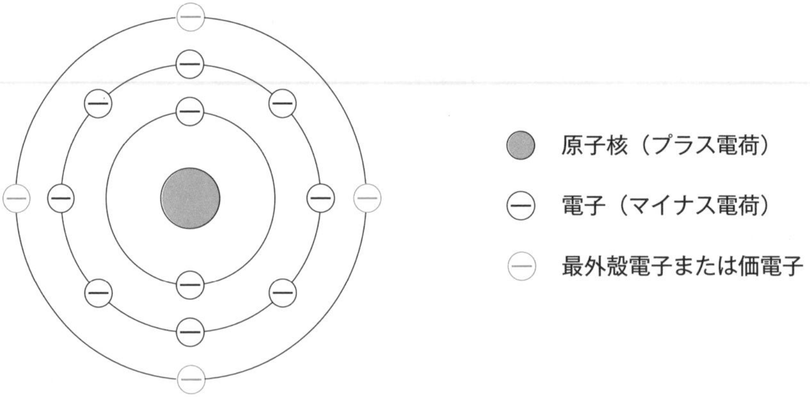

図３－１ シリコン原子の構造

シリコン物質の共有結合を図で表すと図３－２のようになります。共有結合では、上下左右隣り合ったシリコン原子の最外殻電子１個を借りて、安定した８個の最外殻電子を形成します。このように、隣り合う原子の最外殻電子を借りて、安定した8個の最外殻電子を形成する原子間の結合を共有結合といいます。この共有結合は、イオン結合、金属結合より強く、電子が自由に飛び回ることを許しません。このような半導体を真性半導体と呼びます。

図3－2 真性半導体の共有結合（シリコン）

なお、銅や鉄などの電気を流しやすい物質は、自由電子が多数存在します。銅や鉄などの伝導物質は共有結合でなく、金属結合で原子同士が結合しています。金属結合では、最外殻電子と原子の結び付きは弱く、最外殻電子は自由に動くことができ電気を流します。

シリコンは導体より電気を流しにくく、絶縁体よりは電気を流しやすい物質になります。図3－3に示すように、室温での半導体の抵抗率は、約10^{-4} [$\Omega \cdot m$]から10^{4} [$\Omega \cdot m$]になります。さらに、半導体物質は温度によっても抵抗率が急激に変わります。例えば、シリコンでは、大略200 [K]で10^{4} [$\Omega \cdot m$]あった抵抗率が、300 [K]で1 [$\Omega \cdot m$]まで急激に下がります。導体の場合は、温度を上げていくと熱によって原子配列が振動し、キャリアの移動を妨げるので、半導体とは逆に、抵抗率が上がっていきます。

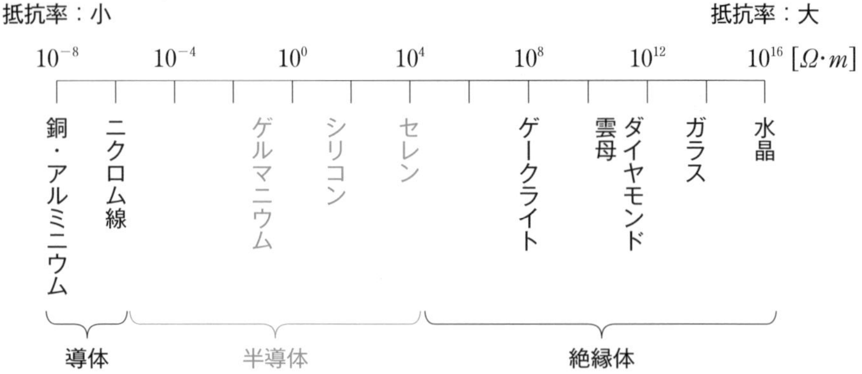

図3－3　室温における主な物質の抵抗率

[例題3－1]

次の物質のうち、原子同士が共有結合で結合されている物質を答えなさい。

銅（*Cu*）　シリコン（*Si*）　金（*Au*）　アルミニウム（*Al*）

[解答]

銅、金、アルミニウムは、金属結合で物質を構成します。一方、シリコンは共有結合で結合しています。

答：シリコン（*Si*）

真性半導体における抵抗率を説明するために、エネルギーバンド図を用いて説明します。半導体には、共有結合によって自由電子がありません。しかし、あるエネルギーを加えると、図3－4のように共有結合を壊して、電子が放出します。この電子が自由電子となって電気を流します。また、電子が放出された原子は電子が1つ足りませんので、そこがホール（正孔とも呼ばれる）となって、プラス電荷として電流を流します。この電子とホールが存在するときに電圧をかけると、自由電子は負の電荷をもっているので、プラス極に移動し、ホールはプラス電荷をもっているので、マイナス極に移動し、電流を流します。これら電子やホールなどの電流の担い手を、キャリアと呼んでいます。

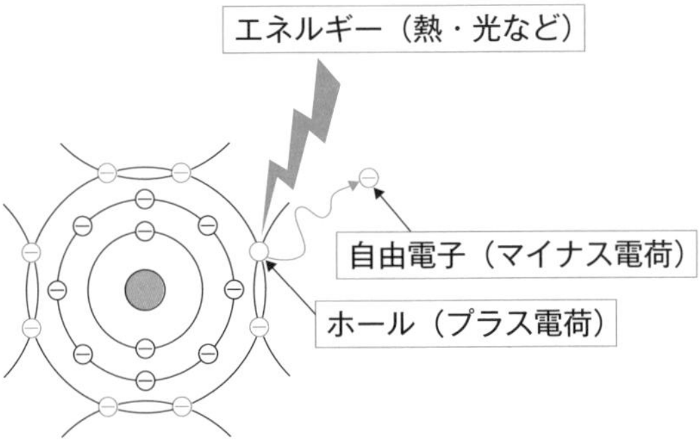

図3－4　エネルギーによって生成されるキャリア

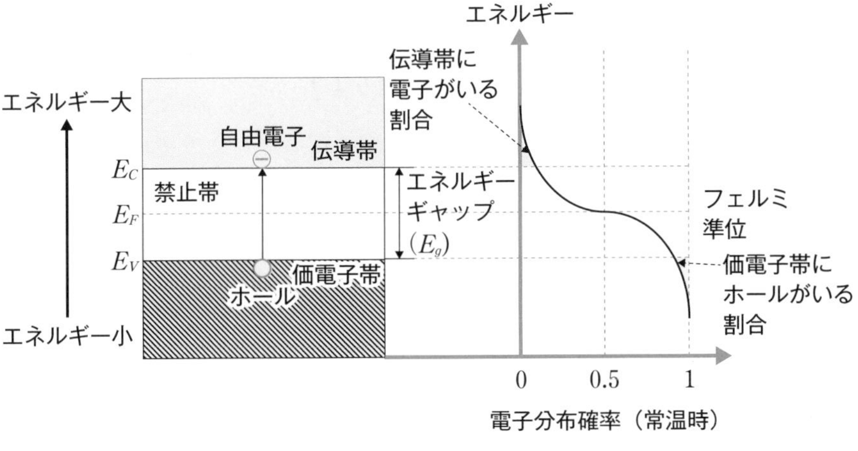

図3－5　エネルギーバンド図

このキャリアがもつエネルギーを図で表したのが、エネルギーバンド図です（図3－5参照）。半導体の最外殻電子のエネルギーは、とびとびの値をとることが知られています。したがって、電子は図3－5の価電子帯か伝導帯かのどちらかのエネルギーをとります。価電子帯（価電子帯の一番高いエネルギー準位 E_V）は、絶対零度のときに電子がとるエネルギーの値です。したがって、絶対零度のときは、電子は共有結合で完全に原子と結合しています。熱などのエネルギーが与えられると電子が伝導帯（伝導帯の一番下のエネルギー準位 E_C）のエネルギーを得て、自由電子として電気を流します。E_C と E_V との差をエネルギーギャップ（E_g）といい、価電子帯の電子がエネルギーギャップを超えて伝導帯に移動することを、電子励起（または励起）といいます。一方、価電子帯では、電子が抜けたホールが、電流を流します。したがって、伝導帯では自由電子が、価電子帯ではホールが、キャリアとして電流を流す役目を果たします。エネルギーギャップの単位は $[eV]$（1エレクトロンボルト $\fallingdotseq 1.6\times10^{-19}$ $[J]$）で表します。0.1 $[eV] < E_g < 3$ $[eV]$ が半導体に分類されています。3 $[eV]$ 以上になると絶縁体になります。例えば、MOS トランジスタの絶縁体として使用される SiO_2（二酸化ケイ素）の E_g は8.95 $[eV]$ です。

図３－５の右側に、自由電子の存在確率とエネルギーの関係を示しています。真性半導体では、禁止帯に電子が存在しないので、伝導帯と価電子帯における自由電子の存在確率のみ考えます。伝導帯のエネルギーでは、自由電子の存在確率が少なく、このことからも真性半導体では、あまり電気を流さないことがわかります。価電子帯のエネルギーでは、ホールの存在確率（1−電子の分布確率）が少しありますが、電気をほとんど流しません。

半導体物質であるシリコン（Si）やガリウムヒ素（$GaAs$）の E_g は、絶対温度（T $[K]$）の関数で表され、それぞれ次式となります。

$$Si\text{の}\ E_g = 1.17 - \frac{4.73\times10^{-4}T^2}{T+636}\ [eV]$$

$$GaAs\text{の}\ E_g = 1.519 - \frac{5.405\times10^{-4}T^2}{T+204}\ [eV]$$

［例題３－２］

27［℃］におけるシリコンのエネルギーギャップを求めなさい。

［解答］

27［℃］を絶対温度 $[T]$ に直すと、$T = 273+3 = 300$ $[K]$ となります。この絶対温度を上の式に代入して計算すると、

$$E_g = 1.17 - \frac{4.73\times10^{-4}\times300^2}{300+636} \fallingdotseq 1.12\ [eV]$$

になります。

答：$E_g = 1.12$ $[eV]$

前述したように、半導体の場合、温度が上がると抵抗率 ρ が下がります。つまり、導電率 σ $(=1/\rho)$ は上がり、電気を流しやすくなります。このことは、エネルギーギャップが下がることにより、単位体積あたりのキャリア密度が上がるためです。導電率 σ は式（３－１）で表せます。

$$\sigma = ne\mu \qquad (3-1)$$

ここで、eはキャリアの電荷素量、nはキャリア密度、μはキャリアの移動度（単位 $[cm^2/V \cdot s]$）です。

金属の場合、式（3－1）のキャリア密度nは変わらず、移動度μが変化します。温度が上がると、金属原子が振動することにより、キャリアの移動を妨げます。その結果、移動度が下がり導電率は下がります。一方、半導体の場合、温度が上がるにつれ、禁止帯を越えて伝導帯に励起する電子が増加します。その結果、キャリア密度nが上がり、導電率が上がります。このキャリア密度nは、式（3－2）のように表されます。

$$n = n_0 \times exp\left(-\frac{E_g}{2kT}\right) \qquad (3-2)$$

ここで、n_0は定数（Tが非常に高いときの値）、kはボルツマン定数（≒8.61×10^{-5} $[eV/K]$）、Tは絶対温度、E_gはエネルギーギャップです。シリコンのキャリア密度（室温時）は、9.65×10^9 $[cm^{-3}]$ です。

［例題3－3］

ある半導体のキャリア密度nは2×10^{10} $[cm^{-3}]$、キャリアの移動度μは、1500 $[cm^2/V \cdot s]$ であった。この半導体の導電率σ $[S/cm]$ を求めなさい。なお、eは1.6×10^{-19} $[C]$ で計算しなさい。

［解答］

式（3－1）にそれぞれの値を入れて計算すると、

$$\sigma\,[S/cm] = ne\mu = 2 \times 10^{10} \times 1.6 \times 10^{-19} \times 1500 = 4.8 \times 10^{-6}\,[S/cm]$$

になります。ここでは、Sを「ジーメンス」と発音します。

答：$\sigma = 4.8 \times 10^{-6}$ $[S/cm]$

3－2 不純物半導体

真性半導体の場合は、シリコンなどの単一物質の塊なのですが、そこにごくわずかな不純物を混入させます。具体的には、シリコン（*Si*）より最外殻電子が1つ多いリン（*P*）を混ぜます。混ぜる量として、真性半導体の純度が99.99999999%（9が11個でイレブンナインという）に対して、リンが100万分の1から1億分の1の量というごくわずかな量です。リンが混入している部分を模式図で表すと図3－6のようになります。シリコンとリンは共有結合しますが、そのときに電子が1つ余ってしまいます。ここに熱などのエネルギーを加えると、余った電子が自由電子となり、電圧をかけることにより電気が流れます。

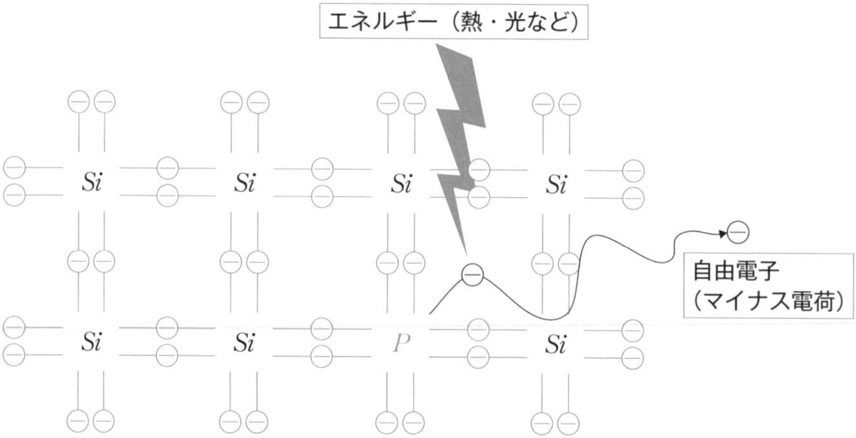

図3－6　*n* 型半導体の模式図（電子は最外殻電子のみ）

このように、余った電子を放出することにより電気が流れる半導体を *n* 型半導体といいます。ここで、電子を放出する不純物（図3－6でいうリン）をドナーといいます。余った電子のエネルギー準位をエネルギーバンド図で表すと図3－7になります。この余った電子は結合的には弱いので、少しのエネルギーで自由電子になります。したがって、エネルギー準位は、伝導帯より少し下に位置します。このエネルギーの位置をドナー準位といいます。ドナー準位のエネルギー（E_d）と伝導帯のエネルギー（E_C）の差は、数十 [meV] 以下と真性半導体のエネルギーギャップに比べ、小さい値になります。温度がある程度高ければ、価電子帯にいる電子も励起して自由電子になるので、それに対応してホールも生成されます。したがって、n型半導体のキャリアは、大多数の自由電子（多数キャリアともいう）と少数のホール（少数キャリアともいう）で構成されます。図3－7の右側のグラフ（電子分布確率）でみると、ドナーを混ぜた分、フェルミ準位が上昇し、それに伴いグラフが上に移動します。したがって、伝導帯における電子の存在確率が高くなり、多数キャリアとなり電気を流します。一方、グラフが上がった分、ホールの存在確率が低くなり、少数キャリアとなります。

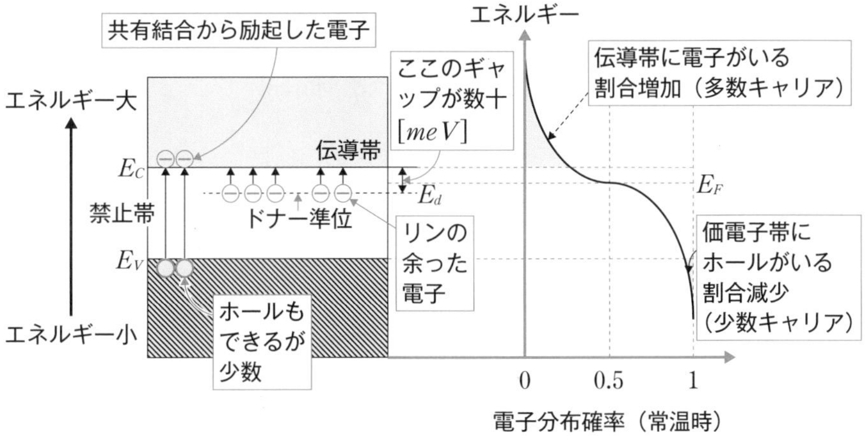

図3－7　n型半導体のエネルギーバンド図

n型半導体の多数キャリアである電子の密度を考えます。ドナー準位からの励起も真性半導体の励起と同様なので、ドナーの自由電子の密度n_dは、式（3－2）と同様に次式で表されます。

$$n_d = n_{d0} \times exp\left(-\frac{E_{dg}}{2kT}\right)$$

なお、n_{d0}は定数、E_{dg}は伝導帯のエネルギー（E_C）とドナー準位のエネルギー（E_d）との差（$E_{dg}=E_C-E_d$）です。

式（3－2）および上式から自由電子密度と温度の関係を考えます。各式の両辺の常用対数（log_{10}）をとると、それぞれ式（3－3）、式（3－4）になります。

$$log_{10} n_e = log_{10}\left\{n_{e0} \times exp\left(-\frac{E_g}{2kT}\right)\right\} = log_{10} n_{e0} - \frac{E_g}{2kT} log_{10} e \quad （3－3）$$

$$log_{10} n_d = log_{10} \left\{ n_{d0} \times exp\left(-\frac{E_{dg}}{2kT} \right) \right\} = log_{10} n_{d0} - \frac{E_{dg}}{2kT} log_{10} e \quad (3-4)$$

わかりやすくグラフにするため、$log_{10} n_e$ と $log_{10} n_d$ を y として、$1/T$ を x として、x と y の関係を表すと図３－８になります。

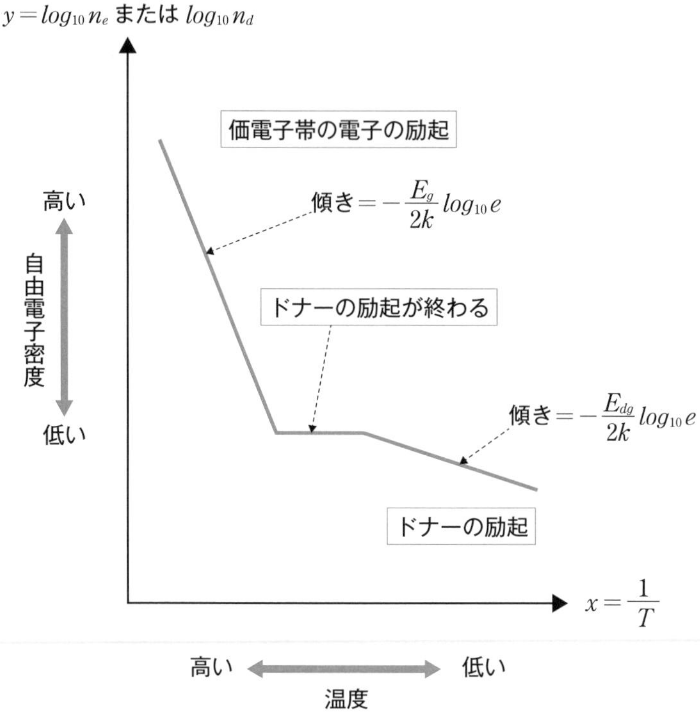

図３－８ 自由電子（多数キャリア）密度と温度との関係

図３－８のグラフにおいて、温度の低い方から高い方（右から左）にみていくと、温度が低いとき、エネルギーギャップの低いドナーの励起により、自由電子密度が増えていきます。このとき、価電子帯にはエネルギーギャップを超える温度によるエネルギーが与えられないので、禁止帯を超えて、電子が励起されません。温度が高くなると、励起されるドナー準位に電子がなくなり、自由電子の密度が一定になります。さらに温度を上げていくと、価電子帯の電子にエネルギーギャップを超えるエネルギーが与えられるので、電子が禁止帯を超えて自由電子になり、自由電子の密度が高くなります。

［例題３－４］

図３－８のグラフにおいて、ドナー励起時の直線上の値として、(x＝0.002、y＝12.125) および (x＝0.003、y＝12) が測定された。これらの値からドナー励起時の傾きを求め、その傾きから E_{dg} ($=E_c-E_d$) を求めなさい。なお、ボルツマン定数は8.61×10^{-5} [eV/K]、$log_{10}e=0.434$で計算しなさい。

［解答］

２つの座標から傾きを求めると、

$$傾き=\frac{12-12.125}{0.003-0.002}=-125$$

となります。

この傾きと式（３－４）の傾きから E_{dg} を求めると、

$$-\frac{E_{dg}}{2k}log_{10}e=-125$$

$$-\frac{E_{dg}}{2\times8.61\times10^{-5}}\times0.434=-125$$

$$E_{dg}=\frac{2\times8.61\times10^{-5}\times125}{0.434}\fallingdotseq0.0496\ [eV]=49.6\ [meV]$$

となります。

答：$E_{dg}=49.6\ [meV]$

n 型半導体では、最外殻電子が１つ多いリンを混ぜましたが、最外殻電子が Si より１つ少ないホウ素（B）を混ぜます。このホウ素もリンと同様、真性半導体の純度が99.99999999％に対して、ホウ素が100万分の１か１億分の１というごくわずかな量です。ホウ素の周辺部分の構造を図で表すと図３－９になります。シリコンとホウ素とは共有結合しますが、そのときに１つ電子がない状態（つまりホールができた状態）で結合します。このような場合、別のシリコンで共有結合していた最外殻電子が少しのエネルギーで結合から離れ、そのホールに移動することができます。このとき、共有結合から離れた電子をもっていたシリコンにホールができます。この現象が伝搬することにより、ホール（プラス電荷）が移動して、電気が流れるようになります。

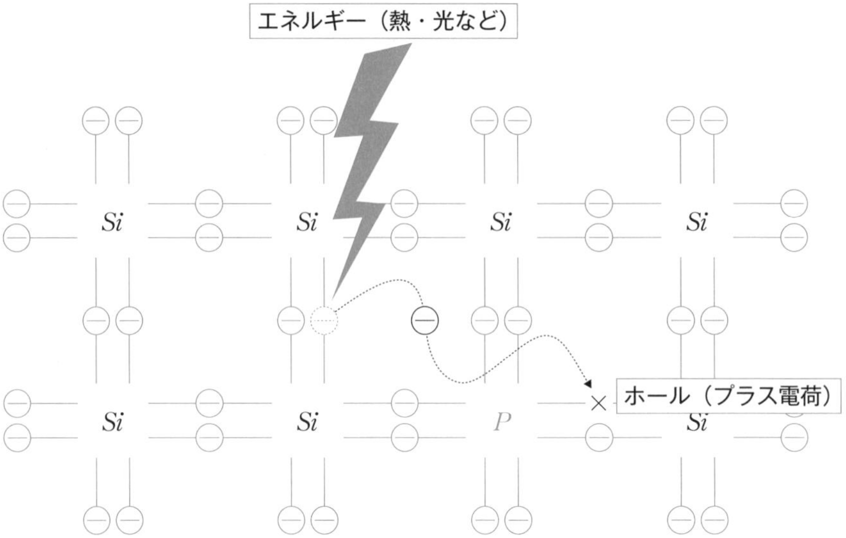

図3－9 p 型半導体の模式図（電子は最外殻電子のみ）

このように、ホールが疑似的に移動することにより電気が流れる半導体を p 型半導体といいます。ここで、ホウ素のようなホールを作る不純物をアクセプタといいます。このホールには、価電子帯の電子が少しのエネルギーで入り、別のホールを作ります。これをエネルギーバンド図で表すと図3－10になります。価電子帯の電子が移動するエネルギーは、価電子帯より少し上に位置します。このエネルギーの準位をアクセプタ準位といいます。アクセプタ準位（E_a）と価電子帯の一番上のエネルギー準位（E_V）の差は、数十 $[meV]$ 以下と真性半導体のエネルギーギャップに比べ、小さい値になります。温度が高ければ、価電子帯にいる電子も励起して自由電子になり、それに対応してホールも生成されます。したがって、p 型半導体のキャリアは、大多数のホール（多数キャリアともいいます）と少数の自由電子（少数キャリアともいいます）で構成されます。図3－10の右側の電子分布確率でみると、アクセプタを混ぜた分、フェルミ準位が下がり、それに伴いグラフ（電子分布確率）が下に移動します。したがって、伝導帯にいる電子の存在確率が低くなり、少数キャリアとなります。一方、グラフが下がった分、ホールの存在確率が高くなり、多数キャリアとなります。

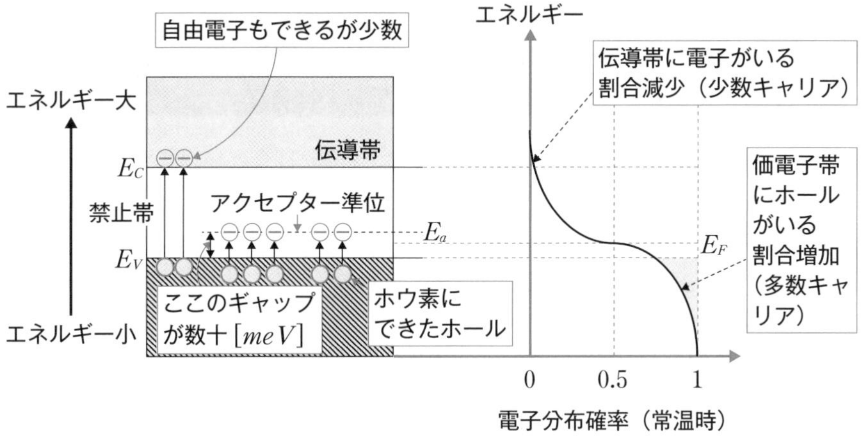

図3－10　*p* 型半導体のエネルギーバンド図

［例題 3 － 5］

以下の文章で(ア)～(カ)にあてはまる語句を答えなさい。

シリコンの真性半導体にリンを不純物として加えると、［(ア)］型半導体になります。このときのリンを一般に［(イ)］といいます。バンド図でリンを加えることによりできる準位を［(イ)］準位といいます。一方、ホウ素を不純物として加えると、［(ウ)］型半導体になります。このときのホウ素を一般に［(エ)］といいます。バンド図でホウ素を加えることによってできる準位を［(エ)］準位といいます。［(ア)］型半導体の場合、少数キャリアは［(オ)］で、多数キャリアは［(カ)］です。［(ウ)］型半導体の場合、少数キャリアは［(カ)］で、多数キャリアは［(オ)］です。

［解答］

シリコンの真性半導体にリンを混ぜた場合、*n* 型半導体になります。一方、ホウ素を混ぜた場合は、*p* 型半導体になります。

答：(ア) *n*、(イ)ドナー、(ウ) *p*、(エ)アクセプタ、
(オ)ホール、(カ)自由電子

3－3 pn 接合

n 型半導体と p 型半導体とを接合させることを pn 接合といいます。pn 接合の近接では、図 3 －11（a）のように、p 型半導体のホールがホール濃度の薄い n 型半導体の方に拡散します。ホールが移動した後、アクセプタはイオン化され、負電荷として残ります。また、n 型半導体にまぎれこんだホールは電子と再結合し消失します。そこでは電子がなくなるので、ドナーはイオン化され、正電荷となります。その結果、図 3 －11（a）のような負と正の面状の電荷層ができます。この層を空乏層（または電荷二重層）といいます。

pn 接合を使った素子の名称をダイオードといい、電気回路では図 3 －11（b）のように表します。ダイオードの p 型半導体の端子をアノード、ダイオードの n 型半導体の端子をカソードといいます。アノードをプラス、カソードをマイナスにして電圧（順方向バイアスという）をかけると図 3 －11（c）のように電気が流れ、逆に電圧をかける（逆方向バイアスという）とある程度高い電圧になるまで、電流が流れません。このようにダイオードには整流特性（ある方向の電流は通すが、逆の電流は流さない特性）があります。

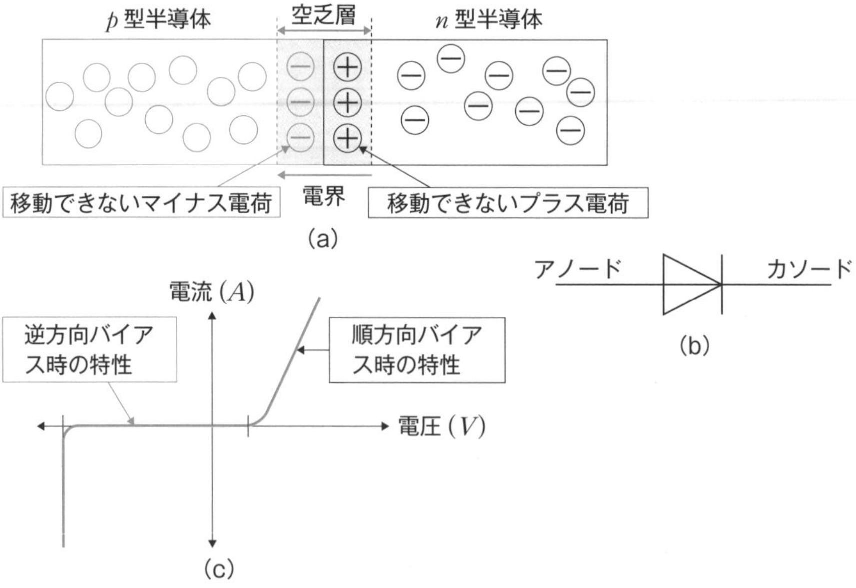

図 3 －11　pn 接合とダイオードの電流―電圧特性

図３－11の空乏層内部の電荷は、平行平板コンデンサに誘起された面状電荷と電気的に同じです。したがって、空乏層には、図３－11（a）に示す方向に電界が発生します。このように電界が発生すると、p 型半導体のホールが n 型半導体に拡散したくても、電界に阻止されて押し返されてしまいます。逆に n 型半導体の電子が p 型半導体に拡散したくても、電界に押し返されてしまいます。このように、空乏層内では、内蔵電場によりキャリア（つまり、電子とホール）は押し出されて、キャリアが存在しない状態になります。なお、空乏層内の電界が作る空乏層の電位差を拡散電位または内蔵電位、ビルトインポテンシャル（V_D）といいます。このビルトインポテンシャルは式（３－５）で表すことができます。

$$V_D\,[V]=\frac{kT}{q}\,ln\left(\frac{n_a\times n_d}{n_i^2}\right)[V] \qquad (3-5)$$

ここで、k はボルツマン定数、q は電子の電荷素量（約$1.602\times10^{-19}\,[C]$）、n_i は真性半導体でのキャリア密度、n_a は p 型半導体のホール密度、n_d は n 型半導体の自由電子密度です。

［例題３－６］

pn 接合において、n 型半導体の自由電子濃度 n_d が$10^{17}\,[cm^{-3}]$、p 型半導体のホール濃度 n_a が$10^{16}\,[cm^{-3}]$であった。このときのビルトインポテンシャルを求めなさい。なお、$kT/q=0.026$、真性半導体のキャリア密度 n_i は $2\times10^{10}\,[cm^{-3}]$とする。

［解答］

式（３－５）からビルトインポテンシャルを求めると、

$$V_D\,[V]=0.026\times ln\left(\frac{10^{16}\times10^{17}}{2^2\times10^{20}}\right)=0.026\times ln\,(2.5\times10^{12})\fallingdotseq0.74\,[V]$$

になります。

答：$V_D\,[V]=0.74\,[V]$

pn 接合をバンド図で表すと図３－12になります。p 型半導体と n 型半導体を接合すると、接合面の近傍では、キャリア（自由電子とホール）の存在確率が等しくなるようにキャリアが拡散します。つまり、図３－12のように、フェルミ準位が一直線につながり、伝導帯や価電子帯にエネルギー的な差ができます。この差が、ビルトインポテンシャルに相当します。

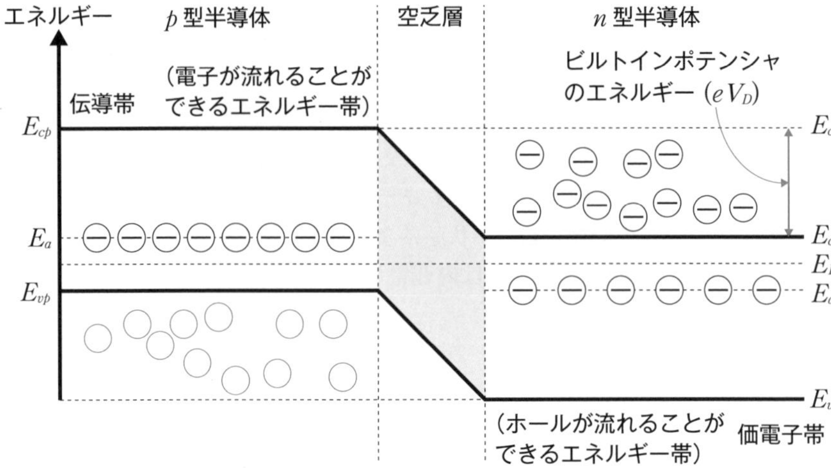

図3－12　*pn* 接合のバンド図

この *pn* 接合の *p* 型半導体の部分をプラス、*n* 型半導体の部分をマイナスにして電圧をかけると、図3－13（*a*）のように *p* 型半導体のフェルミ準位が下がり、*p* 型半導体の伝導帯のエネルギーレベルが下がります。電圧がビルトインポテンシャルを超えると、*n* 型半導体の電子が *p* 型半導体に流れ（ドリフトという）、逆に *p* 型半導体のホールが *n* 型半導体に流れることにより、図3－13（*b*）のように電流が急激に増加します。このとき、順方向バイアス時に流れる電流は、次式で表されます。

$$I[A]=I_0\left(exp\left(\frac{qV}{nkT}\right)-1\right)$$

ここで、I_0は比例定数、$T\,[K]$ は絶対温度、k はボルツマン定数、q は電子の電荷素量（約$1.602\times10^{-19}\,[C]$）、$V\,[V]$ は順方向電圧、n は理想係数で1から2の間の値になります。

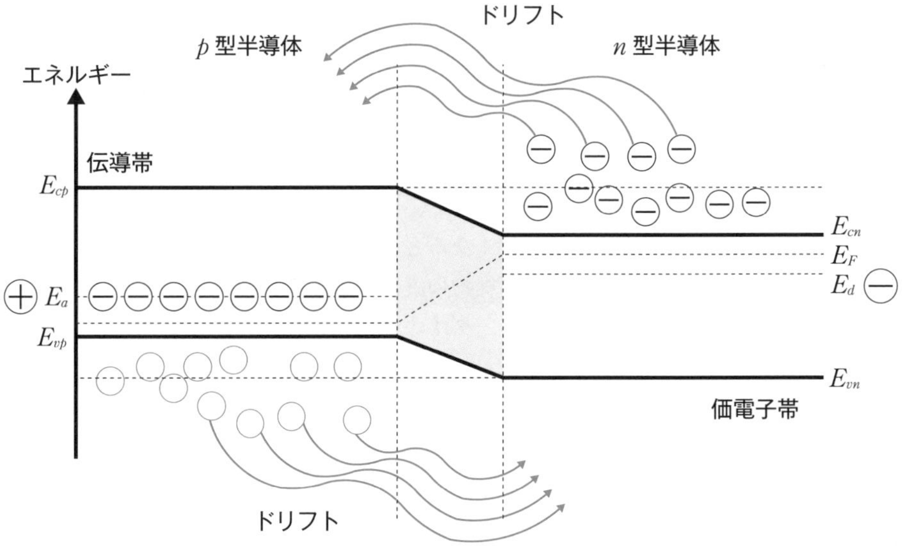

(a)

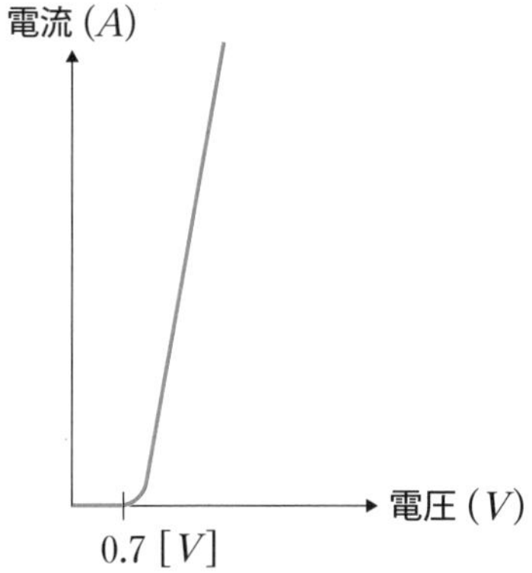

(b)

図3－13　順方向バイアス時のバンド図と電圧─電流特性

逆に、n 型半導体の部分をプラス、p 型半導体の部分をマイナスにして電圧をかけると、図3－14（a）のように p 型半導体のフェルミ準位が上がり、p 型半導体の伝導帯のエネルギーレベルが上がり、エネルギー障壁が増加します。このエネルギー障壁を、多数キャリアである自由電子（n 型半導体）やホール（p 型半導体）が超えられず、ほとんど電流が流れません。しかし、さらに逆バイアスの電圧を高めていくと、*pn* 接合面付近の電界強度が増加し、空乏層内に熱励起で発生した電子が空乏層内で電界の力を受けて加速されます。この加速された電子が原子核で構成された格子に散乱される過程で、価電子を次々と弾き飛ばして自由電子を作り出し、雪崩のように電子が増えて、大きな電流が流れてしまう現象が起こります。この現象をアバランシェ降伏と呼びます（図 3 −14 (*b*) 参照）。

逆バイアスで大電流が流れる現象として、ツェナー降伏があります。これは、逆電圧が大きくなり、空乏層幅が狭くなると、トンネル効果により電流が流れます。このツェナー降伏の電圧は、不純物の濃度で簡単に制御できるため、これを利用して定電圧ダイオード（ツェナーダイオード）にすることができます。

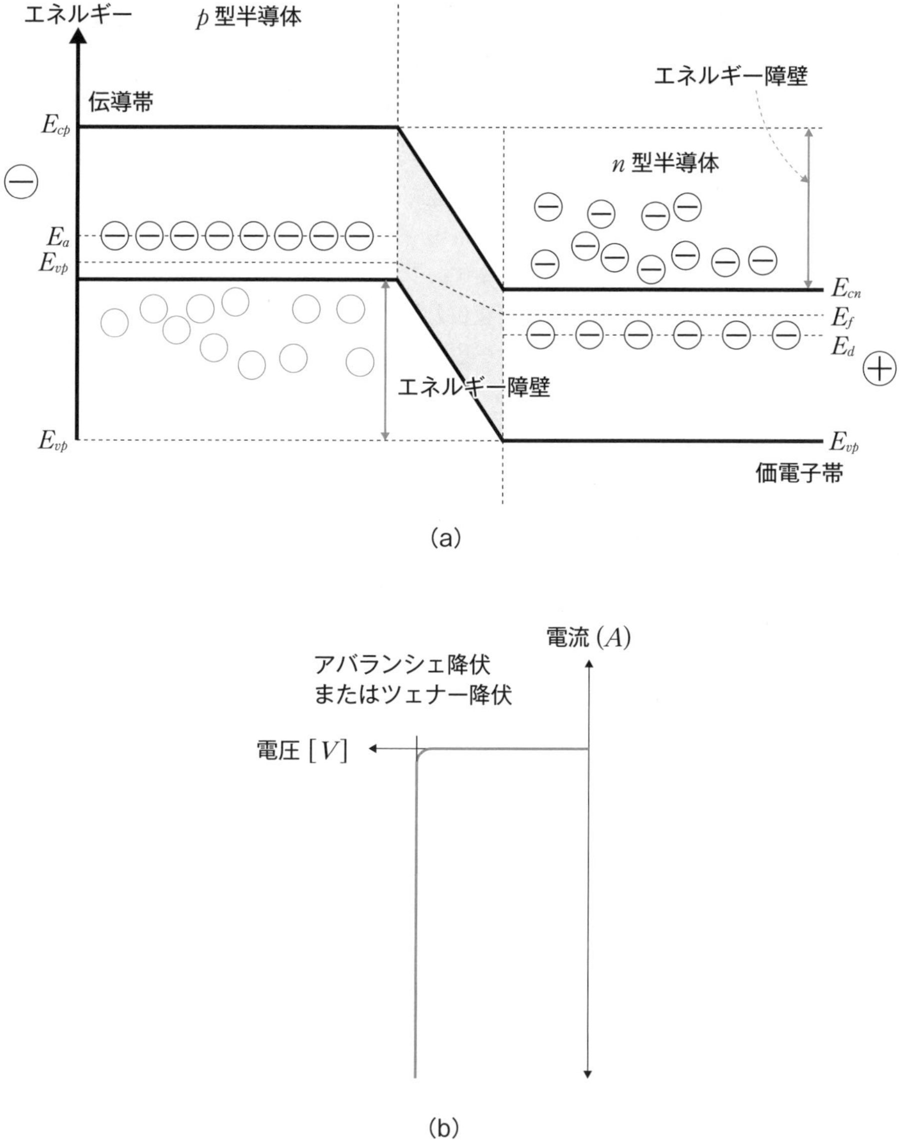

図3－14　逆方向バイアス時のバンド図と電流―電圧特性

3－4 金属 - 半導体接合

金属と半導体を接合させても、pn 接合のような整流特性を示す場合があります。この金属－半導体接合時に、整流特性を示す接合をショットキー接合といいます。また、金属－半導体接合時に、電圧－電流特性が直線（抵抗と同じ特性）になる接合をオーミック接合といいます。ショットキー接合になるかオーミック接合になるのかは、仕事関数と電子親和力との関係で決まります。

仕事関数 ϕ_m とは、固体から 1 個の電子を真空中に取り出すためのエネルギーとして定義されています。導体における仕事関数 ϕ_m は、図 3 －15の左側のバンド図に示す通り、真空準位 E_{vac} とフェルミ準位 E_f を用いて式（3 － 6）で表されます。なお、真空準位 E_{vac} とは、電子が真空中に孤立しているときのエネルギー準位です。

$$\phi_m = E_{vac} - E_f \qquad (3-6)$$

一方、n 型および p 型半導体において、電子親和力 χ というエネルギーが式（3 － 7）として定義されています。

$$\chi = E_{vac} - E_C \qquad (3-7)$$

ここで、E_C は伝導帯の底のエネルギーです。

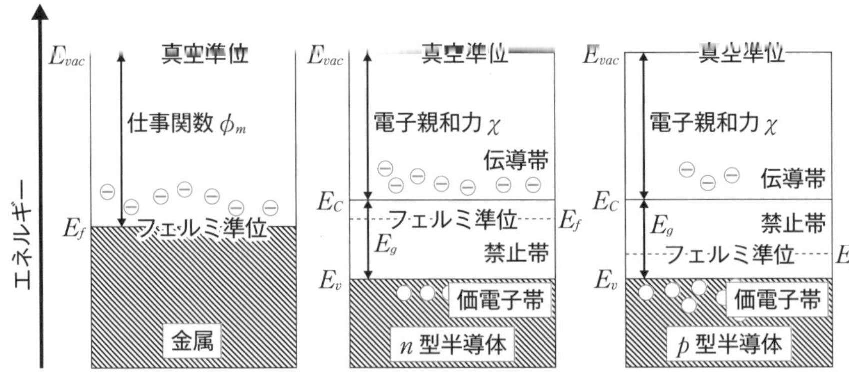

図 3 －15　仕事関数と電子親和力

金属と n 型半導体とを接合させると、仕事関数と電子親和力との関係により、バンド図が 2 つに分かれます。仕事関数 ϕ_m と電子親和力 χ との関係が $\phi_m > \chi$ の場合、図 3 －16（a）のようにショットキー接合になり、ダイオードと同じような電圧−電流特性を示します。つまり、金属 −n 型半導体接合時に、ショットキー障壁 ϕ_B というエネルギーの壁が生じ、金属側の電子が n 型半導体側へ移動させにくくします。また、n 型半導体側にいる電子からみると、拡散電位 ϕ_D（内蔵電位ともいう）が生じ、半導体側の電子が金属側に移動することを妨げます。ここで、金属側にプラス、半導体側にマイナスの電圧をかけると、ダイオードと同じように、ある電圧以上になると電気が流れます。つまり、拡散電位 ϕ_D 以上の電圧をかけることにより、エネルギー障壁を乗り越え、電気が急激に流れます。

ショットキー障壁 ϕ_B を仕事関数 ϕ_m と電子親和力 χ で表すと、

$$\phi_B = \phi_m - \chi$$

となります。

また、拡散電位 ϕ_D をショットキー障壁 ϕ_B と半導体の伝導帯の一番低いエネルギー準位 E_C とフェルミ準位 E_f で表すと、

$$\phi_D = \phi_B - (E_C - E_f)$$

となります。

仕事関数 ϕ_m と電子親和力 χ との関係が $\phi_m < \chi$ の場合、図 3 −16（b）に示すオーミック接合になり、抵抗と同じような特性になります。図 3 −16（b）に示す通り、オーミック接合の場合、エネルギー障壁が生じないので、線形的な電圧—電流特性になります。

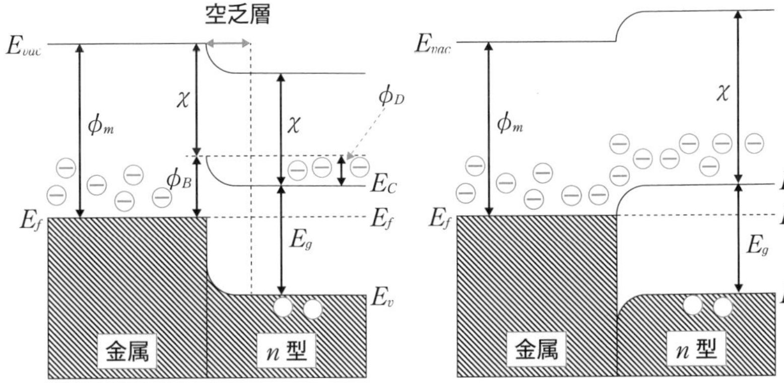

(a)　$\phi_m > \chi$ のとき
（ショットキー接合）

(b)　$\phi_m < \chi$ のとき
（オーミック接合）

図 3 −16　金属−n 型半導体のショットキー接合とオーミック接合

[例題 3 − 7]

シリコン（Si）の n 型半導体の電子親和力 χ が4.05 [eV]、エネルギーギャップ E_g が1.11 [eV] であった。また、Au の仕事関数 ϕ_m が4.8 [eV] であった。この Au と n 型半導体を接合させたときのショットキー障壁 ϕ_B と拡散電位 ϕ_D を求めなさい。なお、$E_C-E_f=0.15$ [eV] とする。

[解答]

ショットキー障壁は、$\phi_B=\phi_m-\chi=4.8-4.05=0.75$ [eV] となります。拡散電位 ϕ_D は $\phi_D=\phi_B-(E_C-E_f)=0.75-0.15=0.6$ [eV] となります。

答：$\phi_B=0.75$ [eV]、$\phi_D=0.6$ [eV]

金属と p 型半導体を接合させた場合、仕事関数 ϕ_m、電子親和力 χ、およびエネルギーギャップ E_g によって、バンド図が 2 つに分かれます。$\phi_m<\chi+E_g$ の場合、図 3 −17（a）に示すバンド図になり、ダイオードと同じような特性を示すショットキー接合になります。このときのショットキー障壁 ϕ_B は、

$$\phi_B=E_g+\chi-\phi_m$$

で表されます。

また、拡散電位 ϕ_D は、

$$\phi_D=\phi_B-(E_f-E_v)$$

で表されます。

$\phi_m>\chi+E_g$ の場合、図 3 −17(b)に示すオーミック接合になります。

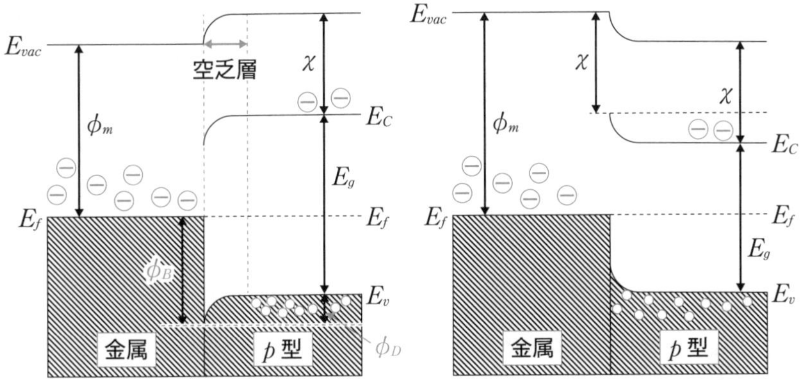

(a)　$\phi_m < \chi + E_g$ のとき
（ショットキー接合）

(b)　$\phi_m > \chi + E_g$ のとき
（オーミック接合）

図3－17　**金属－p 型半導体のショットキー接合とオーミック接合**

［例題3－8］

シリコン（Si）の n 型と p 型半導体の電子親和力 χ が4.05［eV］、エネルギーギャップ E_g が1.11［eV］であった。Au（仕事関数 ϕ_m＝4.8［eV］）と n 型半導体を接合させたとき、ショットキーとオーミックどちらの接合になるか答えなさい。また、Pt（仕事関数 ϕ_m＝6.3［eV］）と p 型半導体を接合させたとき、ショットキーとオーミックどちらの接合になるか答えなさい。

［解答］

Au の仕事関数 ϕ_m が4.8［eV］、n 型半導体の電子親和力 χ が4.05［eV］なので、$\phi_m > \chi$ が成り立ち、ショットキー接合になります。

Pt の仕事関数 ϕ_m が6.3［eV］、p 型半導体の $\chi + E_g$ が4.05＋1.11＝5.16［eV］なので、$\phi_m > \chi + E_g$ が成り立ち、オーミック接合になります。

答：Au と n 型の接合：ショットキー接合、
Pt と p 型の接合：オーミック接合

3−5 光電変換・発光・電子放出材料

半導体に光をあてると、その光のエネルギーを吸収して、電子が上のエネルギー準位に遷移し、キャリアが生じます。また、逆の現象で、電子が下の準位に遷移し、そのエネルギー差に相当する光を放出します。前者を「吸収」、後者を「発光」といいます。

これらの遷移パターンには直接遷移と間接遷移があります。発光ダイオードなどの発光系の半導体は、直接遷移半導体です。直接遷移半導体は、図3−18（a）に示すように、横軸を電子の波数（波長の逆数に比例する値）、縦軸を電子のエネルギーとしたバンド図において、価電子帯の上端と伝導体の下端が同じ波数に位置します。つまり、直接遷移半導体は、バンドギャップに相当する光を吸収すると、電子のエネルギーに変化が生じ、直接、伝導体に遷移できます。一方、間接遷移半導体は、図3−18（b）に示すように、伝導帯下端が違う波数位置にあるため、励起された電子はフォノンの助けを借りて、伝導帯の下端に遷移します。フォノンは格子の熱振動が原因で発生し、室温程度のエネルギーでもフォノンは存在します。間接遷移による光吸収の確率は価電子の存在確率にフォノンとの遭遇確率をかける値になるので、直接遷移の確率に比べると低くなります。

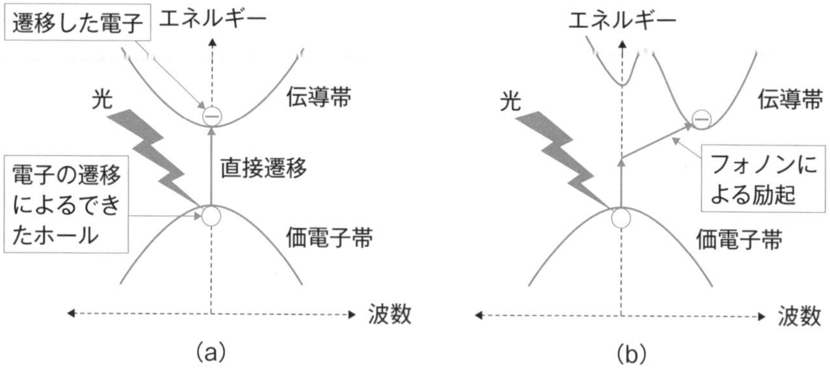

図3−18 直接遷移と間接遷移

光を吸収するデバイスとして、CdS セルなどの光導電セルがあります。この光導電セルを使って光を検出することができます。図3−19のような長さ L [m]、断面積 S [m^2]、の導電体セルに電圧 V [V] を加えると、式（3−8）に示

す光照射電流 I_L が流れます。式（3－8）の σ_L は光照射時の電気伝導率です。

$$I_L=\sigma_L\frac{V}{L}S \qquad (3-8)$$

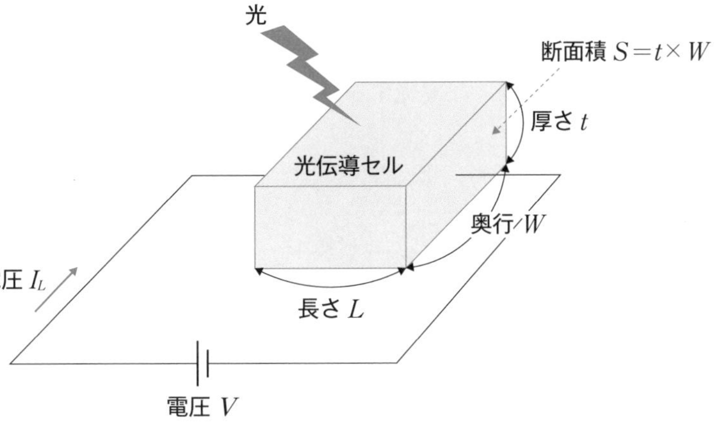

図3－19　光導電セル

[例題3－9]

長さ1 [cm]、断面積0.01 [cm^2]、電気伝導率0.04 [S/cm] の光導電セルがある。この光導電セルに5 [V] の電圧をかけたとき、流れる電流を求めなさい。

[解答]

式（3－8）に題意の数値を代入すると、

$$I_L=0.04\times\frac{5}{1}\times 0.01=2\,[mA]$$

となります。

答：$I_L=2\,[mA]$

半導体の発光デバイスとしては、発光ダイオード（*LED*：*Light Emitting Diode*）と半導体レーザーがあげられます。

発光ダイオードは、通常の pn 接合での発光現象です※注。pn 接合の p 型半導体をプラス、n 型半導体をマイナスに電圧をかけると、ある電圧（V_D）を境に

※注：より強い光を発するためには、後述する半導体レーザーのダブルヘテロ結合を用いる場合がある。

急に電流が流れます。これは、通常のダイオードと同じように、図3－12に示すビルドインポテンシャル（eV_D）を超えた電圧をかけることにより、エネルギー障壁が下がり、キャリアが移動しやすくなるためです。発光ダイオードは、キャリアが移動し、電子とホールが再結合することにより発光します。つまり、図3－20のように、電子とホールとが再結合することにより、伝導帯にいる電子がエネルギーギャップE_gを放出し、E_gに相当するエネルギーの光を発します。ここで、再結晶したものがすべて発光するとは限らないので、発光する割合を高めることが求められます。

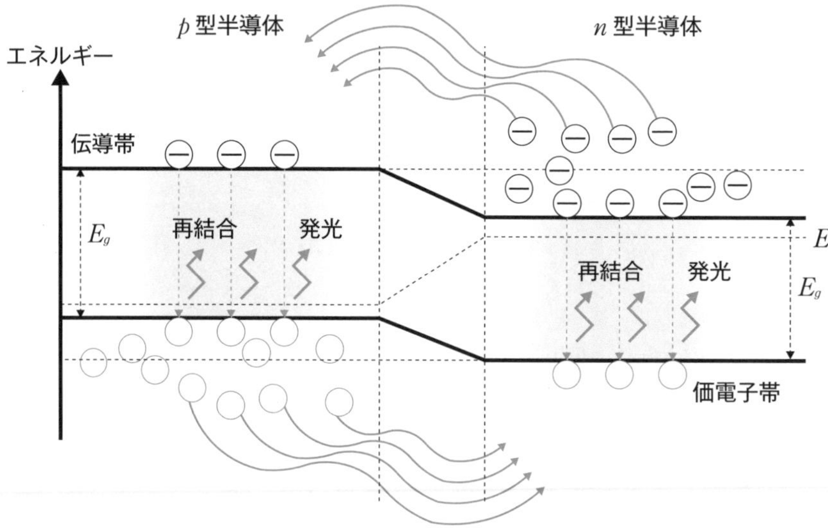

図3－20 発光ダイオードの順方向電圧をかけたときのバンド図

発光時に出力されるエネルギーEは、式（3－9）で表されます。

$$E_L = \frac{h \times c}{\lambda} \qquad (3-9)$$

ここで、hはプランク定数（約6.62×10^{-34} [Js]）、cは高速（約3×10^{8} [m/s]）、λ [m] は光の波長です。再結合時にエネルギーギャップに相当するエネルギーを放出することより、$E_L \cong E_g$と考えることできます。

［例題３－10］

赤色 *LED* のエネルギーギャップ（電圧換算値）が $V_{red}=1.9\,[V]$ であった。また、青色 *LED* のエネルギーギャップ（電圧換算値）が $V_{blue}=2.67\,[V]$ だった。この２つの *LED* が放つ光の波長を求めなさい。なお、h はプランク定数（約 $6.62\times10^{-34}\,[Js]$）、c は高速（約 $3\times10^{8}\,[m/s]$）、電気素量 $e=1.602\times10^{-19}\,[C]$ としなさい。

［解答］

２つの *LED* のエネルギーを求めると、

赤色 *LED*：$E_{g-red}=eV_{red}=1.602\times10^{-19}\times1.9\fallingdotseq3.04\times10^{-19}\,[J]$

青色 *LED*：$E_{g-blue}=eV_{blue}=1.602\times10^{-19}\times2.67\fallingdotseq4.28\times10^{-19}\,[J]$

となります。

波長は式（３－９）を変形して

$$\lambda=\frac{h\times c}{E_g} \qquad (3-10)$$

になります。

式（３－10）に題意の数値を代入して、波長を求めると

$$\text{赤色 }LED：\lambda_{red}=\frac{h\times c}{E_{g-red}}=\frac{6.62\times10^{-34}\times3\times10^{8}}{3.04\times10^{-19}}\fallingdotseq653\times10^{-9}\,[m]$$

$$\text{青色 }LED：\lambda_{blue}=\frac{h\times c}{E_{g-blue}}=\frac{6.62\times10^{-34}\times3\times10^{8}}{4.28\times10^{-19}}\fallingdotseq464\times10^{-9}\,[m]$$

が得られます。

一般的に、赤色の光の波長は650～700［*nm*］で、青色の光の波長は440［*nm*］付近ですので、上記の波長がその領域内に入っています。

答：$\lambda_{red}=653\,[nm]$、$\lambda_{blue}=464\,[nm]$

半導体レーザーでは、再結合して発光するキャリアを増やす必要があります。それを可能にするために、図３－21（*a*）に示すダブルヘテロ構造（*DH* 構造：*Double Hetero－structure*）という半導体接合構造を採用しています。この *DH* 構造は中央の活性層をクラッド層で挟んだ構造となっています。活性層、クラッド層ともに半導体で構成されていますが、クラッド層のエネルギーギャップ（E_{g-k}）が活性層のそれ（E_{g-a}）より、大きいのが特徴です。また、活性層はあまり不純物を入れない真性半導体に近い n 型（または p 型）半導体にします。*DH* 構造のバンドギャップ図は、図３－21（*b*）にようになります。このサンドイッチ構造により、キャリアが活性層に閉じ込められて、再結合時に発光する割

合が高められます。また、バンドギャップの小さな活性層では屈折率が大きくなり光が閉じ込められるので、誘導放出がより強くなるという効果があります。

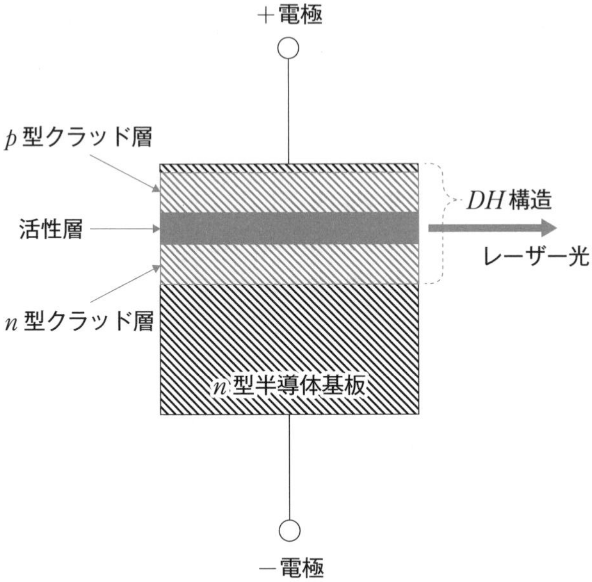

(a) DH 構造

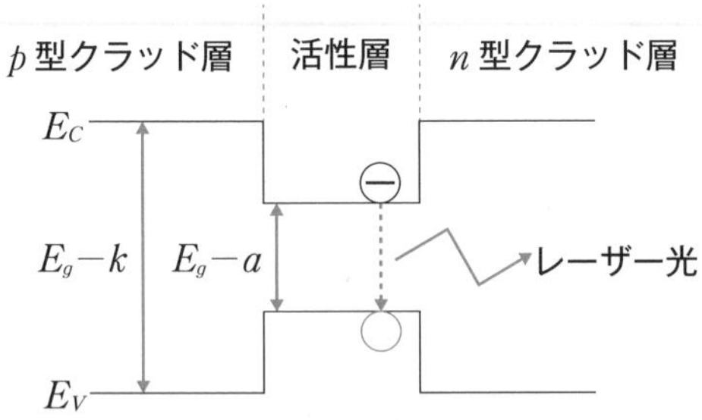

(b) バンド図

図 3 −21　半導体レーザーの構造とバンド図

半導体レーザーに流す電流と放出される光の強度特性を図 3 −22に示します。0 [A] から閾値電流までは、自然発光の光のみしか放出されず、光強度は低いです。閾値電流を超えると、レーザー発光になり、光強度が急激に上昇します。電流の増加に対する光出力の増加の比（傾き）を微分量子効率 η_p [mW/mA] といいます。この η_p が大きいと発光効率などの性能がよいレーザーといわれます。さらに、電流を上げると、途中でキンクと呼ばれる傾きが鈍る現象が生じます。

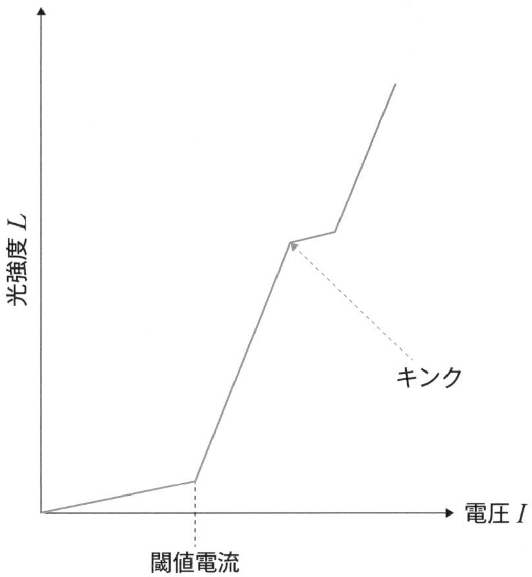

図3－22　半導体レーザーの電流―光強度特性

コラム　LEDとLD

図3－23は、パワー白色LED（赤色、緑色、青色LEDの3色発光方式、駆動電流：270mA）と専用のLEDドライバー（入力AC100V、出力24V（7.2W））を使用してコンセントタイプ（プラグイン方式）のLED照明ライトの製作例です。AC100Vコンセントに差し込むことによって直接LEDを点灯することができます。

(a) 形状　　(b) *LED* 点灯

図3−23　コンセントタイプ *LED* 照明ライト

図3−24は、持ち運び可能なモバイルバッテリである*PowerBank*にレーザーポインターの機能を付けたモバイル・レーザポインターです。レーザーポインターは、プレゼンや発表会において発表用のツールとして使用されています。

*PowerBank*とレーザーモジュールの電源は円筒形リチウムイオン電池（18650型、3.7 *V*）を使用します。従来のレーザーポインターの多くは乾電池を使用しているので電池寿命から電池の交換が余儀なくされます。製作した本器は、充電可能なリチウムイオン電池を内蔵しているので長期間の使用が可能になります。

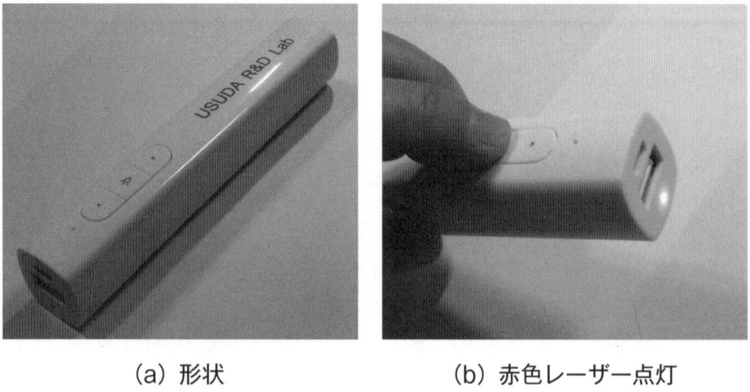

(a) 形状　　(b) 赤色レーザー点灯

図3−24　モバイル・レーザポインター

用語解説

◎半導体

半導体とは、電流が流れやすい導体と電流をほとんど流さない絶縁体の中間の性質を備えた物質です。中間的な性質を備える半導体は、温度によって抵抗率が変化するシリコンやゲルマニウムが相当します。低温時では電流をほとんど流しませんが、温度が上昇するにつれて、電流が流れやすくなります。半導体を活用する上で、その中にほんの少しの不純物を入れて電流を流れやすくします。不純物を入れることをドーピングといいます。不純物の種類によって、*n* 型半導体になったり、*p* 型半導体になったりします。

◎ *pn* 接合とダイオード

n 型半導体と *p* 型半導体を接合させると、ダイオードという素子ができます。ダイオードは、*p* 型のアノード（陽極）から *n* 型のカソード（陰極）への順方向に電流を通過させ、逆方向の電流を阻止する整流特性をもちます。この整流特性を活用して、電流を制御する電子部品です。ダイオードの種類は、整流ダイオードの他に定電圧ダイオード、定電流ダイオード、フォトダイオード、発光ダイオード（*LED*）などがあります。フォトダイオードは光を受けると電流の量が変化する特性があります。この特性を利用して光センサー回路を作ることができます。*LED* は電球や蛍光灯などに使われ、省エネ照明として注目されています。

◎金属－半導体接合とショットキーバイアダイオード

整流特性をもつ接合として、金属と半導体を接合させたショットキーバイアダイオードがあります。ショットキーバリアダイオードは通常のダイオードに比べて、オン状態からオフ状態になる時間が短く、電流が流れているときに生じるオン電圧が低い特性をもちます。これらの特性はスイッチング電源のような高い周波数で動作させる上で非常に都合がよく、現在の電源回路の高効率化・小型化には欠かせません。

◎光伝導セル

光伝導セルの代表的な材料として *CdS*（硫化カドミウム）が使用されます。デバイス化した光伝導セルのことを *CdS* セルとも呼ばれます。光の当たる量によって抵抗が変化し、例えば100ルクスで10 [$k\Omega$]～20 [$k\Omega$]、10ルクスで50 [$k\Omega$]～80 [$k\Omega$]、暗所では 1 [$M\Omega$] 以上の抵抗値となります。照度によって抵抗値が指数関数的に大きく変化します。抵抗の変化速度が遅いので、暗くなると自動的に点灯する街路灯（自動点滅器）、夜間の保安灯、車のオートライトなどに利用されています。

第4章

誘電材料

誘電材料は電気、電子機器に多く使われています。電力機器には絶縁材料として使われています。誘電材料として最も多く使用されているのがコンデンサです。コンデンサは電力用からスマホに搭載されているチップ型まで多機種多様、多くのバリエーションがあります。

本章では、誘電体の基礎からコンデンサの原理、電気二重層キャパシタ、また、誘電材料としてマイカとチタン酸バリウムについて説明します。これらの材料は絶縁材料であるので電流は流れませんが、電圧を加えることによりエネルギーを蓄えるコンデンサとしての機能を発揮します。

4－1 誘電体の基礎

誘電体《ゆうでんたい》は、絶縁体と同じ意味で使われます。ガラス、プラスチック、セラミックスなどは絶縁体です。絶縁体の中で、誘電率という特性を重要視したものを誘電体と称しています。コンデンサは２つの電極の間に誘電体を挟んだ構造になっています（図４－１）。コンデンサに蓄えられる電気量（静電容量）は、誘電体の誘電率に比例して増えることになります。

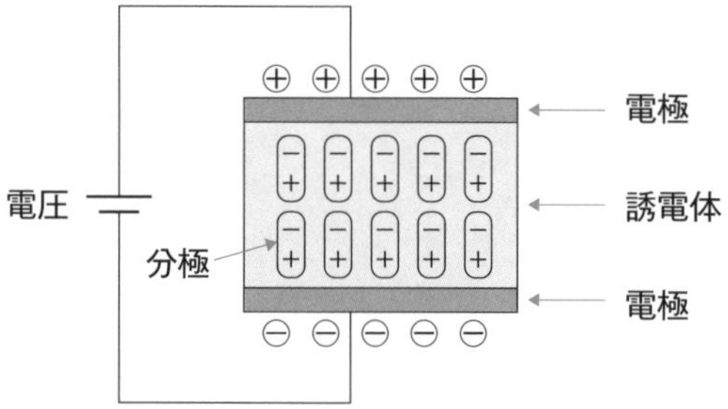

図４－１ コンデンサの構造

一般に、材料を電気の流れやすさから分類すると、鉄やアルミニウムなど金属のように電気をよく通す導体と、石やガラス、ビニールのように電気を通しにくい絶縁体に分けることができます。絶縁体には電気を通さない代わりに電気を溜める性質があります。この電気を溜めるという性質に注目するとき、材料を誘電体と呼びます。

半導体は導体と絶縁体の中間的な性質をもつ材料で、絶縁体に不純物を入れて、活性化したときだけ電気が流れるようになります。半導体は、熱や電気といった刺激を加えないときは絶縁体と同じように振る舞うので、電気が流れ始めるまでは誘電体であると考えることができます。

誘電体は、電圧を加えても電気が流れないので、誘電体の内部はプラスの電気を帯びた部分とマイナスの電気を帯びた部分に分かれます。このことを分極《ぶんきょく》といいます。そして、加える電圧をゼロにすると分極しなくなる誘電体を常誘電体《じょうゆうでんたい》と呼びます。これに対し、電圧をゼロにしても分極したままの状態を保つ材料を強《きょう》誘電体《ゆうでんたい》と呼んでいます。

電圧にはプラスとマイナスの極性があるので、強誘電体の分極の向きは加える電圧の極性によって変えることができます。図４－１の場合は、上の電極がプラスの電圧なので分極は上がマイナスになります。このように強誘電体のもつ分極の極性は、加える電圧の極性で反転できる性質をもちます。この性質を強誘電性といいます。

強誘電体の分極は、材料結晶の格子ひずみによる電気的なバランスの崩れから生じるので、電圧を加えると材料結晶が変形したり、逆に材料結晶に応力を加えて変形させると、分極が生じます（図４－２）。この性質をもつ材料を圧電体と呼んでいます。また、強誘電体は電気や応力だけでなく、熱や光、材料を構成する原子の種類によって、磁気に対しても電気的な応答を示します。

強誘電体以外に、電圧をゼロにした状態でも分極を保持する材料を焦電体《しょうでんたい》と呼んでいます。集電体は電圧の極性により分極の向きを変えることはできません。

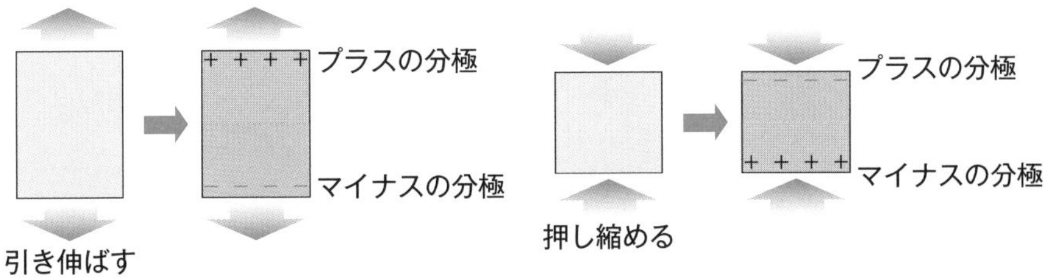

図４－２　強誘電体の分極のイメージ

［例題４－１］

誘電体の説明で誤りがあれば訂正しなさい。

⑴誘電体は電圧を印加すると電流が流れる材料である。
⑵誘電体は絶縁物であり、電圧を印加すると分極が生じる。
⑶加える電圧をゼロにしても分極する材料を常誘電体という。
⑷電圧をゼロにしても分極の状態を保つ材料を強誘電体という。
⑸強誘電体の分極の向きは印加電圧の極性によって変えることができる。

［解答］

⑴は誤りです。誘電体は絶縁体であるので電圧を印加しても電流は流れません。

⑵は正しいです。絶縁体は電気を溜めるという性質があり、代わりに分極を生じます。

(3)は誤りです。電圧を取り除いても分極を維持する材料は強誘電体です。

(4)は正しいです。上記(3)の訂正説明の通りです。

(5)は正しいです。本文の図４－１の通りです。

答：誤りは(1)と(3)

4－2 誘電体とコンデンサ

コンデンサ（*condenser*）は、図4－1に示したように、誘電体という材料に電極を付けた構造で、一時的に電気を蓄えることができます。電池のように長時間放電できる電気を蓄えることができず、瞬間的に放電できる電気を蓄えることができます。

コンデンサの誘電体が分極したプラスとマイナスの電荷 $Q\,[C]$（単位 $[C]$ は“クーロン”と発音）はコンデンサの電極間の電圧 $V\,[V]$（単位 $[V]$ は“ボルト”と発音）と電極の面積 $S\,[m^2]$ に比例し、電極間距離 $d\,[m]$ に反比例します。

すなわち、これらの間の関係式は

$$Q=\varepsilon\frac{S}{d}V \qquad (4-1)$$

となります。係数 ε（“イプシロン”と発音）は、誘電体に固有の定数で、誘電率（*permittivity* または *dielectric constant*）といいます。

また、静電容量を $C\,[F]$（単位 $[F]$ は“ファラッド”と発音）とし、$Q=\varepsilon\frac{S}{d}V=CV$ とおくと、

$$C=\varepsilon\frac{S}{d} \qquad (4-2)$$

となります。

誘電率 ε の単位は、$\varepsilon=C\frac{d}{S}$ より $\left[\frac{F}{m}\right]=[F/m]$ となります。

誘電率は、極板間に詰められた媒質である誘電体の誘電分極のしやすさを表すので、誘電分極しやすい誘電体は ε の値が大きくなり、それに伴って上記の式（4－2）より C の値が大きくなります。C の値が大きいということは、コンデンサとしてより多くの電荷を溜めることができるということになります。

誘電率は物質（誘電体）によってさまざまな値をとるので、誘電の度合いを示すときは、真空の誘電率 ε_0 との比で表します。その比を比誘電率（*relative permittivity*）ε_r といいます。

すなわち、

$$\frac{\varepsilon}{\varepsilon_0}=\varepsilon_r \qquad (4-3)$$

で表します。ここで、真空の比誘電率 $\varepsilon_0\approx 8.854\times 10^{-12}\,[F/m]$ です。

式（4－3）を式（4－2）に代入すると、

$$C=\varepsilon_r\varepsilon_0\frac{S}{d} \qquad (4-4)$$

となり、面積 S も電極間距離 d も変わらない（コンデンサの形状も変わらない）場合は、例えば、極板間の誘電体の比誘電率が1.7とすると、電気容量 C は真空（比誘電率 $\varepsilon_r\approx1$）のときと比べて、1.7倍になるということを意味します。

主な物質の比誘電率を表４－１に示します。空気の比誘電率は真空の比誘電率とほぼ同じ値であり、セラミックコンデンサの誘電体として使われるチタン酸バリウムは5000くらい、雲母（マイカ）は７くらいの値です。

表４－１　主な物質の比誘電率

物質	比誘電率	物質	比誘電率
チタン酸バリウム	約5,000	ゴム	2.0～3.5
ロッシェル塩	約4,000	アスファルト	2.7
シアン化水素	118.8	紙	2.0～2.6
水	80.4	パラフィン	2.1～2.5
アルコール	16～31	磁器（セラミック）	10～120
ダイヤモンド	5.68	タンタル酸化被膜	10～20
ガラス	5.4～9.9	アルミ酸化被膜	７～８
アルミナ	8.5	ポリエチレン	2.5
木材	2.5～7.7	マイラー	3.2
雲母（マイカ）	7	空気	1.00059
硫黄	3.6～4.2	真空	1
石英	3.8		

［例題４－２］

ある誘電体の比誘電率が200であった。誘電率を求めなさい。

[解答]

真空の誘電率 $\varepsilon_0 \approx 8.85\times10^{-12}[F/m]$ を使います。

式（4 − 3）から

$$\varepsilon=\varepsilon_r\varepsilon_0\approx200\times8.854\times10^{-12}=1.77\times10^{-9}[F/m]$$

となります。

答：$\varepsilon=1.77\times10^{-9}[F/m]$

[例題 4 − 3]

面積 S、間隔 x の極板に $+Q_0$、$-Q_0$ の電荷が帯電している平行板コンデンサが真空中（誘電率 ε_0）におかれている（図 4 − 3）。

(1)平行板コンデンサの静電容量 C_0 を求めなさい。

(2)誘電体（比誘電率 ε_r）を入れたときの平行板コンデンサの静電容量 C を求めなさい。

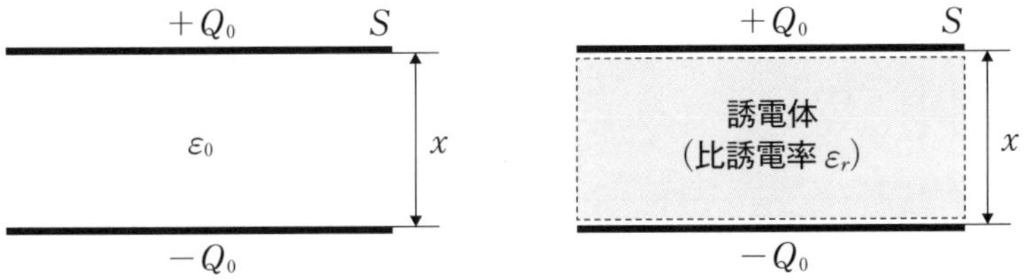

(a) 真空中のコンデンサ　　(b) 誘電体を入れたコンデンサ

図 4 − 3　平行板コンデンサ

[解答]

(1)真空中のコンデンサの静電容量 C_0 は、式（4 − 2）から

$$C_0=\varepsilon_0\frac{S}{x}$$

となります。

(2)誘電体がないときの静電容量は $C_0=\varepsilon_0\dfrac{S}{x}$ であるので、誘電体があるときの静電容量 C は比誘電率が ε_r であるので、

$$C=\varepsilon_0\varepsilon_r\frac{S}{x}=\varepsilon_r C_0$$

となります。

答：(1) $C_0=\varepsilon_0\dfrac{S}{x}$、(2) $C=\varepsilon_0\varepsilon_r\dfrac{S}{x}=\varepsilon_r C_0$

[例題 4 − 4]

面積 $S\,(=l\times L)$ の正方形極板の間隔が d である孤立した平板コンデンサに厚さ d の誘電体（面積 S、誘電率 ε）が x だけ挿入されている（図 4 − 4）。誘電体のない領域の誘電率を ε_0 とする。以下の問に答えよ。

(1)コンデンサに誘電体が挿入されている部分に蓄えられている電荷を Q_1、誘電体が挿入されていない部分に蓄えられている電荷を Q_2 として、電荷の比 $\dfrac{Q_1}{Q_2}$ を求めなさい。

(2)コンデンサ全体の静電容量 C を d、l、x、ε_r、ε_0 を用いて表しなさい。

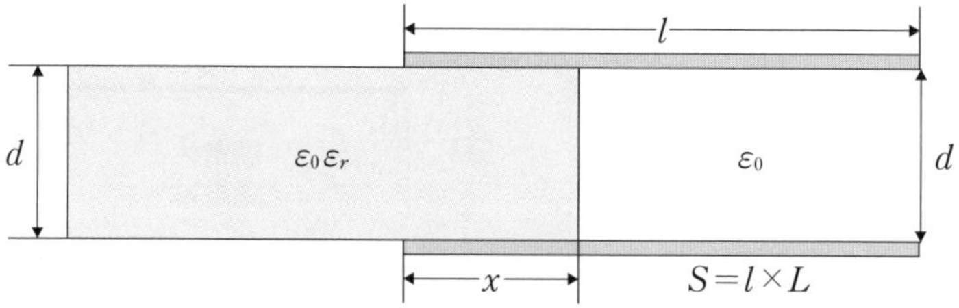

図 4 − 4 誘電体が一部挿入されたコンデンサ

[解答]

(1)誘電体が挿入されている部分の静電容量を C_1、誘電体が挿入されていない部分の静電容量を C_2 とすると、電荷の比 $\dfrac{Q_1}{Q_2}$ は

$$\frac{Q_1}{Q_2}=\frac{C_1V}{C_2V}=\frac{C_1}{C_2}=\frac{\dfrac{\varepsilon_0\varepsilon_r xL}{d}}{\dfrac{\varepsilon_0(l-x)L}{d}}=\frac{\varepsilon_r x}{l-x}$$

となります。

(2)コンデンサの並列接続と等価になるので、合成静電容量 C は

$$C=C_1+C_2=\frac{\varepsilon_0\varepsilon_r xL}{d}+\frac{\varepsilon_0(l-x)\,L}{d}=\frac{\varepsilon_0 L\,\{x\,(\varepsilon_r-1)+\ell\}}{d}$$

となります。

答：(1)　$\dfrac{Q_1}{Q_2}=\dfrac{\varepsilon_r x}{l-x}$、(2)　$C=\dfrac{\varepsilon_0 L\{x(\varepsilon_r-1)+\ell\}}{d}$

コンデンサには電解コンデンサ、フィルムコンデンサ、セラミックコンデンサなどさまざまな種類があります。さらに細かく分類すると、電解コンデンサは、アルミ電解コンデンサやタンタル電解コンデンサなど、フィルムコンデンサは*PET*フィルムコンデンサや*PP*フィルムコンデンサなどがあります。コンデンサの分類を図4－5に示します。

また、各コンデンサに使われる誘電体の比誘電率と厚さの関係を表4－2に示します。

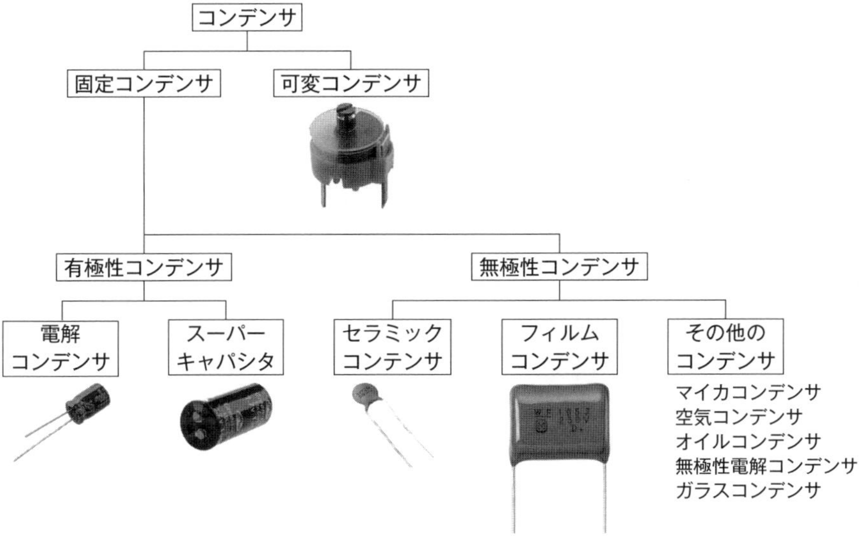

図4－5　コンデンサの分類

表4−2　コンデンサに使用される誘電体の比誘電率と厚み

コンデンサの種類	誘電体	比誘電率	誘電体の厚み（m）
アルミ電解 コンデンサ	酸化 アルミニウム	7～10	1.3×10^{-9}～1.5×10^{-9}
タンタル電解 コンデンサ	酸化タンタル	24	1.0×10^{-9}～1.5×10^{-9}
フィルムコンデンサ	ポリエステル フィルム	3.2	0.5×10^{-6}～2×10^{-6}
セラミックコンデンサ （高誘電率）	チタン酸 バリウム	500～20,000	2×10^{-6}～3×10^{-6}
セラミックコンデンサ （温度補償用）	酸化チタン	15～250	2×10^{-6}～3×10^{-6}

電解コンデンサには、アルミニウムやタンタルなどの酸化皮膜（酸化アルミニウム AL_2O_3、酸化タンタル Ta_2O_5、皮膜の厚みは数 nm）を誘電体として用いたコンデンサです（図4−6）。アルミニウムの表面に形成された酸化アルミニウムを誘電体とし、陽極箔と陰極箔との間にセパレータ紙（天然セルロース繊維、繊維厚さは、$20\mu m$～$90\mu m$）を挟み込み、円筒型に巻いた後、セパレータ紙に電解液を含侵させてコンデンサを形成したものです。

電解質が液状のもの（湿式）と固体のものがあります。通常、電解コンデンサといえば湿式のものを指します。一般に電解コンデンサは極性がありますが、無極性（ノンポーラ）のタイプもあります。

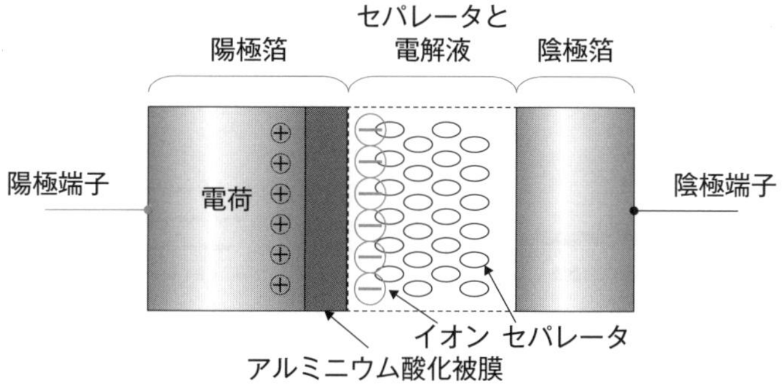

(a) イメージ図

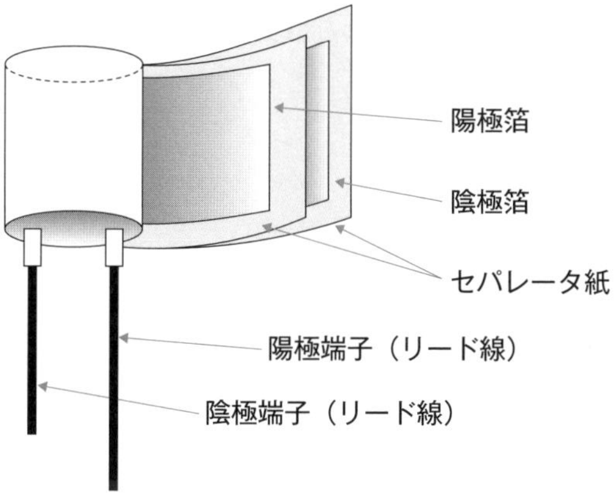

(b) コンデンサ素子の構成図

図4－6　電解コンデンサの基本構成
（出典：*http://www.rubycon.co.jp/*）

フィルムコンデンサは誘電体にプラスチックフィルム（または紙のフィルム）を使用した無極性のコンデンサです。ポリマーフィルムコンデンサとも呼ばれています。このフィルムコンデンサは電極タイプと誘電体であるプラスチックフィルムの分類によってさまざまな種類があります。電極タイプは金属箔電極と蒸着電極があります（図4－7）。プラスチックフィルムとして*PET*（ポリエチレン・ナフタレート）、*PP*（ポリプロピレン）、*PPS*（ポリフェニレン・サルファイド）、*PEN*（ポリエチレン・ナフタレート）を使用しています。図4－7に示すように、誘電体であるプラスチックフィルムを金属箔（アルミニウム）で挟んだコンデンサ構成となっています。

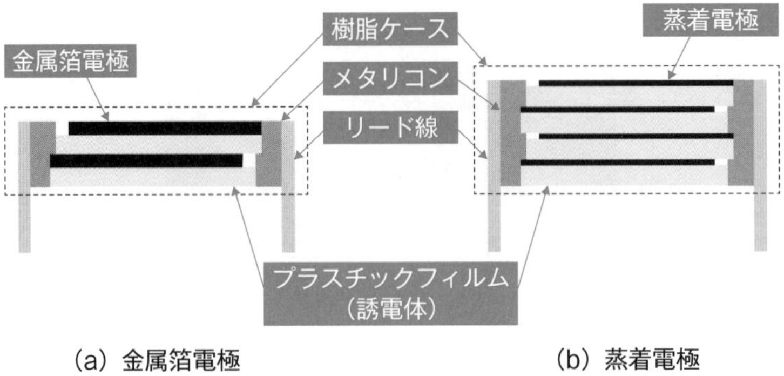

図4−7　フィルムコンデンサの基本構成

4－3　電気二重層キャパシタ

電気二重層キャパシタの特徴と原理、充放電特性の実験を通して得られた測定データと内部抵抗の測定例について説明します。

4－3－1　電気二重層キャパシタの特徴

電気二重層キャパシタ（*Electric Double Layer Capacitor*、図４－８）は、コンデンサに分類される蓄電デバイスです（図４－５参照）。頭文字をとって*EDLC*と呼ばれています。“スーパーキャパシタ”または“ウルトラキャパシタ”と呼称されています（以下“キャパシタ”と呼称）。キャパシタは、アルミ電解コンデンサやセラミックコンデンサなどのいわゆる一般のコンデンサと、リチウムイオン電池などの二次電池の特性を補完する性質をもっています。より多くのエネルギーを必要とする用途においては二次電池が、瞬間的な充放電や大電流による充放電、その繰り返しの耐久性が求められる用途においてはキャパシタが向いています。

代表的な蓄電デバイスをエネルギー密度と出力密度を基準に比較したものを図４－９に示します。

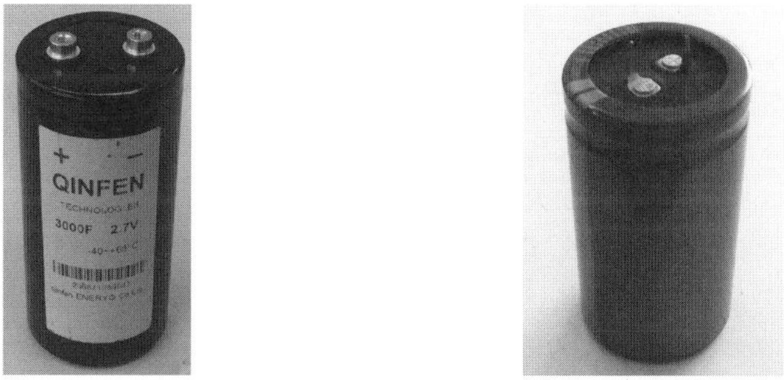

(a) 静電容量：3000*F*、定格電圧：2.7*V*　　(b) 静電容量：1000*F*、定格電圧：2.8*V*

図４－８　電気二重層キャパシタの例

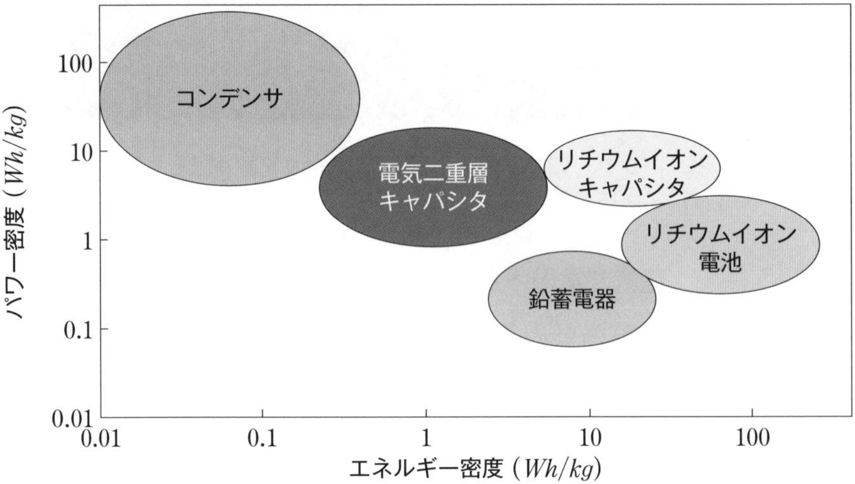

図4−9　蓄電デバイスの分類

（エネルギー密度：単位重量または単位容積あたりに蓄えられるエネルギー量（kW/kg）、パワー密度（出力密度、重量エネルギー密度）：単位重量（または単位容積）あたりに瞬間的に取り出すことのできる電力量（Wh/kg））

キャパシタは、鉛蓄電池やリチウムイオン電池などの他の二次電池と比較すると、エネルギー密度は劣りますが、パワー密度は勝ります。また、充放電時に大電流を流したときの性能劣化が極めて少なく、蓄電池としても寿命が長いなどの特徴があります。

キャパシタは完全放電が可能です。この性質は二次電池と大きく異ります。全エネルギーが放出できない二次電池に比べるとキャパシタは蓄電量に対して取り出せるエネルギーの割合が大きいという特徴があります。一方、保持しているエネルギー量の変化に比例して電圧が変動する点は二次電池と同じですが、$0V$まで放電できるキャパシタは電圧の変動も大きくなるため、負荷に対しては$DC-DC$コンバータなどの電力変換器による電圧安定化が必要となります。

キャパシタの特徴をまとめると以下のようになります。

- **高いパワー密度**

  出力密度が高いため大電流による急速充放電が可能

- **内部抵抗が小さい**

  充放電時の損失が少ない

- **充電時間が短い**

  定格充電では数秒

これに対してリチウムイオン電池などの二次電池は満充電に数時間を要す。

- **長寿命**

  数百万サイクルの充放電が可能

- **放電深度に制限がない**

  完全放電が可能

- **安全性が高い**

  異常時の安全性が高く、外部短絡しても故障しない

- **構成材料に重金属を含まない**

  鉛などの重金属や環境負荷物質を含まないので耐環境性がよい

- **再生可能エネルギーの蓄積デバイスに向いている**

  太陽光発電や風力発電などの自然エネルギーと電気二重層キャパシタの相性がよい

4－3－2　電気二重層キャパシタの構成

一般のコンデンサと電気二重層キャパシタの構造の違いを図4－10に示します。アルミニウム電解コンデンサは、正極となるアルミニウム箔表面に誘電体として酸化皮膜を形成させ、この正極アルミニウム箔と負極用のアルミニウム箔を電解紙で挟み、これを巻き取ったものに電解液を含浸させた構造になっています（図4－10（*a*）、図4－6参照）。両電極間に電圧を印加すると誘電体に双極子が配向して電荷が蓄えられます。

キャパシタは、正負電極材料に比較的面積の大きい活性炭（比表面積は1000m^2/g以上）が使われ、電解液と電極界面に極めて短い距離を隔てて電荷が配向する界面現象を利用して物理的に電荷を蓄えます（図4－10（*b*））。この界面現象を電気二重層（*Electric Double Layer*）といいます。

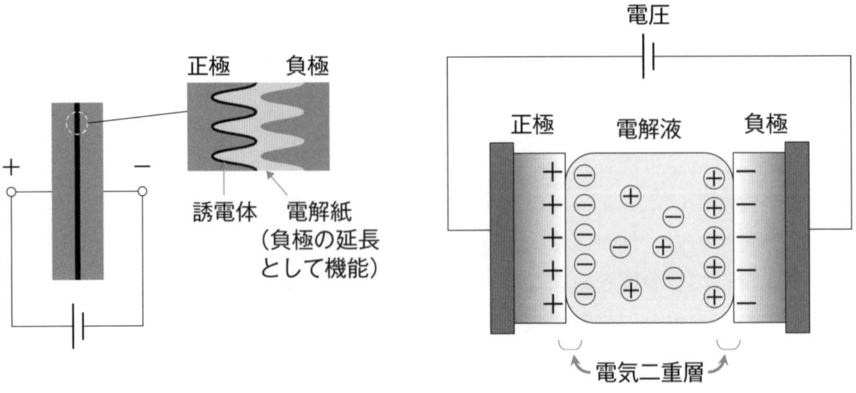

(a) 一般のコンデンサ　　(b) 電気二重層キャパシタ

図4−10　一般の電解コンデンサと電気二重層キャパシタの基本構造

電気二重層キャパシタの静電容量 C は次式で与えられます。

$$C=\int\varepsilon(4\pi\delta)^{-1}dS$$

ε：電解液の誘電率

δ：電極表面からイオン中心までの距離（電気二重層の厚さに相当）

S：電極界面の表面積

電解液の誘電率 ε が大きく、電気二重層の厚さ δ が薄いほど、電極界面の面積 S が大きいほど静電容量 C は大きくなります。実際のキャパシタには、比表面積の大きな電極を使用することにより数千ファラッド級の大きな静電容量を実現しています。

化学反応によりエネルギーを蓄える二次電池と異なり、活性炭表面（電極界面）におけるイオンの物理的な吸脱着のみでエネルギーを蓄えるので構成材料の劣化がほとんどなく、長寿命となります。電解液は、代表的な有機系電解液として、リチウムイオン電池でも使われているプロピレンカーボネート系が使われています。

キャパシタのデバイス形状には2種類があります。電極箔に活性炭を塗布したシート状の電極を捲き取る構造の捲き回型（仕上がり形状は円筒型、図4−11）のものと、電極シートを積み重ねていく積層型（仕上がり構造はフラット型）があります。いずれのタイプも蓄電メカニズムと構造原理は同じです。

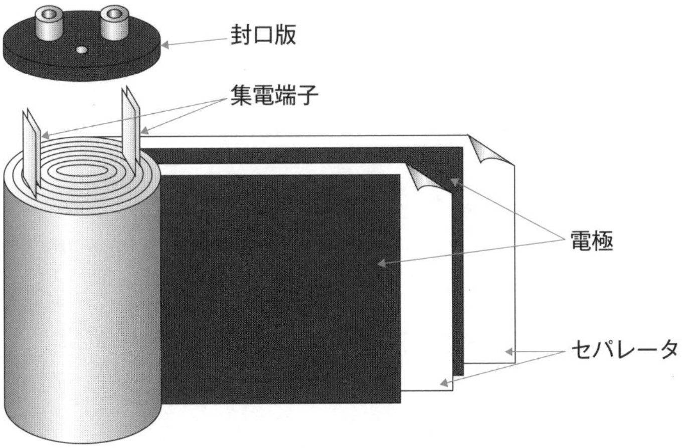

図4－11　巻き回型の電気二重層キャパシタ

4－3－3　電気二重層キャパシタの充放電測定

リチウムイオン電池評価用の充放電評価装置を用いて、市販のキャパシタの充放電特性実験を行います。また、内部抵抗測定器を用いて同キャパシタの内部抵抗を測定します。

充放電評価装置の設定は、充放電電流は1A、2A、3Aに、充電電圧はキャパシタ定格値の2.7V、放電終了電圧は0Vに設定します。充電測定モードは、*CCCV*（*Constant Current Constant Voltage*の略、定電流定電圧）方式で行います。充放電測定時の全景を図4－12に示します。充電特性の測定例を図4－13に、放電特性の測定例を図4－14に示します。

実験結果から、キャパシタの充電時の端子電圧は、充電電流が大きいほど速く定格値に到達し、充電電流は定格値に到達後は次第に減少していきます。また、キャパシタの放電時の端子電圧は、放電電流が大きいほど電圧低下の程度が大きく、放電電流が一定の間は、ほぼ直線的に減少していきます（直線*A*)。その後は漸次減少し0Vに近づいていきます（直線*B*)。

充放電測定時のキャパシタ外装ケースの温度上昇を、外装ケースに取り付けたデーターロガー付き熱電対温度計を用いて測定します。充電電流が3Aのときの温度測定例を図4－15に示します。１時間程度の充電時間内では温度上昇は10℃以内であり、著しい温度上昇は認められません。

充放電特性の測定結果を１つのグラフにすると、図4－16のような充放電プロセスとして表現することができます。

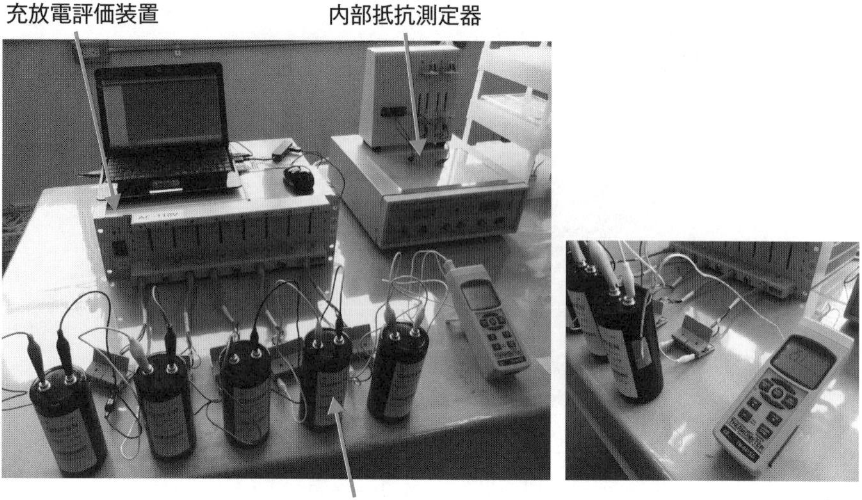

（a）充放電評価装置と電気二重層キャパシタ　　（b）熱電対温度計

図4−12　キャパシタの充放電測定評価

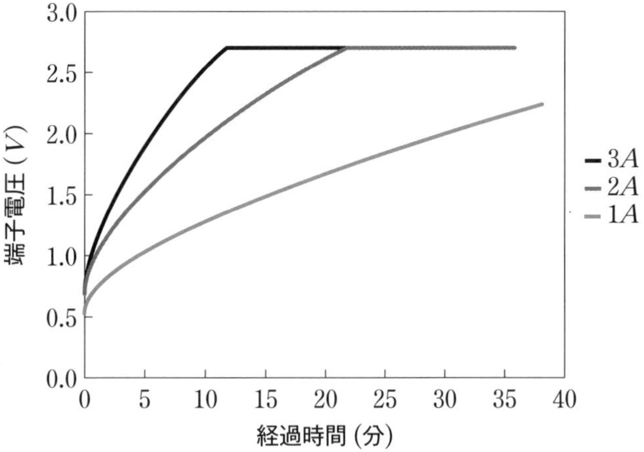

(a) 端子電圧

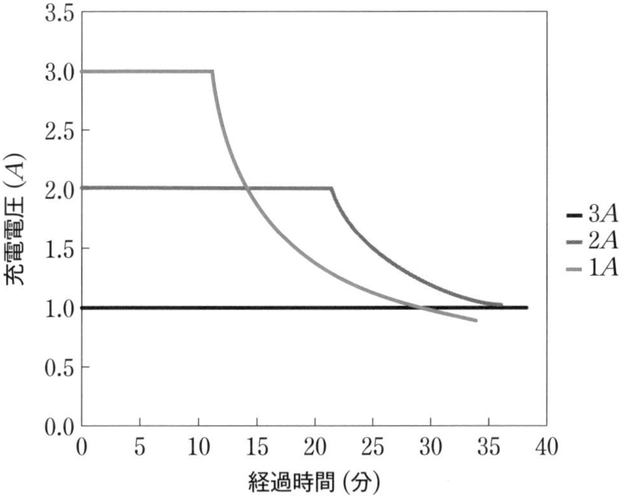

(b) 充電電流

図 4 −13　キャパシタの充電特性

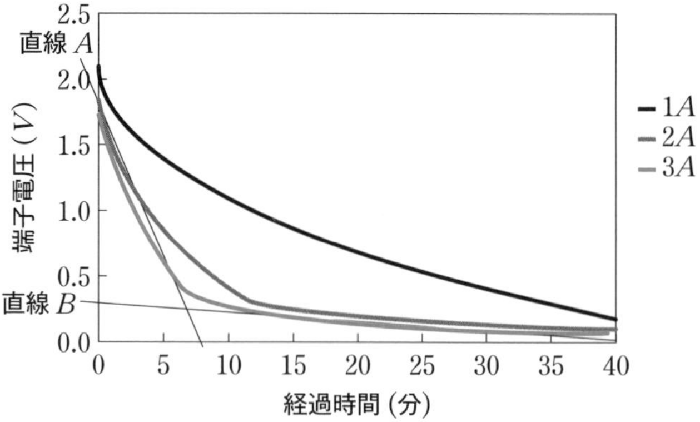

（a）端子電圧

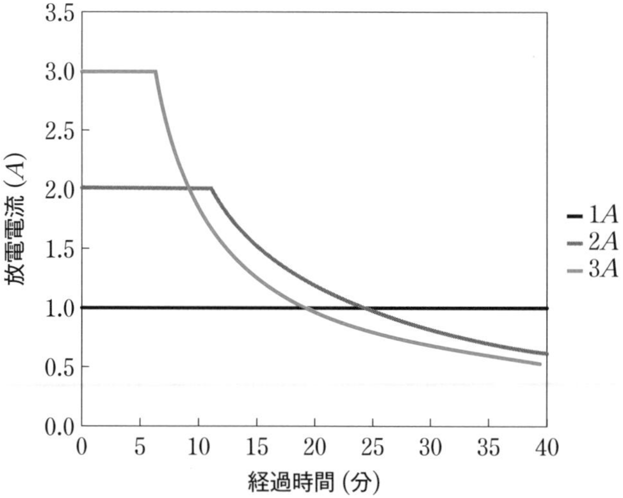

（b）放電電流

図4−14　キャパシタの放電特性

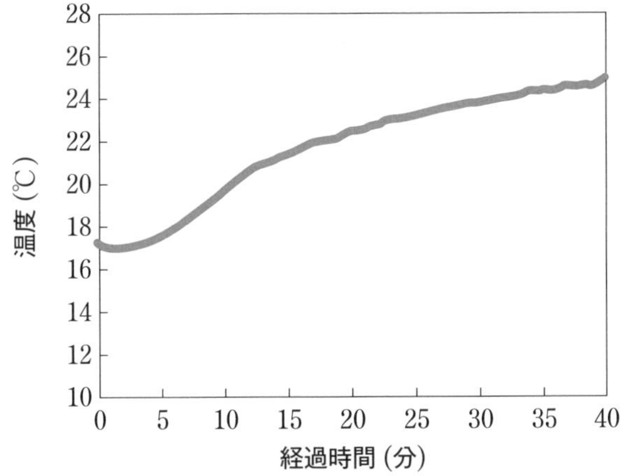

図４－15　キャパシタの温度測定（3*A* 充電時）

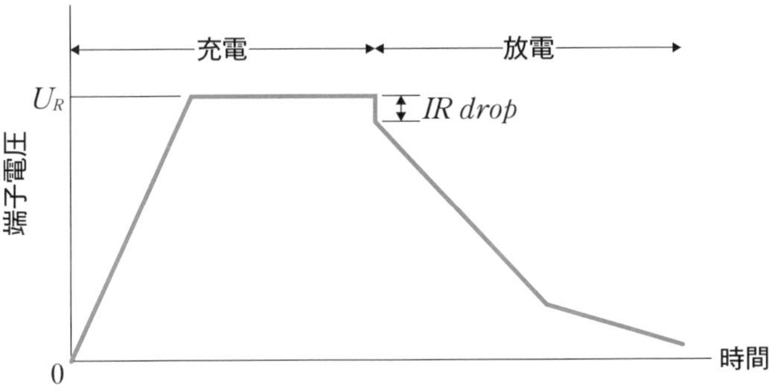

図４－16　キャパシタの充放電プロファイル

（*IR drop*：電極間の溶液の抵抗分のために電極間に流れる電流が作る電圧降下のこと。*I* は電流、*R* は抵抗、いわゆるオームの法則の結果から発生する電圧降下のこと）

４－３－４　キャパシタの内部抵抗測定

内部抵抗測定法には、４端子法による直流測定と交流測定があります。実験では交流法による内部抵抗測定器を使用します。上記の充放電測定に供した電気二重層キャパシタの満充電時の内部抵抗を測定します（図４－17）。

測定結果を表４－３に示します。リチウムイオン電池（*IFR*26650*P*、$26\Phi\times650mm$

長、2200mAh、3.2V）の場合と比較して示しています。リチウムイオン電池とほぼ同じレベル（または低い）内部抵抗値が得られます。

電気二重層キャパシタに限らずリチウムイオン電池などの二次電池は、内部抵抗ができるだけ小さい方が充放電時の損失が少なくなり、その分発熱も低く抑えられます。また、キャパシタや二次電池を複数個並列接続したり、直列接続する場合には、できるだけ内部抵抗が同じになるように選別して電流分担や電圧分担の偏りを低く抑えることが必要となります。

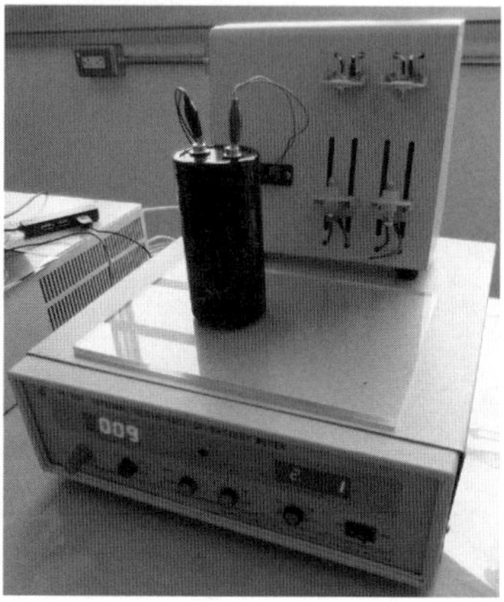

図4−17　キャパシタの内部抵抗測定

表4−3　キャパシタとリチウムイオン電池の内部抵抗測定例

（a）電気二重層キャパシタ

内部抵抗（$m\Omega$）	端子電圧（V）
56	2.071
25	2.674
53	3.145
46	2.052
45	2.225

（b）リチウムイオン電池

内部抵抗（$m\Omega$）	端子電圧（V）
71	3.351
86	3.293
68	3.336
89	3.329
73	3.318

4－4 マイカ

マイカ（*mica*）とは、日本名で“雲母”のことで、ナイフなどで薄くはがすことができる鉱物の一種です。マイカは、電気絶縁性に優れた硬質マイカ（白雲母）と耐熱性に優れた軟質マイカ（金雲母）の2種類に大別されます。現在では、化学的に合成された絶縁物が広く使われていますが、マイカはそれ自身がもつ優れた電気絶縁性と耐熱性から、重電機器や家電製品、耐火および耐熱電線の重要な絶縁材料として使用されています（図4－18）。

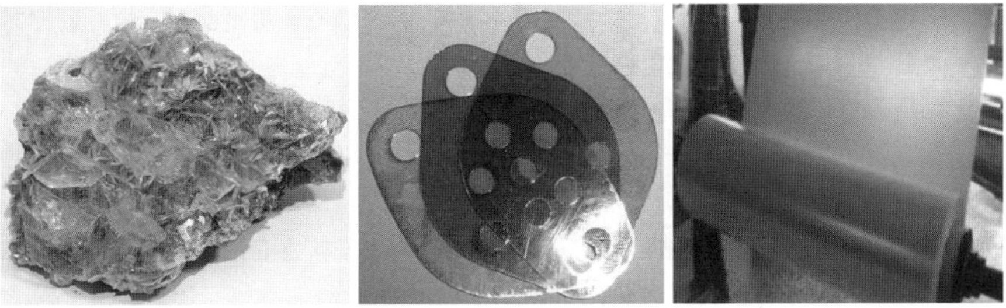

(a) マイカ鉱石　(b) トランジスタベース用マイカ　(c) マイカペーパ

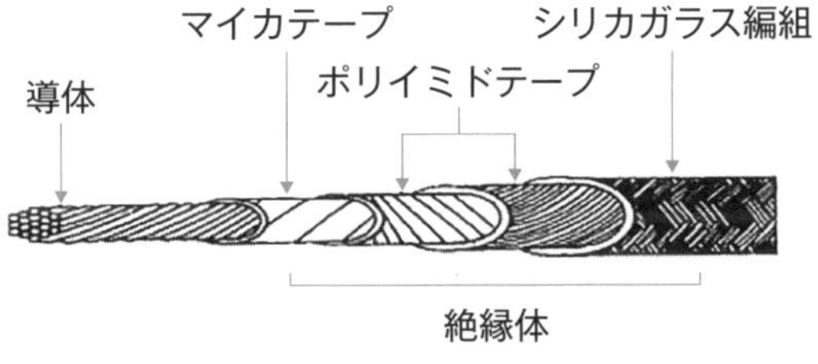

(d) マイカテープを使用した耐熱電線の構造

図4－18　マイカと応用例

（出典：*https://sakaguchi-dennetsu.co.jp/lineup/other/tainetu_index/mkt_densen.html*）

一方で、マイカは天然の鉱物であるため、大きさも不規則であり、あまり大きなものを得ることができません。そのため、マイカを薄くはがし、フィルム状にしたものを接着剤で貼り絵のように貼り合わせてシート状にしたり、紙などの裏打材に貼った後にテープ状にして利用しています。これらは“はがしマイカ”と呼ばれています。また、マイカを粉砕し、これを紙のように漉き上げてマイカ紙を作る技術が開発されています。これを“集成マイカ（*Mica Paper*）”と呼んでいます。はがしマイカに比べて品質が均一であり、加工性に優れており、コストは安価です。

マイカの特徴を列記すると以下のようになります。また、マイカの特性を表４－４に示します。

- **電気絶縁性に優れている**

  耐電圧、絶縁抵抗、耐コロナ性、$tan\delta$（誘電損失を表す）および耐アーク性に優れている。

- **耐熱性に優れている**

  硬質マイカは約600℃、軟質マイカは約900℃まで使用可能で、短時間であればさらに高温でも使用可能である。

- **耐圧縮性に優れている**
- **耐水性に優れている**
- **耐薬品性に優れている**
- **薄片にしたものは可《か》撓性《とうせい》（物質の弾性変形のしやすさを示す）に富んでいる**
- **コストパフォーマンスに優れている**

表4－4　マイカの性質

項目	単位	硬質マイカ（*Muscovite*）	軟質マイカ（*Phlogopite*）
化学式	—	$KAl_2(Si_3Al)O_{10}(OH)_2$	$KMg_3(Si_3Al)O_{10}(OH)_2$
色	—	透明または淡黄色	褐色または暗緑色
密度	*kg/m3*	$(2.6\sim3.2)\times10^3$	$(2.6\sim3.2)\times10^3$
モース硬度	—	2.0～3.2	2.5～3.0
比熱	*J/kgK*	860～870	860～870
熱伝導率（へき開面に直角方向）	*J/msK*	0.67	0.67
熱分解温度	℃	600～800	900～1000
加熱による重量の減少（900℃、3*hr*）	*wt*%	4～5	0.3～1.0
引張強さ	*Pa*	$(25\sim30)\times10^7$	$(25\sim30)\times10^7$
絶縁破壊電圧	*kV*/0.1*mm*	18～25	15～19
誘電率　50*Hz*	—	6.5～9	5～6
誘電正接（50*Hz*、25℃）	%	0.01～0.02	0.1～0.65
体積抵抗率	$\Omega-m$	$10^{10}\sim10^{13}$	$10^{8}\sim10^{11}$
線熱膨張係数	$m/m\cdot k$	3.6×10^{-5}	5.2×10^{-5}

4－5 チタン酸バリウム

代表的なセラミックスであるチタン酸バリウム（$BaTiO_3$）は、通常は電気を通さない絶縁物ですが、電圧を加えると強誘電性を示します。強誘電性とは、外部に電場がなくても電気双極子（*electric dipole*）が整列しており、かつ双極子の方向が電場によって変化できる物質です。チタン酸バリウムは極めて高い比誘電率を備えていることから、コンデンサ、焦電体、圧電体などの代表的な電子部品の誘電体材料として用いられています。チタン酸バリウムの結晶構造は、低温から高温にかけて数フェーズ（菱面体晶→斜方晶→正方晶→立方晶）転移し、特に室温においては正方晶（*Cubic*）となり、このときに強誘電体となります。高温（120℃以上）においては立方晶（*Tetragonal*）となり安定化し、常誘電体となります。すなわち、実用上重要となるのは、室温における安定な正方晶と120℃以上で安定な立方晶です（図４－19）。

強誘電体は、比誘電率は高いですが、誘電損失（$tan\delta$）が大きい誘電体です。一方、常誘電体は、比誘電率は約100以下と低いですが、損失は少ない誘電体です。強誘電体は静電容量が大きなコンデンサに使用されますが、損失が大きいので周波数が高くない回路で使われます。このように強誘電体のチタン酸バリウムは、無線通信のような高周波の電波を扱う回路では使用することができません。

高周波用途の常誘電体では、損失を誘電正接（$tan\delta$）の逆数である品質係数である Q 値$\left(Q=\dfrac{1}{tan\delta}\right)$で表します。したがって、$Q$ 値が高いほど損失が少ないことになります。また、Q 値は周波数に反比例しますので、周波数 f [*GHz*] と Q 値の積である $Q\cdot f$ 値 [*GHz*] で表記することもできます。

チタン酸バリウムの結晶原子構造を図４－19に、一般的な性質を表４－５に示します。また、基板実装型の積層セラミックコンデンサの構成例を図４－20に示します。

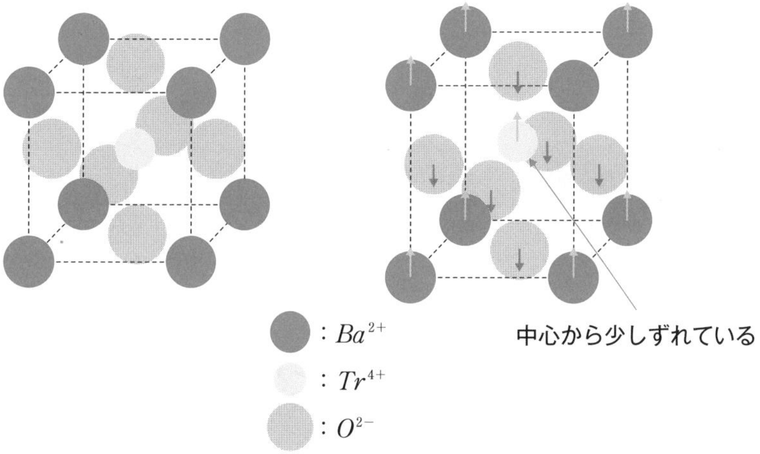

（a）常誘電体（高温立方晶）　　（b）強誘電体（低温正方晶）

図4－19　チタン酸バリウム原子構造

（出典：*http://www.d-nanodev.riec.tohoku.ac.jp/subcontents/contents_102.html*）

表4－5　チタン酸バリウムの一般的な性質

項目	内容
化学式	$BaTiO3$
モル質量	$233.192g/mol$
分子量	233.19
格子定数	a＝3.99 Å　c＝4.04 Å
方位	(100)、(110)、(111)、(001)
比誘電率	ε_a＝3000　ε_c＝800
外観	白色固体
密度	$6.02g/cm^3$
融点	1625° C
結晶構造	正方晶系ペロブスカイト型構造

ε_a：a 軸方向の比誘電率、ε_c：c 軸方向の比誘電率

(a)

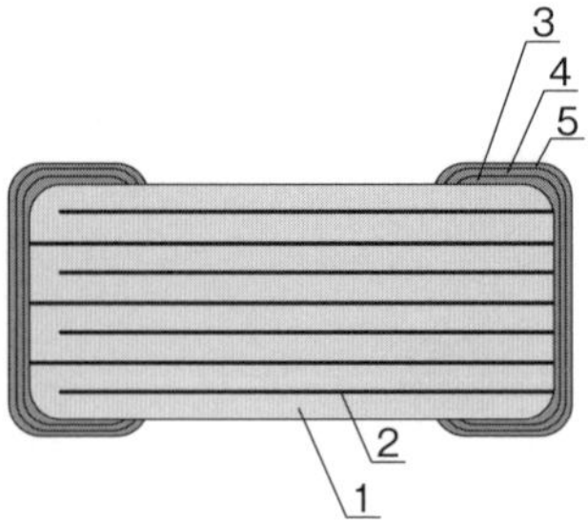

No.	名称
1	チタン酸バリウム
2	内部電極
3	電極端子
4	
5	

(b)

図4－20　積層セラミックコンデンサの構成例

［例題4－5］

マイカとチタン酸バリウムの説明で誤りがあれば訂正しなさい。

(1)マイカは絶縁体であるが、チタン酸バリウムは半導体である。

(2)マイカは電気絶縁性と耐熱性に優れており、はがしマイカや集成マイカとして使用されている。

(3)マイカは高い比誘電率を備えているので、コンデンサ、焦電体、圧電体など電子部品の誘電体材料として用いられている。

(4)チタン酸バリウムは代表的なセラミックスの1つで、電気を通さない絶縁物であるが、電圧を加えると強誘電性を示す誘電体である。

(5)チタン酸バリウムは強誘電体の1つで、キュリー温度（チタン酸バリウムの場合は120℃）以下では誘電性を示さないが、キュリー温度以上になると相転移が起こり、結晶が整列し、正負のイオンが相対的に変位して自発分極が発生、強誘電体になる。

(6)チタン酸バリウムはキュリー温度を分岐点に相転移を示す。すなわち、キュリー温度以上では立方晶（*Cubic*）に、キュリー温度以下では正方晶（*Tetragonal*）に転移し、強誘電体となる。

(7)チタン酸バリウムは常誘電体で、誘電損失（$tan\delta$）が小さく、品質係数値が高いので誘電損失が小さい。

［解答］

(1)は誤りです。チタン酸バリウムは絶縁物で、電圧を加えると強誘電性を示します。

(2)は正しいです。

(3)は誤りです。マイカはコンデンサに使用されますが、焦電体や圧電体には使用されません。これらの電子部品にはチタン酸バリウムが使用されます。マイカコンデンサは高電圧用や高周波用に使用されます。

(4)は正しいです。

(5)は誤りです。チタン酸バリウムはキュリー温度以下では強誘電性を示します。キュリー温度以上になる誘電性を示さない常誘電体になります。

(6)は正しいです。

(7)は誤りです。チタン酸バリウムは強誘電体で、誘電損失（$tan\delta$）が大きく、品質係数Q値が低くなります。そのため、無線通信のような高周波回路では使用することができません。

答：(2)(4)(6)は正しい。誤りは(1)(3)(5)(7)で、訂正は上記の通り

用語解説

◎誘電性

絶縁体に電圧をかけると、その内部で分極（プラスとマイナスに分かれる）が起こり、電気を蓄積する性質をいいます。また、このような性質をもつ物質を誘電体といい、コンデンサなどに使用されます。

◎焦電性

温度変化によって電荷が変化する性質をいいます。このような性質をもつ物質を焦電体といい、人体の温度（赤外線）を感知するセンサーなどに使用されます。

◎圧電性

物理的な圧力をかけると電荷が変化する現象、および電圧をかけると物理的な振動を起こす性質をいいます。このような性質をもつ物質を圧電体といい、電子ライターの点火、スピーカーなどに使用されます。

◎コンデンサ

誘電性を利用して、電気を遮断したり（蓄える）、流したりすることができます。電気信号のフィルタリングなどを行う電子部品。アルミニウム電解コンデンサからセラミックコンデンサなど多くの種類があり、用途により使い分けられています。

◎電気二重層キャパシタ

一般のコンデンサとリチウムイオン電池などの二次電池の特性を補完する機能をもち、瞬間的な充放電や大電流による充放電、充放電の繰り返しの耐久性が求められる用途に使用されます。

◎コンデンサの損失

コンデンサに加える電圧と流れる電流の位相差が90度でなくなると、コンデンサ内で電力損失が発生します。この損失を誘電損失といい、そのときの電圧と電流の角度δを損失角といいます。損失角の正接を誘導正接（$tan\delta$）といいます。すなわち、誘電正接とは、誘電体内での電気エネルギー損失の度合いを表す数値です。理想コンデンサに流れる電流をI_c、寄生抵抗に流れる電流（エネルギー損失）をI_rとした場合、$tan\delta = \frac{I_r}{I_c}$となります。

◎結晶軸

結晶面の方位や対称性を示すため、結晶内に想定した三次元または四次元の座標軸のことをいいます。結晶の外形、異方性、原子配列などを表す基準となる長さをもつ3つの座標軸で、ベクトルa、b、cで表します。a軸方向の比誘電率をε_a、c軸方向の比誘電率をε_cとしています。

第 5 章

磁気材料

磁気材料は、身近な電子機器から大型の電力機器まで幅広く使用されています。本章では、最初に、磁性と磁性材料の種類について電子のスピンと磁気モーメントの切り口で説明します。次に、軟磁性材料と硬磁性材料について、特性、特徴などについて説明し、また、磁化特性の代表であるヒステリシス特性について説明します。最後に、ヒステリシス特性の具体的な測定例と磁性材料を使用した電子部品の数例について説明します。

5－1 磁性

磁性または磁化（*magnetization*）とは、物質が磁場の中に置かれたときに、その物質が他の物質に引力や斥力を及ぼす現象をいいます。物質がもつ原子（または原子より小さい規模で）が磁場に反応する性質のことで、磁気とも呼ばれます。この現象は、電子の自転運動（スピン）によるもので、原子の種類によって電子配置が異なるため磁性をもつ原子ともたない原子とに分かれます。スピンが1個だけまたは同じ方向のスピンを複数個もった原子は磁性を示します（図5－1）。

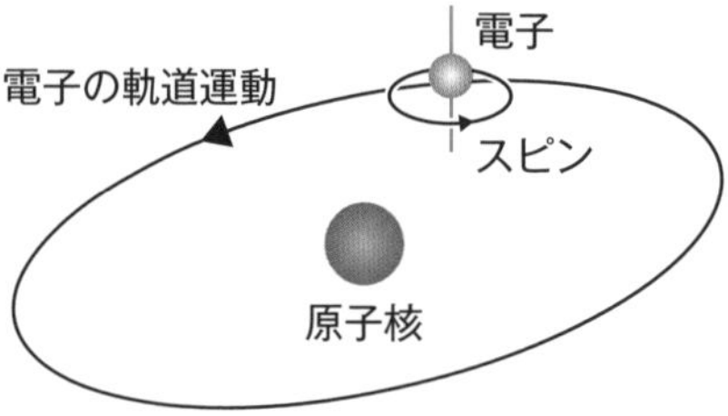

	3d軌道
鉄 Fe	↑ ↑ ↑ ↑ スピンがある （磁性あり）
銅 Cu	↑↓ ↑↓ ↑↓ ↑↓ スピンが打ち消し合っている （磁性なし）

図5－1 電子のスピンと磁性

磁性材料（*magnetic material*）とは、強磁性体としての性質を利用してさまざまな機能を実現するために用いられる材料です。すべての物質は磁場に対して何らかの反応を示しますが、その反応の仕方で、常磁性体（常磁性：*paramagnetism*）、磁性体（強磁性：*ferromagnetism*）、反磁性体（反磁性：*diamagnetism*）、フエリ磁性体（フエリ磁性：*ferrimagnetism*）に分類されます（図5－2）。磁性材料として利用されるのは強い磁化をもつ強磁性体とフェリ磁性体です。

常磁性体は、スピン（磁気双極子）がそれぞれ無秩序な方向を向いており、磁場の中に置かれた場合、磁場と同方向に磁化されますが、磁場を取り除くと磁化が消失する物質です。

磁性体（強磁性体）は、スピンが同じ方向を向いており、外部磁場がなくても大きな自発的な磁化を示す物質です。初めから強い磁気を帯びていることもあります（これを自発磁化と呼ぶ）。また、このような性質を強磁性と呼び、単に、磁性体と呼ぶときは、強磁性体を指すことが多いです。

反磁性体は、隣り合うスピンがそれぞれ反対方向を向いて整列しており、全体として磁気モーメントをもたない物質です。

フェリ磁性体は、スピンは整列していますが、磁気モーメントの大きさが異なるため磁気は相殺されずに残る物質です。

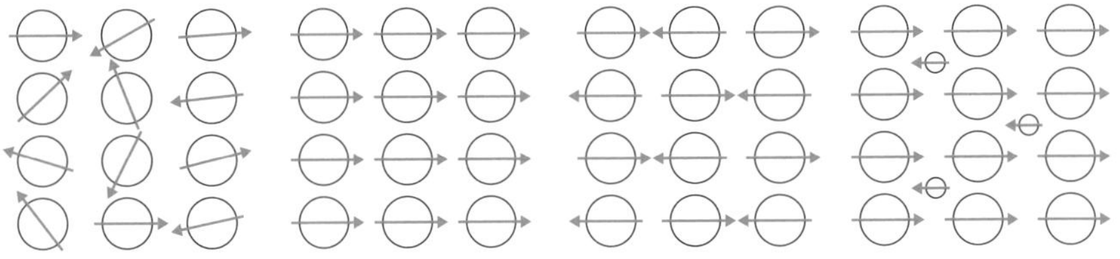

(a) 常磁性体　(b) 磁性体　(c) 反磁性体　(d) フエリ磁性体

図5－2　磁場に対するスピンの反応（○：スピン、→：磁気モーメント）

[例題5－1]

磁性材料の説明について誤りがあれば訂正しなさい。

(1)磁性とは物質が磁場の中に置かれたときに、その物質が他の物質に引力や斥力を及ぼす現象で、強磁性（強磁性体）と非磁性（非磁性体）に分けることができる。

(2)磁性材料として用いられるのは、常磁性体とフェリ磁性体である。

(3)反磁性体は、隣り合う双極子が逆向きになって磁気を打ち消し合い、磁気モーメントをもたない物質である。

(4)永久磁石は常磁性体が用いられる。

(5)反強磁性体においてスピン同士の磁気モーメントの大きさに差があれば、差し引き正味の磁化が生じる。このような磁性をフェリ磁性という。

[解答]

(1)は正しいです。

(2)は誤りです。常磁性体は磁場の中に置かれた場合、磁場と同方向に磁化されますが、磁場を取り除くと磁化が消失する物質なので、磁性材料として利用されるのは強い磁化をもつ強磁性体とフェリ磁性体です。

(3)は正しいです。

(4)は誤りです。永久磁石は強磁性体が用いられます。強磁性体は、スピンが同じ方向に揃い、大きなバルク磁化をもちます。ネオジム永久磁石やサマリウムコバルト磁石などがあります。

⑸は正しいです。フェリ（*Ferri*）とはフェライト（*Ferrite*）のもつような磁性という意味です。フリエ磁性体の例として、マグネシウムフェライト（$MgFe_2O_4$）、磁鉄鉱（Fe_3O_4）があります。磁気テープ材料として有名なマグヘマイト（yFe_2O_3）、磁気光学材料としてアイソレータに使われるイットリウム・フェライト・ガーネット（$Y_3Fe_5O_{12}$ (*YIG*)）などがあります。

<u>答：誤りは⑵、⑷。訂正は上記の説明</u>

5－2 磁性材料

磁性材料とは磁気的な性質をもった金属のことで、磁性を利用した製品の材料となります。硬磁性材料、軟磁性材料、磁歪材料などに大別され、種類によって磁力の大きさが異なり、錆びや衝撃などに強い性質があるなどそれぞれ特長が異なります。

代表的な軟磁性材料（ソフト磁性材料）の磁気特性を表5－1に、硬磁性材料（ハード磁性材料）の磁気特性を表5－2に示します。軟磁性材料は磁界に触れると磁石になり、磁界を取り去ると元に戻り磁気がなくなる磁気材料です。我々の身の回りで、鉄などが代表的な材料の1つです。表に示す透磁率μは軟磁性材料の重要な特性の1つです。透磁率が大きいほど磁化されやすいということになります。

電磁鋼板（ケイ素鋼板）は電磁リレーやソレノイド、変圧器やモータ、発電機に使用される汎用の磁性材料です。

パーマロイ（*Permalloy*）は*Fe*－*Ni*系合金の総称で、高透磁率材料として知られています。リードリレーや漏電遮断器の零相変流器、磁気遮蔽材などに使用されています。

フェライト（*Ferrite*）は鉄の酸化物を主体とした結晶の集まりで形成されたもので、いわゆる酸化鉄を主成分とするセラミックスの総称です。高周波帯域（*MHz*帯）で使用されるコイルの磁心材として優れた特性を発揮します。具体的には、ノイズフィルタ用コイルの磁心材として多く使用されています。

硬磁性材料は、通常、“磁石”や“永久磁石”と呼称されているもので、保磁力が大きく、永久磁石として用いられています。一度、外部磁界を飽和磁化まで加えて磁化すると、保持力が大きいため外部磁界を取り除いても磁化した状態が維持されます。

主な硬磁性材料としては、ネオジウム磁石（*Neodymium magnet*）、サマリウムコバルト磁石（サマコバ磁石）などの希土類磁石、フェライト磁石、アルニコ磁石があります（図5－3）。ネオジム磁石はネオジム、鉄、ホウ素を主成分とする希土類磁石（レアアース磁石）の1つで、永久磁石のうち最も強力な磁気力をもっています。アルニコ磁石（*Alnico*）は、アルミニウム（*Al*）、ニッケル（*Ni*）、コバルト（*Co*）などを原料として鋳造された鋳造磁石です。“アルニコ”の名前の由来は、各元素記号を単純に並べた（*Al*－*Ni*－*Co*）ものです。アルニコ磁石は鋳造によって作られるので、寸法・形状などは研磨加工により精度の維持を図ることができます。一方で、減磁しやすい欠点がありますが、温度に対する優れた特性を有するので（高温に強く割れにくいなど、機械的強度に優れているので）、各種メータや積算電力計、防犯用機器など精度が要求される用途に使用されます。

硬磁性材料の主な用途は、マグネットモータやスピーカ、アクチュエータなど多岐にわたっています。

表5−1 代表的な軟磁性材料の磁気特性
（出典：特殊鋼、*Vol* 58、*No* 6、2009年11月号）

分類	区分	代表組成	*Bs* (*T*)	*Hc* (*A*/*m*)	μ_i	μ_m	比抵抗 ($\mu\Omega m$)	主な用途
電磁鋼板	方向性	*Fe-3Si*	2.00	10	2,000	70,000	0.50	電力用変圧器
	無方向性	*Fe-3Si*	2.00	10	1,500	9,200	0.50	モータ、リアクトル
		Fe-6.5Si	1.80	45	1,200	25,000	0.82	電源、モータ、リアクトル
バーマロイ	*PC*	*Fe-79Ni-4Mo*	0.80	4	20,000	200,000	0.55	電源、磁気シールド
	MnZn	—	0.45	8	5,000	—	10^7	電源（低周波）、磁気ヘッド
フェライト	*NiZn*	—	0.40	30	2,000	—	10^{10}	電源（高周波）、チョークコイル
	Fe 基	*Fe-Si-B*	1.56	2.4	5,000	500,000	1.3	電力用変圧器
アモルファス	*Co* 基	*Co-Fe-Si-B-M*	0.60	0.3	120,000	1,000,000	1.3	電源、磁気ヘッド
ナノ結晶		*Fe-Cu-Nb-Si-B*	1.24	2.5	100	690	1.2	電源、センサ

μ_i：初期透磁率、磁化曲線の原点付近の磁場の小さいところの透磁率
μ_m：最大透磁率、磁化曲線の最大となる透磁率

コラム 磁場と磁束密度の単位

Oe（エルステッド、*oersted*）と *A*/*m*（アンペア毎メートル）は磁場（磁界）の強さの単位です。また、*T*（テスラ、*tesla*）と *G*（ガウス、*gauss*）は磁束密度の単位で、$1\times10^{-3}\,[T]=10\,[G]$ の関係があります。なお、*mT* はミリステラと発音します。

表5－2　代表的な硬磁性材料の磁気特性

（出典：特殊鋼、*Vol* 58、*No* 6、2009年11月号）

分類	区分	B_r (T)	H_{cJ} (kA/m)	$(BH)_{max}$ (kJ/m^3)	$a\ (B_r)$ $(\%/K)$	$a\ (H_{cJ})$ $(\%/K)$	特徴
アルニ	*Alni*	0.70	40	12	−0.02	0.03	等方性、安価
アルニコ	*Alnico*-5	1.30	52	44	−0.02	0.03	高磁束密度、温度安定性良
FeCrCo		1.30	48	44	−0.03	0.04	高磁束密度、加工性良
Sr フエライト	従来型	0.45	280	36	−0.18	0.40	安価
	LaCo 置換型	0.47	320	42	−0.20	0.15	保磁力の温度係数改善
SmCo 焼結	*Sm2Co17*	1.13	720	240	−0.03	−0.25	高エネルギー積、温度安定性良
NdFeB 焼結	（高エネルギー積）	1.49	900	425	−0.11	−0.60	高エネルギー積
	（高保磁力）	1.20	2,500	276	−0.09	−0.47	高保磁力（耐熱用途）

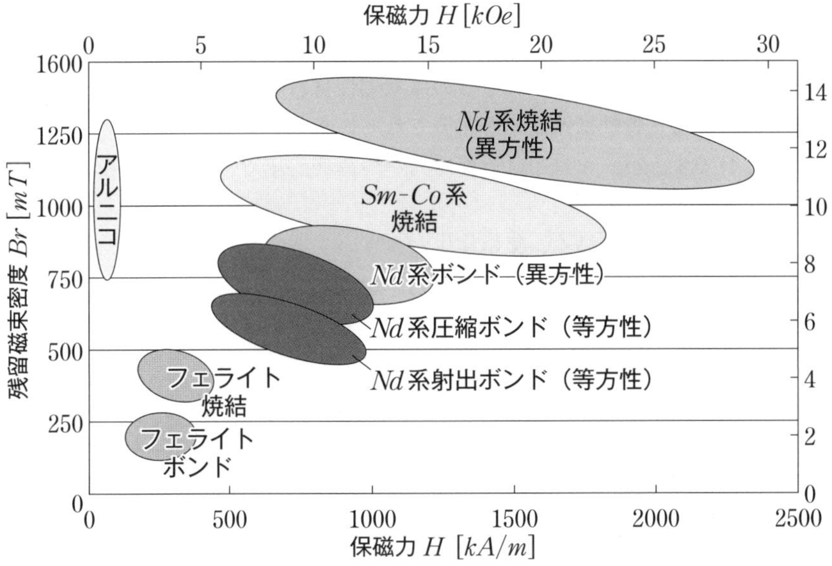

図5－3　硬磁性材料のマップ

（出展：*NTN TECHNICAL REVIEW No.*80、2012）

［例題５－２］

軟磁性材料と硬磁性材料の説明で誤りがあれば訂正しなさい。

(1)軟磁性材料は磁界中に置くと磁石になり、磁界を取り去ると磁気がなくなり元に戻る磁気材料である。一方、硬磁性材料は、一度でも外部磁界を加えて磁化すると外部磁界を取り除いても磁化した状態が維持される材料である。

(2)硬磁性材料の重要な特性の１つに透磁率 μ がある。透磁率が大きいほど磁化されやすいということになる。

(3)パーマロイはニッケル Ni を35～80％含む鉄―ニッケル合金であり、いろいろな素材形状で供給されている。みた目はステンレスや鉄と大きな違いはないが、磁気を強く引き付ける性質をもっている。

(4)代表的な硬磁性材料としてネオジム磁石がある。永久磁石のうち最も強力な磁気力をもっている磁気材料である。

(5)軟磁性材料は保持力が小さいので外部の磁場に対して容易に磁化されにくく、反対に、硬磁性材料は大きな保持力をもつので外部の磁場に対して容易に磁化される性質をもつ。

［解説］

(1)は正しいです。

(2)は誤りです。透磁率が重要になるのは軟磁性材料である。表５－１の代表的な軟磁性材料の磁気特性に透磁率が記載されています。

(3)は正しいです。パーマロイは低保磁力かつ高透磁率であることから、次のような特徴があります。

・磁気シールド効果が高く、集磁作用が大きい
・微細な入力（磁界）対比で出力（磁化）が大きい
・交流の抵抗（電圧と電流の比）を高める効果

(4)は正しいです。

(5)は誤りです。軟磁性材料は保持力が小さいので外部の磁場に対して容易に磁化されやすく、硬磁性材料は大きな保持力をもつので外部の磁場に対して容易に磁化されにくい性質をもちます。硬磁性材料は永久磁石に代表されます。なお、“軟磁性”という言葉は、硬さが柔（軟）らかい鉄系磁性金属がもつ性質に、“硬磁性”は文字通り硬い鉄系磁性金属のもつ性質に由来しています。

答：誤りは(2)、(5)。訂正は上記の説明

5－3 磁化特性

外部の磁場により磁石になりやすい鉄、ニッケル、コバルトなどの強磁性体は、外部の磁場（磁界 H）を受けると、磁気のない状態（図５－５の点 O）から、磁気を帯び磁石になります。これを“磁化される”といいます。磁性体に巻線を巻いたコイル（インダクタという）のイメージを図５－４に示します。このとき、単位面積あたりの N 極から S 極へ向かう磁気の流れを磁束密度 B といい、磁石の強さを表します。磁気特性とは磁性材料が磁化された際に、材料が示す磁気的な性質をいいます。その代表的な特性が磁気ヒステリシス曲線（$B-H$ 曲線）です（図５－５）。

外部磁場が強くなると磁束密度が増えていくことから、この磁束密度と磁場との比を透磁率 μ といいます。透磁率とは、磁性の程度を表す数値で、材料の磁化のしやすさ（磁束の通りやすさ）を示したものです。

すなわち、磁束密度を $B\,[T]$（単位 $[T]$ は“テスラ”と発音)、磁場を $H\,[A/m]$ とすると、

$$B=\mu H=\mu_0\mu_r H \qquad (5-1)$$

または

$$\mu=\frac{B}{H} \qquad (5-2)$$

となります。

ここで、透磁率 μ と真空の透磁率 $\mu_0=4\pi\times10^{-7}\,[H/m]$ との比を比透磁率 μ_r といいます。

透磁率が高いほど弱い磁場でも高い磁束密度が得られます。さらに、磁性体に磁場を加えて磁化を継続していくと磁束密度の限界が存在します。これを飽和磁束密度（点 C、点 F）といいます。飽和磁束密度が高いほど磁気力が強力な磁石となります。ここで、磁化を開始する O 点→ B 点→ C 点の磁化特性は、初期磁化特性（初期磁化曲線）といいます。

磁束密度が飽和した後、外部磁場をなくしても磁性体に残る磁束密度を残留磁束密度（点 D、点 G）といいます。磁性体の磁束密度をゼロにするために必要な外部磁場（点 E）を保磁力といいます。

これらをまとめると、電流 I が大きくなると（磁界の強さ H が大きくなると)、磁束密度 B も大きくなります。また、式（５－１）または式（５－２）から透磁率 μ が大きいほど弱い磁界 H でも大きい磁束密度 B を得ることができま

す。しかし、実際には、透磁率 μ は必ずしも一定の値ではなく、磁界の強さ H によって変化します。磁界 H を大きくした後、磁界をゼロに戻しても、磁化された磁性体には磁力（保持力）が残ります。その結果、磁束密度 B と磁界の強さ H は、図５－５の B−H 曲線に示すように、ヒステリシスカーブを描くことになります。

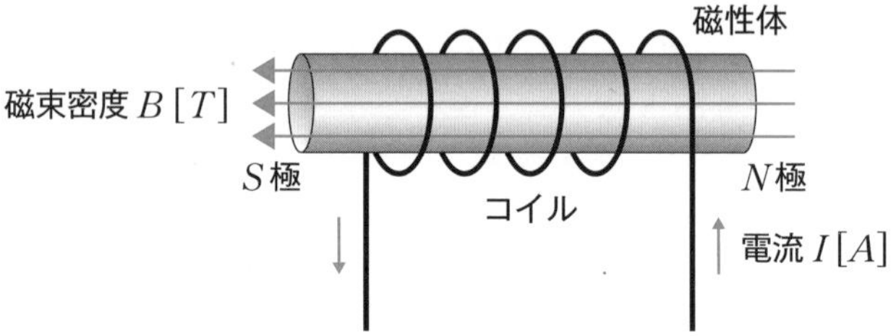

図5－4　インダクタのイメージ

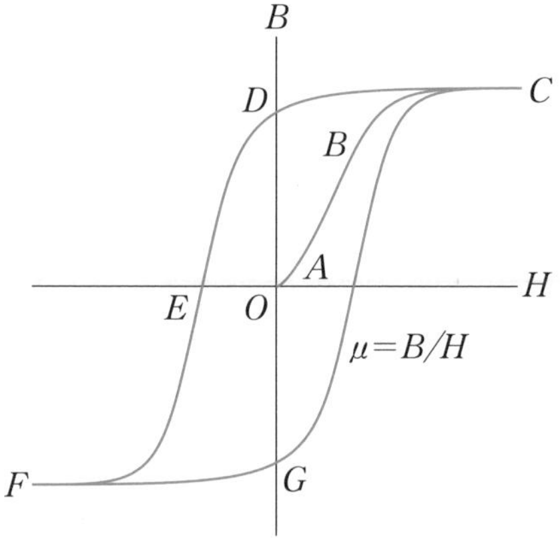

図5－5　磁気ヒステリシス曲線（B−H 曲線）

通常、高い保磁力の物質（硬磁性材料）は永久磁石に、高い透磁率と低い保磁力の物質（軟磁性材料）は電磁石やトランス、コイルのコアに使用されます。

さらに、磁性体が磁化した後に、外部磁場により点 C から点 D、F、G を通り点 C に戻る磁気ヒステリシス曲線内を移動する際に、エネルギーが消費され熱になることを磁心損失（コアロス）といいます。磁心損失は磁気ヒステリシス曲線の面積に比例するため、面積が少ないほど磁心損失が少なくなります。

［例題 5 － 3］

空気中で磁界400［A/T］における磁束密度を求めなさい。ここで、透磁率$\mu=1$とする。

［解答］

式（5 － 1）より

$$B=\mu H=4\pi\times10^{-7}\times400=0.503\times10^{-3}\,[T]$$

または

$$B=0.503\times10^{-3}\,[Wb/m^2]$$

となります。1［T］は「磁束の方向に垂直な面の1［m^2］につき1［Wb］の磁束密度」と定義されます。すなわち、1［T］は1［Wb/m^2］と等しいことになります。

答：$B=0.503\times10^{-3}\,[T]$

[例題５－４]

切り口が直径10 [cm]、平均直径１[m] の環状鉄心の表面に1000回コイルを巻き、15 [A] の直流電流を流したときの環状鉄心内の磁束を求めなさい。ただし、鉄の比透磁率を250とする。

また、N回コイルが巻かれた半径 r の環状鉄心内に生じる磁界 H とコイルに流す電流 I との間には

$$H=\frac{NI}{2\pi r} \qquad (5-3)$$

の関係がある（図５－６）。

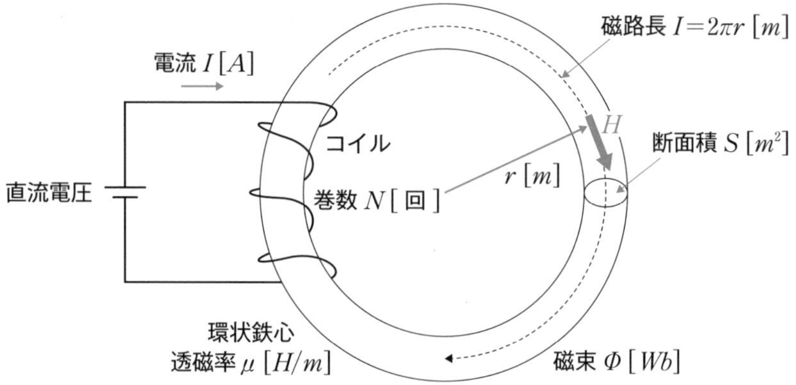

図５－６ **環状鉄心**

[解答]

式（５－３）に題意の数値を代入します。

$$H=\frac{NI}{2\pi r}=\frac{1000\times 15}{2\pi\times 0.5}=\frac{15000}{\pi}\ [A/m]$$

式（５－１）より、磁束密度 B は

$$B=\mu H=\mu_0\mu_r H=4\pi\times 10^{-7}\times 250\times\frac{15000}{\pi}\approx 1.5\ [Wb/m^2]$$

となります。

したがって、磁束 Φ (＝$B\times S$)（環状鉄心の断面積 S [m^2]）は

$$\Phi=BS=1.5\times(\pi\times 0.05^2)=0.01178\ [Wb]$$

となります。

答：磁束 $\Phi=0.01178\ [Wb]$

［例題５－５］

鉄の磁化特性（$B-H$ 曲線）の例と比透磁率の変化例を図５－７に示す。以下の問に答えなさい。

⑴初期磁性の B と H の値を求めなさい。

⑵磁界 H と磁束 B の関係を説明しなさい。

⑶比透磁率 μ_s と $B-H$ 曲線との関係を説明しなさい。

⑷ $H=2100$ $[A/m]$ のときの比透磁率 μ_s を概算しなさい。

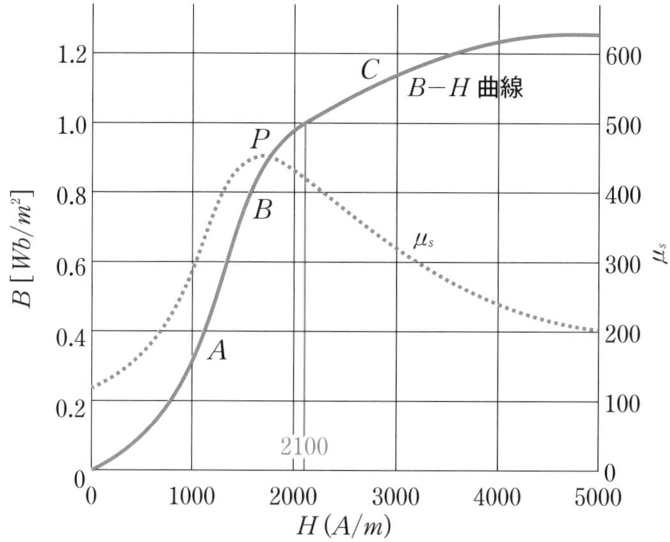

図５－７　**鉄の B―H 曲線**

［解説］

鉄は炭素、タングステン、クロム、コバルト、チタン、ニッケル、アルミ、銅、ケイ素などの合金で、他の化合物との状態により磁化特性は大きく変化します。図５－７は $B-H$ 曲線と比透磁率の変化の一例を示したものです。

⑴図中で、磁化を開始する０点→ A 点→ B 点→ C 点の磁化特性は、初期磁化特性（初期磁化曲線）といい、$H=0$ のとき $B=0$ となるので、初期磁性はゼロとなります。

⑵磁界 H を上げていくと A 点の1000 $[A/m]$ あたりから磁束密度 B が大きく上昇します。そして、C 点の $H=3000$ $[A/m]$ 以上になると磁束密度 B の上昇は穏やかになります。すなわち、曲線の勾配が変わります。なお、図５－５に示す

ように、磁界Hを飽和状態から下げた場合はヒステリシスが発生し、上昇時と下降時の特性カーブは一致しません。

(3)比誘電率μ_sは$B-H$曲線の傾きに比例します。このため比誘電率μ_sは一定値とならず、図5－7に示すようにP点を頂点に複雑なカーブとなります。

(4)比透磁率は$\mu_s=\dfrac{B}{\mu_0 H}$から求めます。

ここで、グラフから$H=2100\ [A/m]$のときは$B=1.0\ [Wb/m]$なので$\dfrac{B}{H}=\dfrac{1.0}{2100}=4.762\times10^{-4}$となり、比透磁率は$\mu_s=\dfrac{B}{\mu_0 H}=\dfrac{1}{4\pi\times10^{-7}}\times4.762\times10^{-4}=379$が得られます。図5－7では、$H=2100\ [A/m]$のときの比透磁率は$\mu_s\approx400$なので大略近い値になっています。

答：(1) $H=0$、$B=0$（初期磁性はゼロ）、
(2)解説の通り、(3)解説の通り、(4) $\mu_s=379$

5－4 磁性材料の磁化特性測定

電磁鋼板（ケイ素鋼板）を環状鉄心（コア）にした環状ソレノイドの磁気ヒステリシス曲線（$B-H$曲線）を測定します。測定回路を図５－８に、環状ソレノイドの仕様を表５－３に示します。

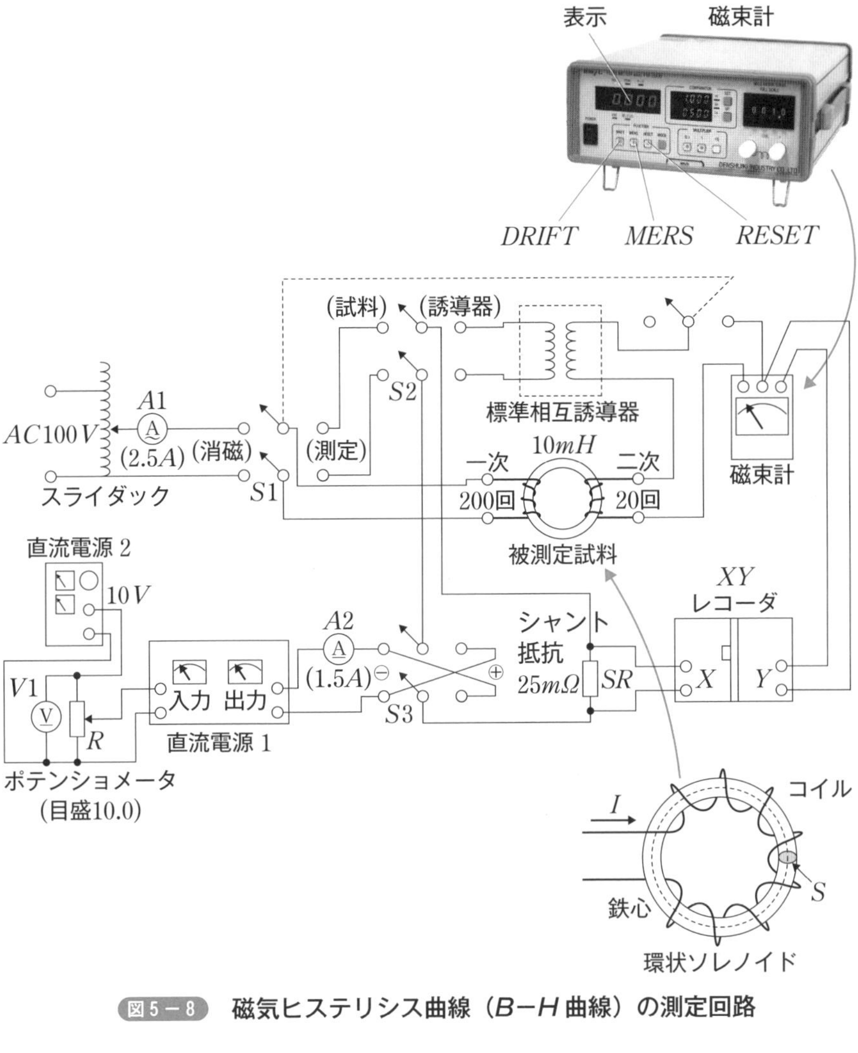

図５－８　磁気ヒステリシス曲線（$B-H$曲線）の測定回路

表5−3 環状ソレノイドの仕様

コアー材		ケイ素鋼板
一次巻線	N_1	200回
二次巻線	N_2	20回
平均磁路長	l	0.377m
断面積	S	0.0024m^2

一例として、測定法の手順を下記に示します※注。

●測定準備

測定前の準備として、各スイッチの設定、ポテンショメータの設定、磁束計の表示などを確認します。

①すべての装置の電源を入れる。
②スイッチ*S1*を「測定」側、スイッチ*S2*を「試料」側、スイッチ*S3*を「+」側にする。
③ポテンショメータ*R*の目盛が00になっていることを確認する。
④磁束計のレンジを103にする。
⑤磁束計の数値表示が0.000であることを確認する。
⑥磁束計の *DRIFT* 、 *RESET* を順に押す。
⑦直流電源2の出力電圧を10 [*V*] にする。
⑧直流電源1の「*Amplitude*」ツマミを最小にする。
⑨ポテンショメータ*R*の目盛を10.0（最大）にする。
⑩直流電源1の「*Amplitude*」ツマミを回し、電流計*A2*の指示を1.5 [*A*] に設定する。
⑪ポテンショメータ*R*の目盛を00に戻す。
⑫磁束計の数値表示が0.000であることを確認し、 *MEAS* ボタンを押す。

●被測定試料の消磁

測定を開始する前に、被測定試料である環状ソレノイドを消磁します。

①スイッチ*S1*を「消磁」側にする。
②スイッチ*S2*は「試料」側であることを確認する。
③スライダックを交流電流計*A1*が2.5 [*A*] になるまで徐々に回し、その後す

※注：筆者の実験系における機材と数値を使用している。

みやかに、2.5 [A] からゆっくり下げて 0 [A] にする。

④スイッチ S1 を「測定」側にする。

必要に応じて上記の操作を繰り返し、消磁を確実に行います。

●初期磁化特性の測定

① XY レコーダの X 軸：2.5 [mV/cm]、Y 軸：2 [mV/cm] を設定する。

②磁束計の DRIFT 、 RESET ボタンを押し、磁束計の表示が0.000になったら、 MEAS ボタンを押す。

③ XY レコーダにグラフ用紙をセットし、ポジション調整ツマミを回し、ペンがグラフ用紙の左下端付近に位置するように調整する。

④ペンを DOWN させる

⑤ポテンショメータ R を適当な速度（等速度）で、電流計 A2 が1.5 [A] になるまで回す。

ここまでの軌跡は、図 5 － 9 の a 点に到達します。

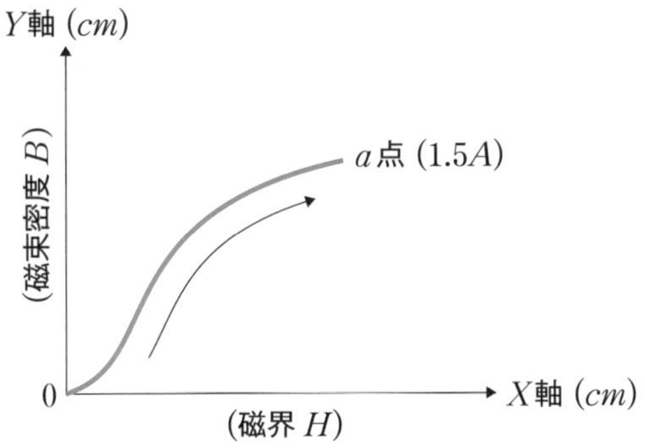

図5－9　初期磁化特性

⑥ペンを UP させ、ポテンショメータ R を元に戻し、電流計 A2 を 0 にする。

⑦グラフ用紙を取り外す。

●標準相互誘導器の特性測定

使用した標準相互誘導器の相互誘導係数は $M=0.01$ [H] です。

①スイッチ S1 を「測定」側、スイッチ S2 を「標準相互誘導器」側、スイッチ S3 を「+」側にする。

②前項「初期磁化特性の測定」の①～④と同じ操作をする。

図 5 －10のような標準相互誘導器の特性が得られます。

③スイッチ *S*2 を「試料」側に戻す。

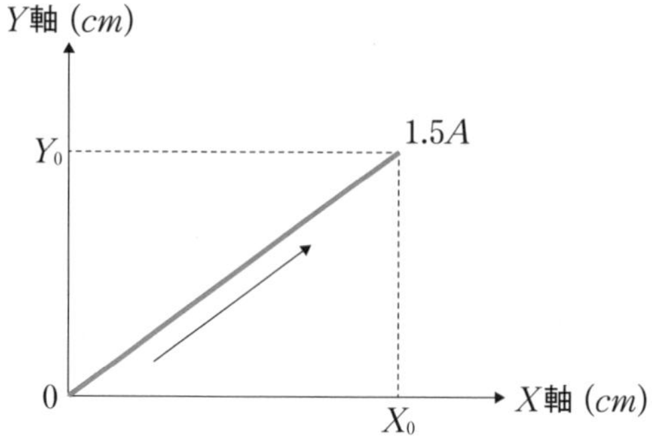

図5－10　標準相互誘導器の特性

●磁気ヒステリシス曲線の測定

① *XY* レコーダの *X* 軸：5 [*mV/cm*]、*Y* 軸：5 [*mV/cm*] を設定する。

②磁束計の、*DRIFT*、*RESET* ボタンを押し、磁束計の表示が0.000になったら *MEAS* ボタンを押す。

③グラフ用紙をセットし、ポジション調整ツマミを回し、ペンがグラフ用紙の中央に位置するように調整する。

④ペンを *DOWN* させる。

⑤磁束計の表示が0.000になっていることを確認する。

⑥ポテンショメータ *R* をゆっくり回し、電流計 *A*2 を確認し、1.5*A* まで上昇させ、再び、ゆっくり 0*A* まで下げる（図５－11の矢印⑴から⑵の動き）。

⑦電流計 *A*2 が 0*A* になったことを確認して、スイッチ *S*3 を「－」側に切り替える。

⑧上記⑥の操作を繰り返す（図５－11の矢印⑶から⑷の動き）。

⑨電流計 *A*2 が 0*A* になったことを確認して、スイッチ *S*3 を「＋」側に切り替える。

⑩再度、ポテンショメータ *R* をゆっくり回し、電流計 *A*2 を確認し、1.5*A* まで上昇させる。曲線が閉じたところでペンを *UP* させる（図５－11の矢印

(5)の動き)。

⑪ポテンショメータ R を 0 に戻して、電流計 $A2$ の表示を 0 にする。

⑫グラフ用紙を取り外す。

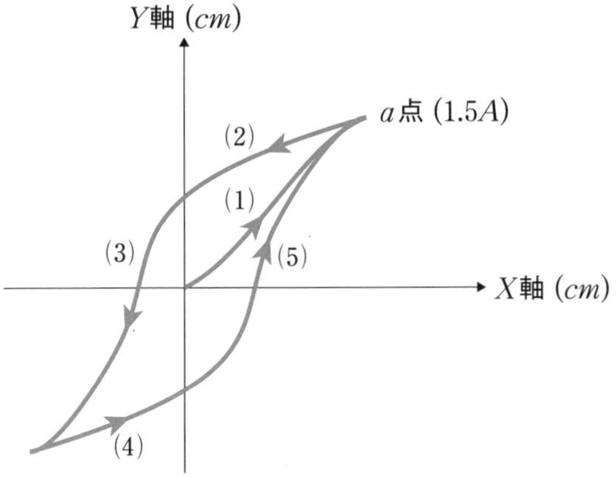

図5－11　ヒステリシスループの動き

● $X-Y$ レコーダ X 軸、Y 軸の $B-H$ 曲線への目盛の変換

・X 軸スケール

X 軸スケールファクターを α とすると、標準相互誘導器の特性の測定グラフ（図5－10）の傾きと同じなります。

$$\alpha=\frac{1.5}{X_0}[A/cm] \text{ より } \quad \alpha=\frac{1.5}{15}=0.1\ [A/cm]$$

↑ 標準相互誘導器の測定グラフ（図5－12）の1.5A 時の横軸のスケールから

一方、シャント抵抗 SR（25$m\Omega$）より、レコーダの X 軸感度は2.5mV/cm であるので、

$$\frac{2.5mV/25m\Omega}{cm}=0.1\ [A/cm]$$

として求めることもできます。

・磁界の強さ H の換算

$$H=\frac{N_1 I}{l}=\frac{N_1}{l}\alpha X=\frac{200回}{0.377\ [m]}\times 0.1\ [A/cm]\times X\ [cm]$$

$$=53.05\times X\ [A/m] \qquad (5-4)$$

$X=15\ [cm]$ のときは、$H=53.05\times 15=796\ [A/m]$ となります。

・磁束密度 B の換算

試料中の磁束密度 B は次式で求められます。

$$B=\frac{K_r\times Y}{N_2\times A} \qquad (5-5)$$

$$K_r=\frac{M\times I_0}{Y_0} \qquad (5-6)$$

具体的に求めると、下記に示す計算となります。

$$K_r=\frac{M\times I_0}{Y_0}=\frac{0.01\ [H]\times 1.5\ [A]}{7.3\ [cm]}=2.05\times 10^{-3}[H\cdot A/cm]$$

↑標準相互誘導器の測定グラフ（図5－12）の1.5A時の縦軸のスケールから

ここで、相互誘導係数 $M=0.01\ [H]$ です。

$$B=\frac{K_r Y}{N_2 A}=\frac{2.05\times 10^{-3}}{20\ [回]\times 0.0024\ [m^2]}\times Y\ [cm]=0.042\times Y[T]$$

ここで、単位の確認：$B\ [T]=\dfrac{\dfrac{H\cdot A}{cm}\cdot cm}{回\cdot m^2}=\dfrac{H\cdot A}{m^2}=\left(\dfrac{H}{m}\right)\cdot\left(\dfrac{A}{m}\right)=\mu\cdot H$

$Y=7.3\ [cm]$ のときは、$B=0.042\times 7.3=0.3\ [T]$ となります。

このように、X 軸、Y 軸を磁界 H と磁束密度 B に換算して、実際に測定した磁気ヒステリシス曲線の測定例を図5－13に示します。

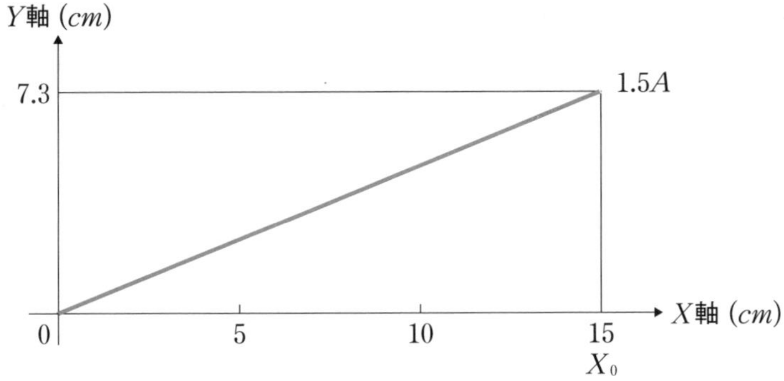

図5−12　標準相互誘導器の特性測定例

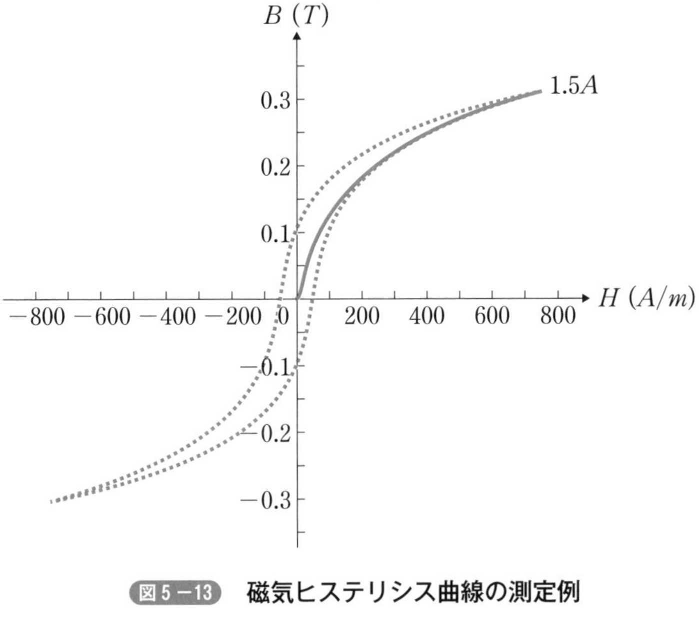

図5−13　磁気ヒステリシス曲線の測定例

5－5 電子部品

磁性材料を使用した電子部品として、電磁リレーとリードリレーについて説明します。どちらも電気回路の開閉を制御する電子部品です。

5－5－1　電磁リレー

電磁リレーは、固定鉄心に巻かれた巻線（コイル）に制御入力電流を流し、鉄心の磁化現象により磁化させる電磁石により接点を物理的に動かし、接点を開閉する電子機器です（図5－14）。電磁石は固定鉄心（ケイ素鋼板）に巻線（銅）を巻いて構成したものです。電磁リレーは、電磁石を駆動するため消費電力が大きく、可動接点による物理的な動作を伴うため動作時間（応答）が遅いという弱点がありますが、過電圧・過電流に強く、高周波の制御が可能です。これに対して半導体リレー（無接点リレー）は高速応答ですが、サージなどの外来ノイズに対して誤動作、破損という弱点があります。

電磁リレーは、接点の物理的な構成により、ヒンジ型とプランジャ型があります。ヒンジ型は、電磁石の接極子が支点を中心に回転運動を行い、直接または間接的に接点の開閉を行う構成です。プランジャ型は、接触部をプランジャ形の電磁石によって駆動し、接点の開閉を行う構成です。代表的なものにソレノイドがあります。可動鉄心が磁化されて固定鉄心に吸着するときの直線運動を利用し、さまざまな機械動作や電気制御に使用されています。

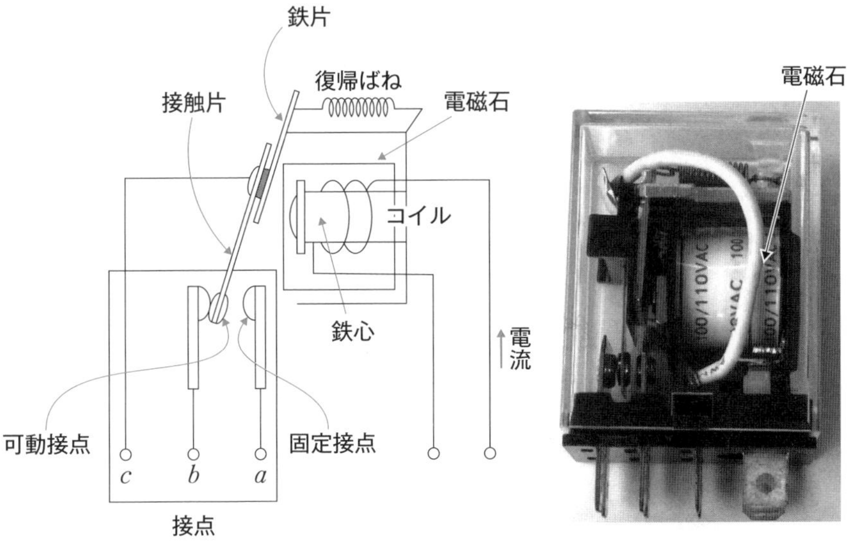

(a) 基本構成　　(b) 内部構成

図5－14　電磁リレー

5－5－2　リードリレー

パーマロイなどの磁性体の金属リードを不活性ガスとともにガラス管内に封止し、その周囲にコイルを巻いた構造です（図5－15）。ガラス管の中に封入されている2本の強磁性体リードが一端に隙間をもって相対したもので、ガラス管の中は接点の活性化を防止するための不活性ガスが封入されています。接点部には特殊金属（ロジウムや金）が鍍金されています。周囲のコイルに電流を流し、コイルの磁束で磁界を発生させることで、リード片を駆動させて接点の開閉を行います。

リードリレーにおいて、コイルを巻かない構造のものはリードスイッチといわれる電子部品です（図5－16）。リードスイッチにリードの軸方向に磁石などの磁界を外部から加えるとリードが磁化され、相対した自由端が互いに吸収し合い、接触して回路を閉じることができます。また、磁界を取り去ればリードの弾性により回路を開くことができます。リードスイッチは非接触の近接スイッチとして利用されています。

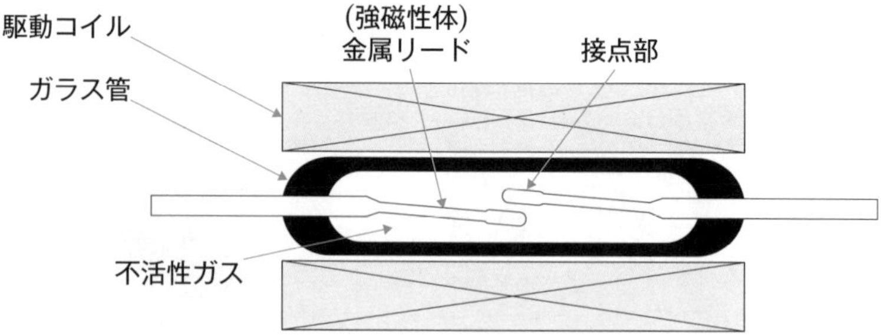

図5−15 リードリレーの構成

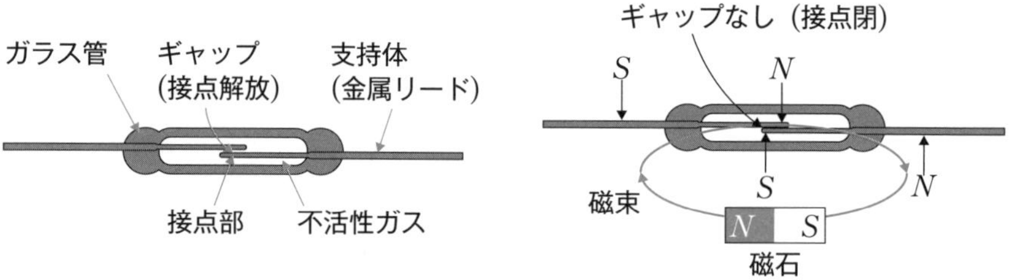

（a）磁界がない場合　（b）磁界がある場合

図5−16 リードスイッチの動作

用語解説

◎磁性

磁性とは、電子のスピンが周期的に整列することで現れる性質のことです。強磁性、反磁性、フェリ磁性があります。強磁性は、スピンが同じ方向に揃い、大きな磁化をもち、磁化曲線にヒステリシス特性をもちます。反磁性は、スピンが互い違いに反平行に揃うもので、磁化はほぼゼロです。フエリ磁性は、大きさの違うスピンが互いに反平行に揃うものでそれらの差が磁化になります。

◎軟磁性材料

磁力を保持する力が小さく、透磁性が大きい材料です。磁場の影響下では強く磁化されますが、磁場が存在しない場合は磁力をもつことができません。多くの電子材料に多用されており、付加価値の高い磁性材料です。

◎硬磁性材料

飽和磁化まで強い磁界を印加すると外部磁界を取り除いても磁化した状態が残り、保磁力が大きな材料です。永久磁石はその代表です。磁気ディスクや磁気テープ、記録ドラムなど多くの記憶装置に使用されています。

◎磁気ヒステリシス曲線

磁性体に外部磁場を加え、その強さと向きを連続的に変化させると、磁場（磁界 H）と磁化（磁束密度 B）の関係を示すグラフは1つの閉じた曲線を描きます。この過程を磁気ヒステリシスといいます。この曲線は磁化曲線または $B-H$ 曲線といいます。

◎初期磁化特性

まったく磁化されていない状態の磁性体に磁界を徐々に加えていくと、磁束密度は緩やかに増加し始め、次に急激に増加し、また緩やかな増加となり、最終的には一定値に近づきます。この初期に磁化していく過程が初期磁化曲線です。

◎残留磁束密度と保持力

残留磁束密度は、外部磁界を加えて磁性体を飽和まで磁化させた後、外部磁界を減少させゼロにしたときに、磁性体に残留する磁束密度のことです。

また、保磁力はその残留した磁束密度がゼロになるように反対方向に与えた磁界の強さのことをいいます。これらの値は、磁気材料の性能比較を行う上で、評価される値となります。

◎磁気損失

交流磁束が流れている磁性体中でエネルギーが失われる現象のことで、磁性体の磁気履歴によるヒステリシス損失と、渦電流のジュール熱による渦電流損失とに分けられます。例えば、変圧器などの鉄損はヒステリシス損と渦電流損の和で表されます。いずれも熱エネルギーとして失われ、結果として、磁性体の温度上昇につながります。ヒステリシス損失は、ヒステリシスループで囲まれた面積となります。

◎標準相互誘導器

インダクタンスの標準として用いられるもので、標準インダクタと呼ばれています。自己および相互インダクタがあります。標準という意味は、外部磁界との相互作用の影響を受けないインダクタンスを指します。

一次コイルに電流を流し、その電流を変化させると、二次コイルに同様な現象が起きます。互いのコイルに流れる電流の変化によって誘導起電力が発生します。この現象を相互誘導作用といいます。

一次コイルの電流が Δt 秒間に $\frac{\Delta I}{\Delta t}$ $[A]$ 変化し、磁束 $\Delta\phi$ $[Wb]$ だけ変化したときの二次側の誘導起電力 e_2 $[V]$ は、二次コイルの巻数を N_2 とすると、次式で与えられます。

$$e_2 = -N_2\frac{\Delta\phi}{\Delta t}\ [V]$$

また、e_2 $[V]$ は $\frac{\Delta I}{\Delta t}$ に比例するので、比例定数を M とすると

$$e_2 = -M\frac{\Delta I}{\Delta t}\ [V]$$

となります。ここで、M は相互インダクタンスまたは相互誘導係数（単位はヘンリー$[H]$）であり、コイルの大きさや形状によって決まる係数です。本文で使用した標準相互誘導器の相互誘導係数は $M=0.01$ $[H]$ です。

◎磁束計

磁束または磁束密度の大きさである磁束量（フラックス）を測定する装置で、フラックスメータ（*flux meter*）といいます。磁束の変化を電磁誘導により二次コイルに生じる起電力の積分値として読み取る方式で、積分形の*OP*アンプが内蔵されているため零調整が必要となります。ポピュラーなハンディタイプから高精度なタイプなど多くのバリエーションがあります。

◎ *XY* レコーダ

二次元で表現するとわかりやすい現象を記録するのに使われる記録計です。信号は *X* 軸と *Y* 軸をそれぞれに入力する仕組みになっています。2つのアナログ信号を直接入力して、二次元のグラフを容易に描くことができます。ダイオード特性や磁気ヒステリシス曲線をプロットする波形表示装置です。

第6章
熱電変換材料と蓄電材料

熱を加えると電圧（起電力）を発生したり、電圧を加えると温度差が発現する熱電変換素子の素子構造と基本原理、蓄電素子としてリチウムイオン電池とリチウムイオンキャパシタについて電極構成と仕組み、基本原理について説明します。また、次世代電池として注目されている全固体電池について基本的な仕組みについて説明します。これらの熱電変換素子と蓄電素子は、構成材料とその働きが重要になってきます。

6－1 熱電変換材料

電気エネルギーと熱エネルギーの可逆変換作用を行う熱電効果（*thermoelectric effect*）には、ゼーベック効果、ペルチェ効果、トムソン効果の3つがあります。熱電変換材料はこれらの熱電効果を利用した変換素子に使用されます。これらの熱電効果の大きさは、金属は半導体に比べてきわめて小さいので、以下、半導体について熱電効果と変換素子について説明します。

6－1－1 ゼーベック効果、ペルチェ効果、トムソン効果の動作原理

ゼーベック効果（*Seebeck effect*）は、異種の半導体または導体に温度差を与え、導体を接触させたときに導体の両端に電位差が生じる現象をいいます。

n 型半導体で考えると、熱拡散により電子が低温側に、正孔（ホール）が高温側に移動します（p 型半導体の場合は正孔が低温側に電子は高温側に移動。金属の場合は電子が低温側に、金属イオンが高温側に移動）。電子と正孔がある程度移動するとその間に電界が発生します。熱拡散により電子が移動する拡散力と電子が電界から受ける力とがバランスしたとき、電荷の移動が止まり、結果として電位差を生じます（図6－1）。

ゼーベック効果の基本式は次式で与えられます。

$$\Delta V = \alpha_{AB} \times \Delta T \qquad (6-1)$$

ここで、α_{AB} をゼーベック係数といい、物質によって異なります。ΔT は温度差、A、B は異なった種類の半導体を表します。

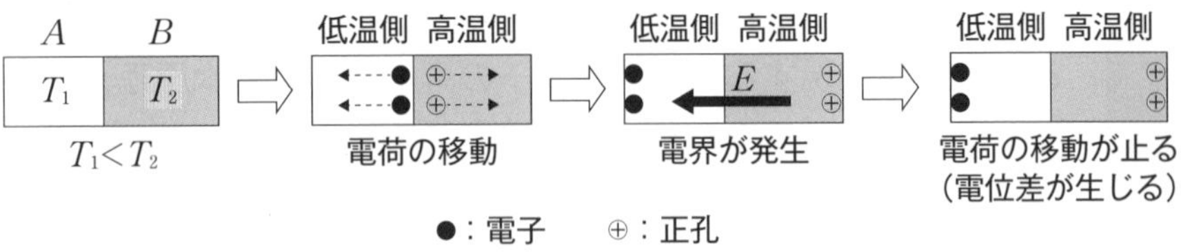

図6－1 ゼーベック効果の原理イメージ

ペルチェ効果（*Peltier effect*）は、異種の2つの半導体の接合面を通して電流を流したとき、一方の接合部では熱を吸収し、他方の接合部では熱を発生する現象、すなわち接触面で発熱または吸熱が起きる現象をいいます（図6－2）。接

合面では電流の大きさに比例した熱量が吸収または発生し、温度勾配が生じます。この効果は可逆的で電流の向きを変えると発熱、吸熱が逆転します。すなわち、エネルギー準位の低いところからエネルギー準位の高いところに電子が移動すると吸熱の現象となり、逆に、エネルギー準位の高いところから低いところに電子が移動すると発熱の現象となります。また、この現象は機械的可動部がないため電子加熱、電子冷却とも呼ばれています。

ペルチェ効果の基本式は次式で与えられます。

$$Q=\pi_{AB}\times I \qquad (6-2)$$

ここで、Qは発熱または吸熱の熱量、π_{AB}はペルチェ係数といい、物質によって異なります。Iは接触面に流す電流です。

ペルチェ係数π_{AB}とゼーベック係数α_{AB}の間には以下の関係が成り立ちます。

$$\pi_{AB}=\alpha_{AB}\times T \qquad (6-3)$$

したがって、式（6－2）は

$$Q=\alpha_{AB}\times I\times T \qquad (6-4)$$

と表すことができます

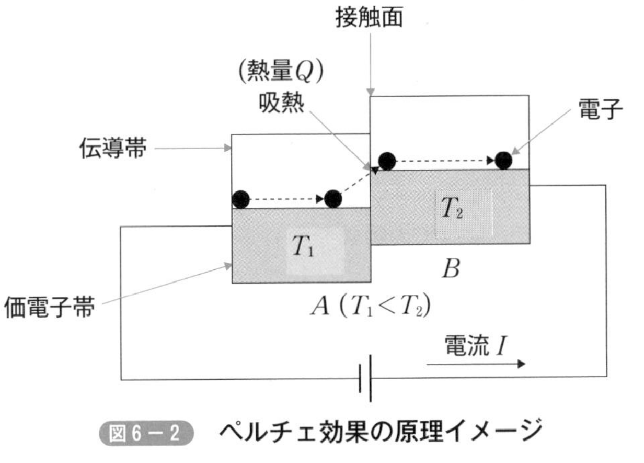

図6－2　ペルチェ効果の原理イメージ

トムソン効果（*Thomson effect*）は、場所によって温度の異なる1つの半導体に電流Iを流したとき、半導体内に発熱または吸熱が発生する現象をいいます（図6－3）。トムソン効果にはジュール熱は含まれません。

トムソン効果の基本式は次式で与えられます。

$$\Delta Q=\theta\times I\times \Delta T \qquad (6-5)$$

ここで、ΔQは単位時間あたりに発生する熱量、θはトムソン係数といい、物質によって異なります。ΔTは温度差です。

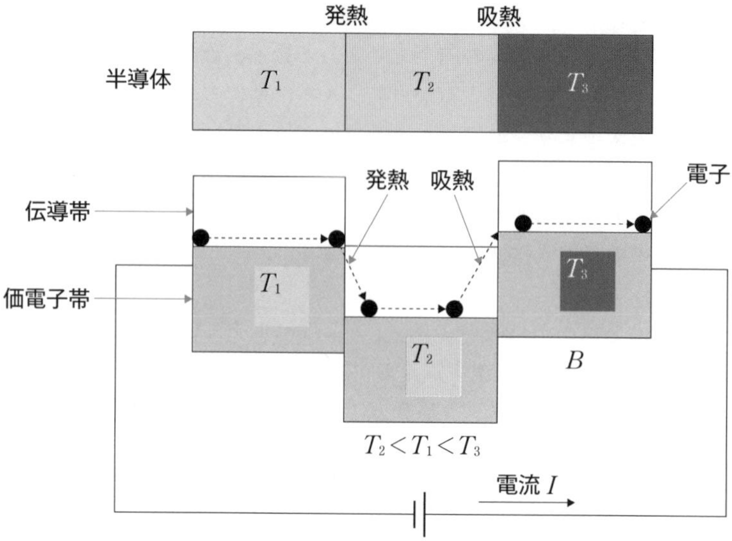

図6－3　トムソン効果の原理イメージ

［例題6－1］

ゼーベック効果とペルチェ効果の説明で、誤りがあれば訂正しなさい。

(1)ゼーベック効果とは、ある物質の両端に温度差を与えるとその両端間に電位差（起電力）が生じる効果である。

(2)ゼーベック効果は、すべての物質で生じるが、物質によって起電力の大きさが異なる。特に、半導体材料では起電力が大きく、熱電変換材料として使用される。

(3)物質の一方の端を加熱すると、そこにキャリア（負の電荷をもった電子あるいは正の電荷をもった正孔またはホール）が生じる。一方、反対側の端が冷却されている場合はキャリアの発生がほとんどないためキャリア密度のバランスが崩れ、加熱端と冷却端の間に電位差が生じる。これはペルチェ効果である。

(4)上記(3)の状態で加熱端と冷却端を導線で接続し、負荷を与えることで電力を取り出すことができる。

(5)ペルチェ効果の基本式は電位差を V とし、加熱端と冷却端の温度差を ΔT とすると、$V=\alpha\Delta T$ の比例関係で与えられる。ここで、比例定数 α はペルチェ係数と呼ばれ、熱電変換特性を表す指標の1つであり、この値が大きいほどよい熱電変換材料となる。

(6)ペルチェ効果とは、ゼーベック効果とは反対に、電気を熱に変換する現象である。すべての物質で生ずるが、ゼーベック効果と同様に熱電変換材料で特に大きな効率が得られる。

(7)金属と熱電変換材料または異種の半導体を接合し電流を流すと、キャリアの流れに対して接合部に障壁（エネルギー障壁）が生じる。この障壁に向かってキャリアが流れてくるとこの障壁を乗り越えるために必要なエネルギーを周囲から熱エネルギーとして吸収し、接合部は温度が下がる。また、逆に、電流の方向を変えると障壁から電子は降りることになるので、余分なエネルギーを周囲に放出し、接合部の温度が上がる。これがペルチェ効果である。

(8)ペルチェ効果の基本式は $\Delta Q=\pi I\Delta T$ で与えられる。微少時間 ΔT の間に異種半導体の接合部における吸熱または放熱の熱量 ΔQ は接合部を流れる電流 I を用いて表すことができる。ここで、π はペルチェ係数と呼ばれ、ゼーベック係数 α と同様に熱電変換性能の指標になっている。

(9)従来の冷蔵庫やエアコンを使った冷却では、コンプレッサーや冷却媒体ガスを必要とするため、装置として大がかりになってしまう。しかし、ゼーベック効果を利用した冷却ではそのような装置や設備は必要がなくなるため、小型な冷却装置を構成することができる。卓上の小型冷蔵庫やパソコンの *CPU* クーラー、電気自動車の空調に応用されている。

[解答]

(1)と(2)は正しいです。

(3)は誤りです。加熱端と冷却端の間に電位差が生じるのは、ゼーベック効果です。

(4)は正しいです。

(5)は誤りです。ゼーベック効果の基本式で、比例定数 α はゼーベック係数です。

(6)、(7)、(8)は正しいです。

(9)は誤りです。ゼーベック効果ではなくペルチェ効果を利用しています。

答：誤りは、(3)、(5)、(9)。訂正は上記

6−1−2　ゼーベック効果を利用した熱電変換素子

熱を電気に変える熱電変換素子（*thermoelectric conversion element*）は、物質の両端に温度差を与えることによって電圧が発生するゼーベック効果を利用します。熱電変換材料と呼ばれる物質の両端に温度差を与えると電流が流れます。大きな電位差を得るために熱電変換材料である p 型半導体と n 型半導体を接合した構造です。

代表的な熱電変換材料として、ビスマス・テルル系（*Be*−*Te* 系、温度範囲：室温〜200℃）では、n 型の Bi_2Te_3（*Bi*：ビスマス、*Te*：テルル）と p 型の $Bi_{1.5}Sb_{0.5}Te_3$ の組み合わせ、鉛・テルル系（*Pb*−*Te* 系、温度範囲：300℃〜600℃）では p 型の *PbTeSeTe* と n 型の *PbTe*（*Pb*：鉛）の組み合わせ、そしてシリコン・ゲルマニウム系（*Si*−*Ge* 系）などがあります。p 型の熱電変換材料の場合は正孔（またはホール）が高温側から低温側へ、n 型の熱電変換材料は電子が高温側から低温側へ移動するため、電流として高温側電極から負荷を通して低温側電極へ流れます（図6−4（*a*））。単体の熱電変換材料だけでは小さな電流（電力）しか取り出せないので、電力が取り出せるようにするためには、最適な熱電変換材料を使用し、熱電変換素子を直列接続したモジュール構造を構築し、効率よく電気を取り出すようにする必要があります。

モジュールにもいろいろな形状がありますが、最もベーシックなタイプは p 型素子と n 型素子を交互に配置し、互いの電極を接合したタイプです（図6−4（*b*））。この構造は π（パイ）型構造と呼ばれています。p 型素子と n 型素子を交互に配置することにより複数の素子を直列接続できるため、温度差を与えたときにモジュールから大きな電力を取り出すことができます。

市販の製品例を図6−5、表6−1、図6−6、図6−7に示します。図6−6から温度差170℃で最大12 *W* の電力が生成できることがわかります。また、図6−7は負荷抵抗により最大12 *W* の電力が得られる例を示しています。

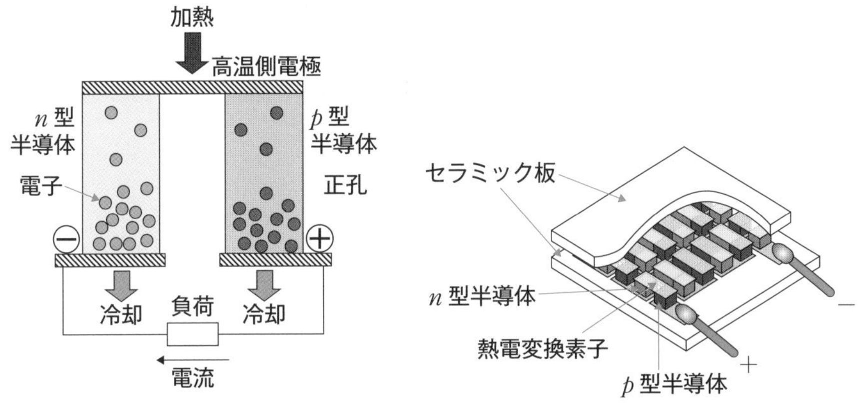

(a) 熱電変換素子　　(b) 熱電変換モジュール

図6－4　熱電変換素子と熱電変換モジュール

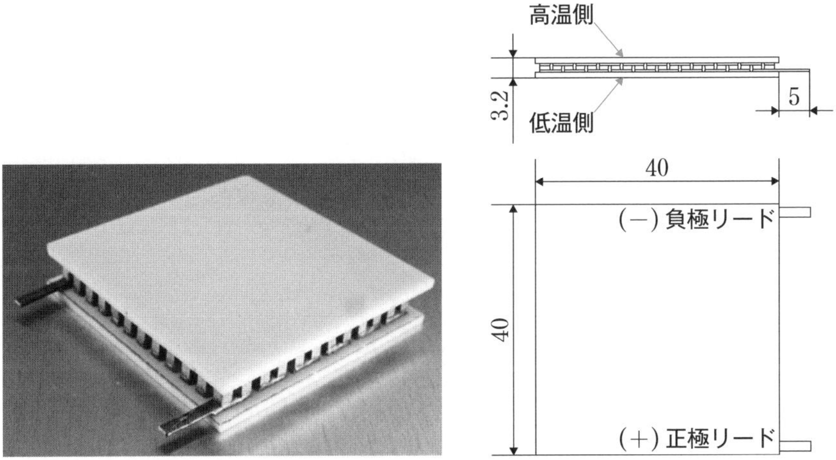

図6－5　熱電変換モジュールの例（寸法単位：*mm*）

表 6−1　熱電変換モジュールの仕様例

項目	内容
寸法	40mm×40mm×3.2mm
質量	40g
出力	12W
動作条件	220℃（MAX）
変換効率	4.2%（MAX）
内部抵抗	1.46Ω（200℃）
熱抵抗	0.57K/W
材料	Bi−Te 系

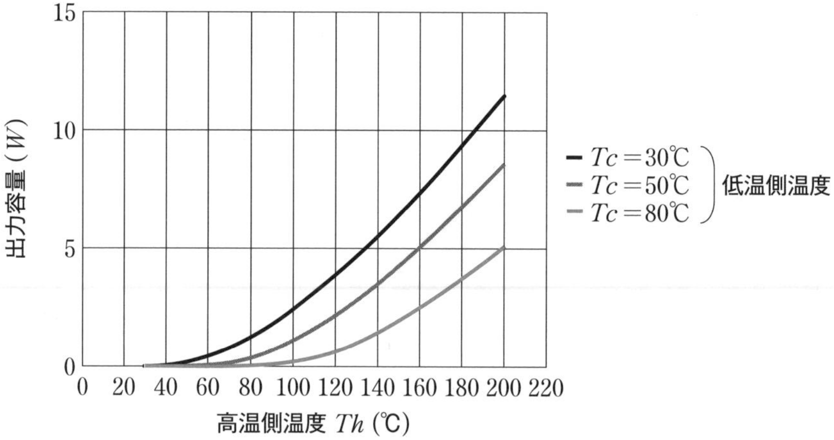

図 6−6　熱電変換モジュールの出力特性

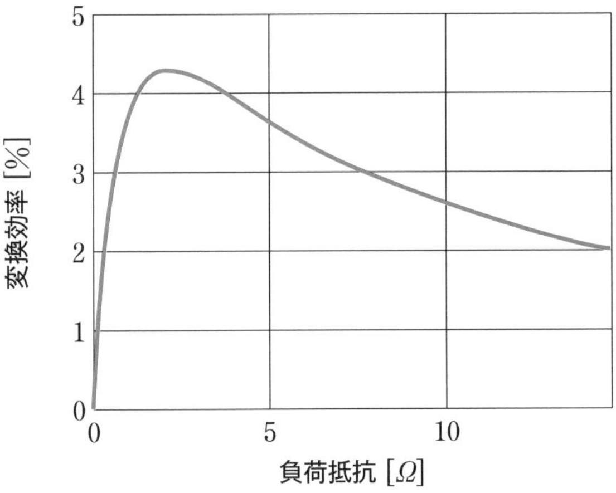

図6－7　熱電変換モジュールの変換効率

熱電材料の性能は性能指数 Z と無次元性能指数である ZT の値で評価されます。

$$Z=\alpha^2\sigma\frac{1}{\kappa} \qquad (6－6)$$

または

$$ZT=\alpha^2\sigma\frac{T}{\kappa} \qquad (6－7)$$

ここで、$PF=\alpha^2\sigma$ はパワーファクターといいます（α：ゼーベック係数、σ：電気伝導率、κ：熱伝導率、T：絶対温度)。ゼーベック係数（または熱電能※注という）α は、生成した電位差 $\mu\,[V]$ を温度差 $T\,[K]$（K：絶対温度でケルビン）で割った値であり、一般的に $\frac{\mu V}{K}$ で表されます。

そのため、高い ZT を得るためには、高い電気伝導率 σ と大きなゼーベック係数 α をもたせる必要があり、同時に熱伝導率 κ を低く抑える必要があります。実用化するためには $ZT>1$ であることが必須条件となります。

※注：熱電能（thermopower）α とは金属物質に与えた温度差 ΔT と、その温度差に応答して生じる熱起電力 ΔV との比 $\frac{\Delta V}{\Delta T}$ をいう。温度差で起電力が生じるのは、金属物質中の伝導電子が熱エネルギーのキャリアであると同時に電荷でもあることに由来している。金属や半導体で測定可能な熱電能 α の値は、大略、$10^{-6}\,V/K$～$10^{-3}\,V/K$ の大きさで正負の符号をもつ。

6−1−3　ペルチェ効果を利用した熱電変換素子

ペルチェ効果を利用した熱電変換素子はペルチェ素子といいます。ペルチェ素子は、直流電流により冷却、加熱、温度制御を自由に行える半導体素子であり、次のような機能をもっています。

・素子の両面に温度差が発生する。

・低温側で吸熱、高温側で発熱が起こる。

・ペルチェ素子の低温側から高温側へ熱を移動させるヒートポンプの機能をもつ。

・電流の極性を変えるだけでポンピングする熱の方向を変えることができる。

・流す電流の大きさを変えることにより、ポンピングされる熱量の大きさを変えることができる。

ペルチェモジュールはペルチェ素子をデバイス化したもので、冷却や加熱、温度制御を行う電子デバイスのことで、サーモモジュール、電子冷却素子とも呼ばれています。

ペルチェ素子の放熱面側と吸熱面側の熱平衡モデルを図6−8に示します。ペルチェ素子の高温側の熱量（放熱量）を Q_h、低温側の熱量（吸熱量）を Q_c とすると、ペルチェ素子の熱平衡モデリングの式は次式で表されます。

$$Q_h=\alpha T_h I+\frac{RI^2}{2}-K_p(T_h-T_c) \qquad (6-8)$$

$$Q_c=-\alpha T_c I+\frac{RI^2}{2}+K_p(T_h-T_c) \qquad (6-9)$$

T_h、T_h：ペルチェ素子の放熱面温度と吸熱面温度 [K]（ケルビン）

α：ゼーベック係数 [V/K]

R：ペルチェ素子の内部抵抗 [Ω]

K_p：ペルチェ素子内部の熱コンダクタンス（接触面における伝熱の程度を表すパラメータ、この値が大きいほど伝熱しやすくなる）

ペルチェ素子の冷却側で吸収される熱量 Q_c は、ペルチェ効果による吸熱量 $\alpha T_c I$ から、ジュール熱の半分 $\frac{RI^2}{2}$ と温度差により高温側から流入する熱量 $K_p(T_h-T_c)$ を差し引いた式として表すことができます。

次に、ペルチェ素子に入力する電流と電圧を I[A]、E[V] とすると、入力電力 P[W] は

$$P=E\times 1 \qquad (6-10)$$

となります。

ペルチェ素子の熱流バランス（Q_h+Q_c）と電力の式からエネルギーバランスを考慮すると

$$EI=Q_h+Q_c=\alpha\,(T_h-T_c)\,I+RI^2 \qquad (6-11)$$

または

$$E=\alpha\,(T_h-T_c)+RI \qquad (6-12)$$

となります。第１項はゼーベック効果を表す式であり、ペルチェ素子両面の温度差によって生じる逆起電力となります。

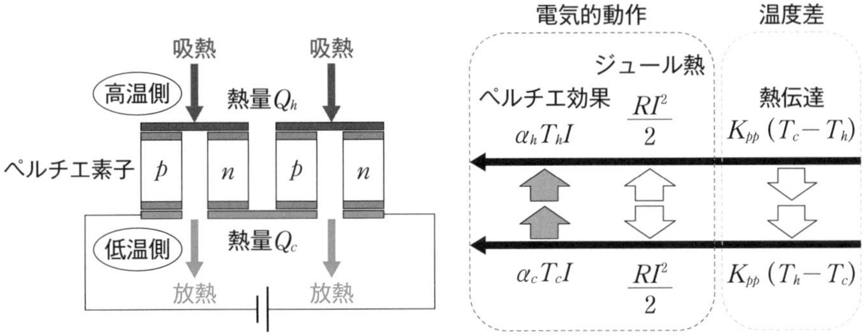

図6－8　ペルチェ素子の熱平衡モデル

［例題 6 − 2］

次の文章は、熱電素子に関する記述である。文中の［　　　］にあてはまる最も適切な単語を解答群の中から選びなさい。

〈電検一種《機械問題 4》［平成30年度］より抜粋〉

熱電素子は異なる 2 種類の物質を接続して構成されている。熱電素子に電流を流すと、物質の接合界面で吸熱や放熱が起こる。これを［ (1) ］といい、静止形のヒートポンプとして利用することができる。熱電素子は半導体製造、光通信、バイオ・医療などの分野において、温度調節や冷却などの目的に広く使われている。民生部門では、小形の保冷庫や冷蔵庫などにも用いられている。

熱電素子は、電流方向の切換えによって、1 つの素子で加熱と冷却の両方が行えるため、フィードバック制御によって精密な温度制御が可能である。［ (1) ］による吸熱量は、2 種類の物質の［ (2) ］をそれぞれ S_A、S_B とすると、［ (3) ］に比例する。この吸熱量のほかに、素子で発生するジュール熱、素子の熱コンダクタンス、吸熱面と放熱面との温度差などによって、熱電素子としての熱輸送量が決まる。吸熱面と放熱面との温度差を一定にして、大きな熱輸送量を得るために、複数の熱電素子を［ (4) ］に接続し、1 つのモジュールを構成している。吸熱面と放熱面との温度差を大きくとりたい場合には、このようなモジュールを多段に積み重ねる。

また、熱電素子の性能を表す指数の 1 つに成績係数（熱電素子の消費電力に対する吸熱量および放熱量の割合）がある。冷却の成績係数の値は加熱の場合より［ (5) ］だけ小さい。

〔問題の解答群〕

（イ）ペルチェ効果、（ロ）1、（ハ）$S_A - S_B$、（ニ）ジュール・トムソン効果、（ホ）吸収係数、（ヘ）プラントル数、（ト）ゼーベック効果、（チ）2、（リ）熱的に並列、（ヌ）熱的に直列、（ル）$\dfrac{S_A - S_B}{2}$、（ヲ）$S_A + S_B$、（ワ）ゼーベック係数、（カ）0.5、（ヨ）1.5

［解答］

ペルチェ効果が電流から発熱・吸熱するのに対し、ゼーベック効果は温度差から起電力を生じる逆の現象であるとセットで覚えておきます。

(1)は「（イ）ペルチェ効果」です。問題文はペルチェ効果そのものの説明です。

(2)は「（ワ）ゼーベック係数」です。

⑶は「（ハ）S_A-S_B」です。ゼーベック係数は金属や半導体の電流の流れやすさの指標となるので、それぞれの流れやすさの差で電流の大きさが決まります。

⑷は「（ヌ）熱的に直列」です。大きな輸送量を得るためには図6－8のように接続します。これを熱的に並列と呼びます。

⑸は「（ロ）1」です。ペルチェ素子の吸熱量Q_L、放熱量をQ_H、ピエゾ素子に与えられる投入電力をPとすると、吸熱量と放熱量の差Q_H-Q_Lが投入電力Pに等しくなります。

$$P=Q_H-Q_L \tag{6-13}$$

放熱（冷却）時と吸熱（加熱）時のエネルギー効率または成績係数*COP*（*Coefficient Of Performance*）をそれぞれCOP_L、COP_Hとすると

$$COP_L=\frac{Q_L}{P} \tag{6-14}$$

$$COP_H=\frac{Q_H}{P} \tag{6-15}$$

で定義されます。ペルチェ素子に与えられた投入電力（P）に対し、どれだけの仕事（吸熱量または放熱量Q）をしたかという比率をいいます。現実的なペルチェモ素子のモジュールの応用分野では、非常に小さな値になっていることが多く、例えば小型冷蔵庫などでは0.2程度です。

式（6－15）は、式（6－13）を用いて、次のように書き換えることができます。

$$COP_H=\frac{Q_H}{P}=\frac{P+Q_L}{P}=1+\frac{Q_L}{P}$$

したがって、放熱（冷却）時の成績係数は加熱の場合より1だけ小さくなります。

答：⑴は（イ）、⑵は（ワ）、⑶は（ハ）、⑷は（ヌ）、⑸は（ロ）。

6－1－4　ペルチェ素子を使用した温度測定

ペルチェ素子（*Thermonamic Electronics*社製*TES*1－12739、サーモカップル数：127ペア、最大電流：4.6*A*、最大電圧：16*V*、最大吸熱量：46.2*W*、サイズ：30*W*×30*D*×3.2*tmm*）の高温側を銅製フラットバー（300*L*×30*D*×3*mmt*）の一方の端に熱伝導性両面テープ（接着剤厚み：100μm、熱伝導率：$\frac{1}{6}$ *W/mK*）で固定した状態で、ペルチェ素子に電力（4*V*－1*A*、4*W*）を投入後のペルチェ素子の端（ポイント*A*）とポイント*A*から11.5*cm*離れたポイント*B*における温度上昇の経時特性を測定します（図6－9、図6－10）。

測定結果を表6－2、図6－11に示します。また、ポイントAにおけるサーモグラフィによる熱画像の経過を図6－12に示します。ペルチェ素子から銅製フラットバーを経由して熱伝導が行われていることが確認できます。

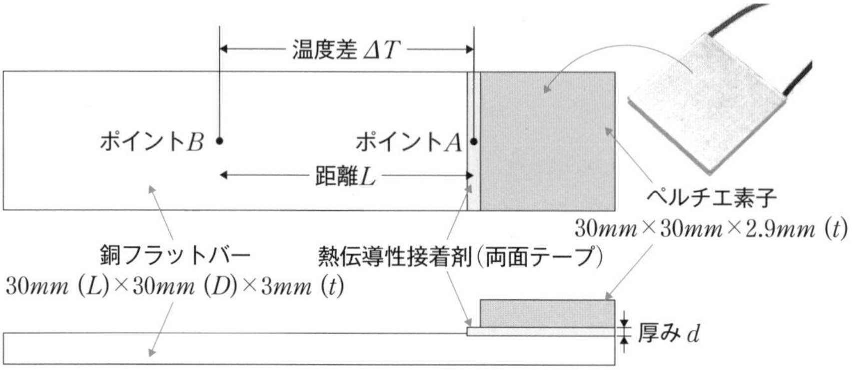

図6－9 ペルチェ素子を銅製フラットバーに固定する

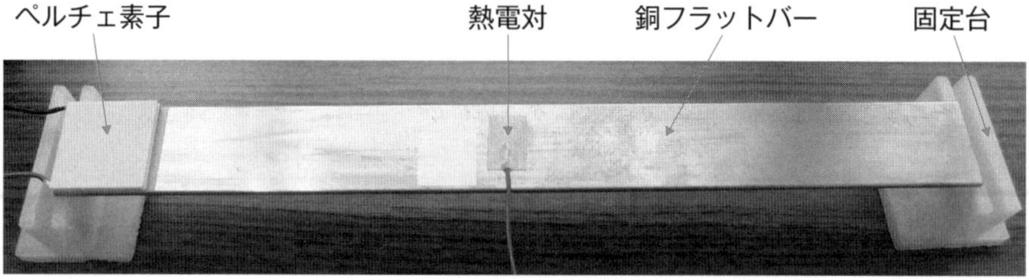

図6－10 ペルチェ素子を銅製フラットバーに固定した測定系

表6－2　**温度測定値**

時間（分）	温度（℃）		
	ポイント *A*	ポイント *B*	温度差 ΔT
0	28.0	26.3	1.7
5	44.2	36.2	8.0
10	51.4	42.9	8.5
15	54.0	46.4	7.6
20	56.6	48.7	7.9
25	57.7	49.9	7.8
30	58.3	50.9	7.4

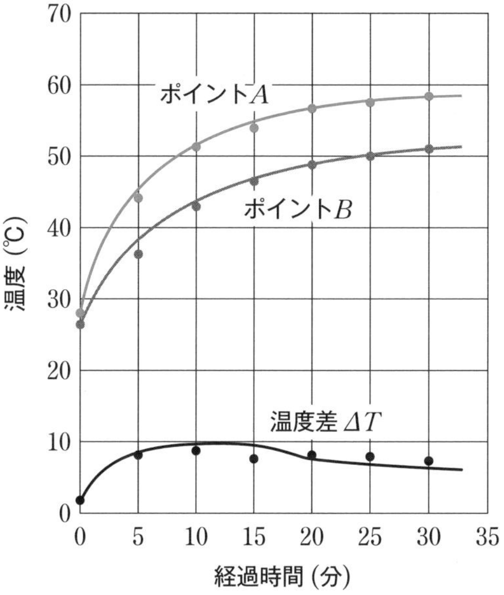

図6－11　**ペルチェ素子による銅フラットバーの温度測定例**

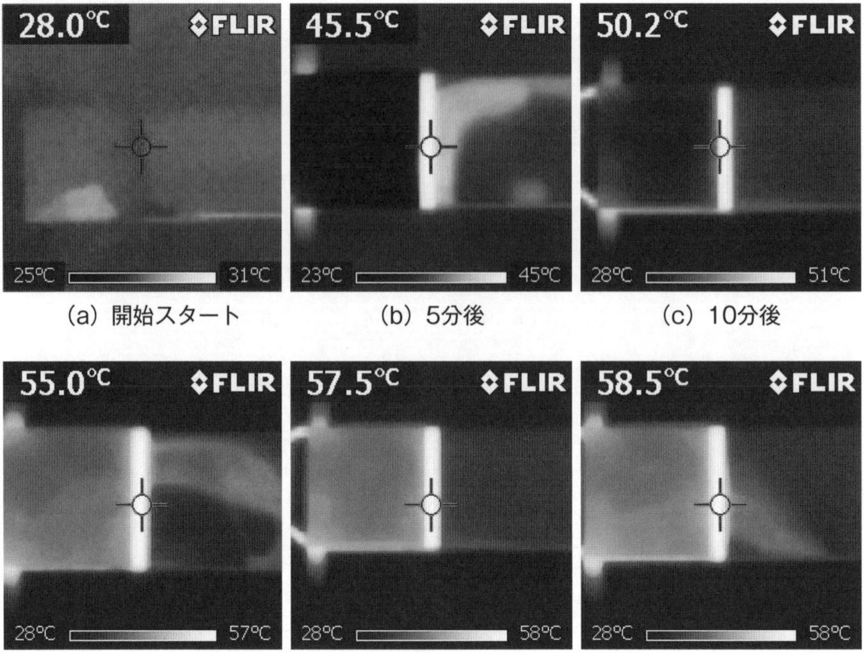

(a) 開始スタート　(b) 5分後　(c) 10分後
(d) 20分後　(e) 25分後　(f) 30分後

図6−12　サーモグラフィによる熱画像測定

6−2 リチウムイオン電池

リチウムイオン電池の基本原理と材料構成について説明します。材料構成については、活性剤を使用した正負電極スラリーの調合について説明します。正負電極スラリーは集電体である正負電極シートに塗工されます。

6−2−1　リチウムイオン電池の基本原理

リチウムイオン電池の基本原理を図6−13の模式図に示します。

電池の両端は正極（＋極）と負極（−極）で構成されます。それぞれの電極は有機電解液（液体状の電解質）に浸されており、電極間のリチウムイオン（Li^+）のやり取りを担っています。リチウムイオンは、リチウム原子（Li）が電子（e^-）を放出してプラスの電荷を帯びた陽イオン（カチオン）です。

リチウム（Li）はアルカリ金属元素の1つで、原子番号が3の軽い原子です（周期表では、軽い原子から順番に原子番号が付けられており、原子番号が1の水素（H）が最も軽く、続いて、原子番号が2のヘリウム（He）、リチウムと続く）。リチウム原子の最外殻電子は1個なので、この電子は自由に飛び回ることができます。すなわち、リチウムは電子を放出しやすいといえます。リチウムはすべての元素の中で最もイオン化しやすい元素（イオン化傾向が強い元素）です。

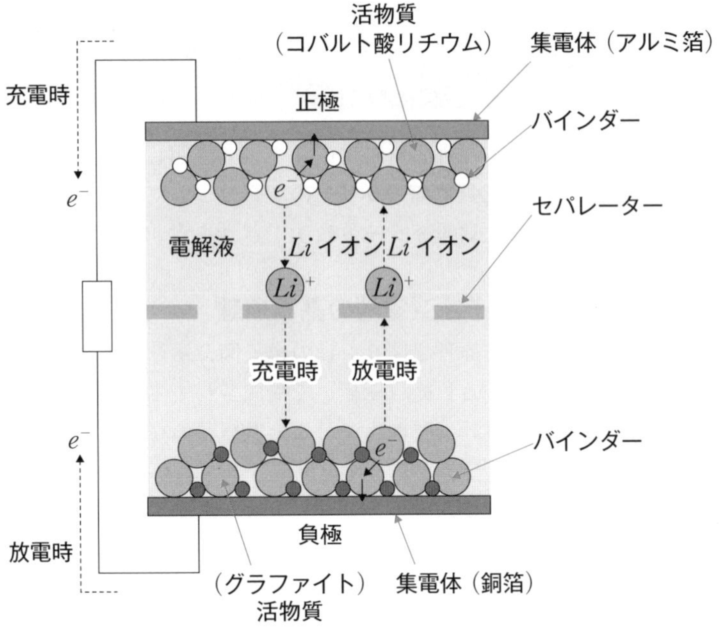

図6−13　リチウムイオン電池の内部構造の模式図

正極と負極はどちらもリチウムイオン（Li^+）を吸ったり（吸蔵）、吐き出したり（放出）する機能があります。正極材料と負極材料は層状構造になっているので、その層間をリチウムイオンが出入りするだけでそれぞれの電極材料の構造が変わることはありません。

充電時には、リチウムイオン（Li^+）は正極から負極に、放電時には負極から正極に移動します。リチウムイオンの移動に伴って両電極では電子のやり取りが行われ、外部回路を通して電流が電極間を流れようになります。電解液中では Li^+ がカチオン（プラスイオン）になり、電子は電解液中の分子と結合して比較的大きいイオン半径をもつ PF^- がアニオン（マイナスイオン）になります。カチオン、アニオンともに電解液中を移動します。

一方、放電中は、リチウムイオンは負極から正極に向かって流れ、同時に、電子は外部回路の負荷（抵抗など）を通して負極から正極に向かって流れます。

充電時は電源のパワー（電圧×電流）の大きさを変えることにより流れる電子の大きさを制御することができます。

これらのことから、リチウムイオン電池を構成する材料や絶縁方法、外部回路について、次のことが必要不可欠となります。

・両電極は、リチウムイオンと電子の吸蔵と放出が可能な材料であること
　リチウムイオンを可逆的に吸蔵脱離する反応をインターカレーション反応という。

・電解液は、電流は流さないがリチウムイオンを流せる材料であること
　電解液はリチウム塩（$LiPF_6$、$LiBF_4$、$LiClO_4$など）を1モル程度溶解させた有機電解液が用いられる。実際には、誘電率の高いエチレンカーボネートと粘土の低いジアルキルカーボネートの混合溶液に解離性の高い$LiPF_6$塩を溶解させた電解液が多く用いられる。

混合溶液にリチウム塩（$LiPF_6$）を入れるとリチウム塩が解離し、カチオン（Li^+）とアニオン（PF^-）になります。Li^+ というカチオンからみたときのカウンターアニオンはPF^- になり、PF^- からみたときのカウンターカチオンはLi^+ となります。なお、カウンターアニオンは対アニオン、カウンターカチオンは対カチオンとも呼ばれます。また、対カチオンと対アニオンを合わせて対イオンとも呼ばれます。

非水溶液系電解質である有機溶媒の材質としては下記の種類があります。

- エチレンカーボネート（EC）
- プロピレンカーボネート（PC）
- ジメチルカーボネート
- ジエチルカーボネート
- エチルメチルカーボネート（EMC）

・外部回路は、リチウムイオンは流さないが電子を流せる材料であること

・正負極の電極同志が接触しないようにセパレータと呼ばれる高分子膜で絶縁すること

高分子膜に電解液を浸透させることによりリチウムイオンが膜を通過することができます。電気的には絶縁材料なので、電極間を絶縁することにより電極同士の接触（短絡）を防ぎます。

標準的な例として、正極材料にコバルト酸リチウム$LiClO_2$、負極材料にカーボン（炭素）LiC_6を使った場合の充電と放電時の反応式は次のように表されます。

リチウム原子（Li）が電子（e^-）を失ってリチウムイオン（Li^+）となる反応を酸化反応、逆に、リチウムイオンが電子を得てリチウムに戻る反応を還元反応といいます。

●充電の場合

Li イオンを放出

正極の反応：$Li \rightarrow Li^{+} + e^{-}$ （電子を放出するので酸化反応）

Li イオンを吸蔵

負極の反応：$Li^{+} + 6C + e^{-} \rightarrow LiC_6$ （電子を受け取るので還元反応）

全体の反応：$Li + 6C \rightarrow LiC_6$

充電時にはコバルト酸リチウムから引く抜かれたリチウムイオン（Li^{+}）が電解液中を通ってカーボン中に入り吸蔵されます。

●放電の場合

正極の反応：$Li^{+} + e^{-} \rightarrow Li$

負極の反応：$LiC_6 \rightarrow Li^{+} + 6C + e^{-}$

全体の反応：$LiC_6 \rightarrow Li + 6C$

放電時には不活性物質であるカーボンからリチウムイオンが引き抜かれ電解液中に放出され、電解液中を通って正極活性物質であるコバルト酸化物（CoO_2）の層状構造中に入り、外部回路を通ってきた電子を得てコバルト酸リチウム $LiCoO_2$ が生成されます。

上記のようにカーボンはカチオンまたはアニオンを層間に挿入できることから、現在のリチウムイオン電池では負極として主に使用されます。

コバルト酸リチウム $LiCoO_2$ の結晶構造を図6−14に示します。このような層状構造をスーパラティス構造といいます。各 O^{2-}、Co^{3+}、Li^{+} が秩序正しく配列されています。この $LiCoO_2$ は六方晶の黒色酸化物で、酸素（111）面の片側の八面体位置に Li^{+} イオンが、反対側の八面体位置に Co^{3+} が交互に配列し、層状構造を構成しています。$LiCoO_2$ の層状形態のセルパラメータは $a = 2.816$ Å および $c = 14.09$ Å であり、菱面体の対称構造です。Li^{+} イオンと Co^{3+} イオンは密に詰まった酸素（O^{2-}）平面の間の八面体サイトで交互の層を形成しています。

リチウムイオン電池に使用される材料例を表6−3に示します。

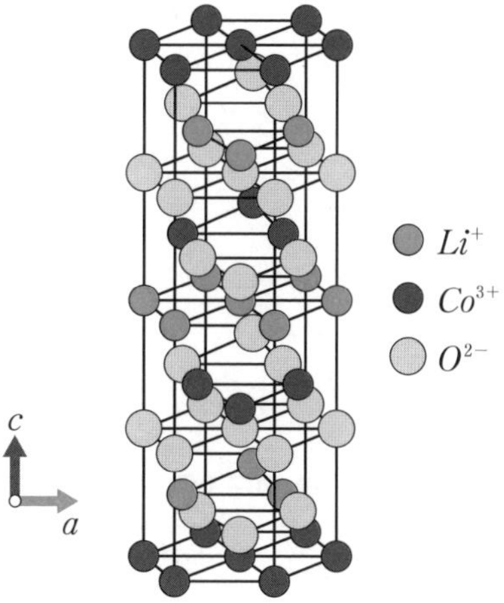

図6－14　コバルト酸リチウム $LiCoO_2$ の結晶構造

表6－3　リチウムイオン電池に使用されている材料例

項目	材料
正極	$LiCoO_2$、$LiFePo_4$、$LiNiO_2$、$LiMnO_4$
負極カーボン	カーボン（グラファイト、ハードカーボン）
電解質塩／電解液溶媒	$LiPF_6$／エチレンカーボネート、$LiClO_4$／プロピレンカーボネート
セパレータ	ポリオレフィンフィルム、ポリエチレンフィルム
正極集電体	アルミ箔（10〜20μm）
負極集電体	銅箔（8〜10μm）

6－2－2　正負電極スラリーの材料調合

例として、集電体である正負電極シートに塗布する正負極スラリーの材料調合について説明します。

●正極電極合剤スラリー

材料として、

・正極活性剤はコバルト酸リチウム（$LiCoO_2$）

・導電剤はアセチレンブラック（$SUP-P$）

・バインダーは*PVDF*（プリフッ化ビニリデン）

・有機溶媒は*NMP*（*N*−メチル２ピロリドン）

を使用します。

バインダー*PVDF*の*NMP*溶液への調合割合を重量比7％の場合を表６－４に示します。*NMP*溶液に*PVDF*、$SUP-P$、$LiCoO_2$を所定の重量比で順次混入し、ミキサーで高速攪拌処理します。

表６－４ NMP溶液へのPVDF、SUP-P、LiCoO2の混合割合

構成材料	重量（*g*）	
$LiCOO_2$	93	31
$SUP-P$	3	1
PVDF	3	0.75
*NMP*溶液	39.86	9.96

$$(PVDF/NMP\text{溶液} = \frac{3}{39.86+3} \times 100 = \frac{0.75}{9.96+0.75} \times 100 = 7\%)$$

精密重量計を使用し、表６－４に示す重量割合で正極スラリーを調合します。遊星方式の高速回転ミキサー付属の攪拌容器に電極スラリーの構成材料を指定重量比で入れ、さらに攪拌効率を高めるためにセラミックボールを３個入れて攪拌します。

ミキサー（3400*rpm*/60*Hz*、時間設定１～16秒）の攪拌継続時間は、16秒×20回＝320秒（約５分）とします。攪拌時には、ときどき攪拌容器の蓋を開け、スラリーの調整具合を目視で確認します。目安として、下記のスラリーの状態を目途とします。

・攪拌容器を傾けただけでは、容器内のスラリーは流れ出ない

・攪拌容器を軽くたたくとスラリーが流れ出るようになる

こうすることにより、材料調合から良好なスラリーの作製を実現することができます（図６－15）。

（a）撹拌前　（b）撹拌後

図6－15　正極スラリーの調合と作製

●負極電極合剤スラリー

材料として、

・負極活性剤はグラファイト
・導電剤はアセチレンブラック（*SUP−P*）
・バインダーは *PVDF*（プリフッ化ビニリデン）
・有機溶媒は *NMP*（*N*−メチル２ピロリドン）

を使用します。正極活性剤が負極活性剤に変わるだけで他の構成材料は同じです。

正極合剤スラリーの製法と同じ方法で、*NMP* 溶液に *PVDF*（重量比７％）、*SUP−P*、グラファイトを順次混合します。

作製した正負極スラリーをそれぞれ集電体であるアルミニウム箔、銅箔に片面または両面塗工して正負電極シートとして仕上げます。その後、電極シートに電極タブリードをスポット溶接し、セパレータを介して積層型または捲き回方式で電極体を構成し、最後にアルミラミネート・ポーチセルに電極体をセットした状態で、電解液を注入し、電池セルとして仕上げます（図６－16）。

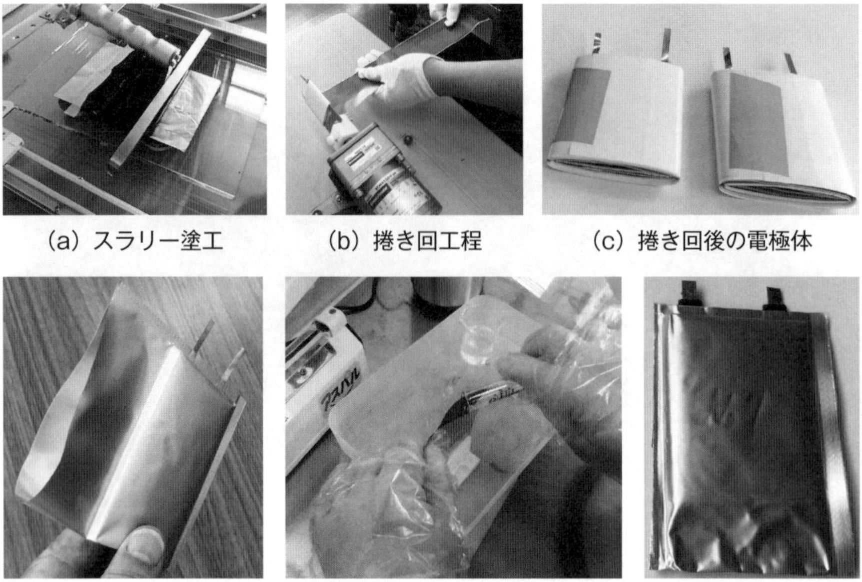

（a）スラリー塗工　（b）捲き回工程　（c）捲き回後の電極体

（d）ポーチセルに電極体セット　（e）電解液注入　（f）電池セル

図6−16 スラリー塗工から電池セルの仕上げ

6−2−3 リチウムイオン電池の放電特性

製作したリチウムイオン電池（電池容量1000mAh）を$CCCV$充電方式（充電電圧4.2V、充電電流0.5C）で充電します。充電後に定電流放電（電流0.5C、放電終了電圧2.8V）を行います。そのときの放電特性の例を図6−17に示します。

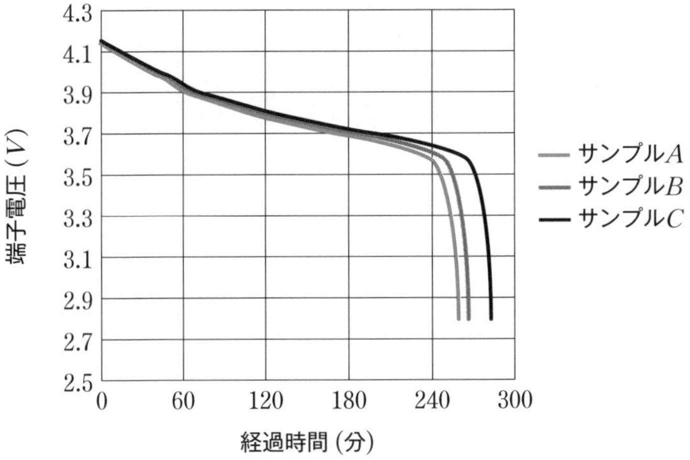

図6－17　リチウムイオン電池の放電特性

6－3 リチウムイオンキャパシタ

リチウムイオンキャパシタは“ハイブリッドキャパシタ”と呼ばれています。リチウムイオン電池と電気二重層キャパシタのよいところを結び合わせた新しい蓄電デバイスです。

6－3－1 リチウムイオンキャパシタの基本構成と動作原理

リチウムイオンキャパシタの原理図を図6－18に示します。また、3種類の蓄電デバイスの材料構成の比較を表6－5に示します。

リチウムイオンキャパシタの原理は次のようになります。

●充電メカニズム

充電時は、電解液中のリチウムイオン（Li^+）が負極のグラファイトに吸蔵され、グラファイト内部に保有される状態になります。これをドープといいます。また、電解液中の陰イオン（アニオン）である BF_4^- イオンが正極の活性炭に吸着されます。このとき、正極である活性炭の界面では BF_4^- イオンと正極のプラスイオンで蓄電機構（静電現象）である電気二重層を形成します。

●放電メカニズム

放電時は、負極グラファイトから Li^+ イオンが電解液中に放出され、正極の活性炭から BF_4^- イオンが放出されます。

表6－5 蓄電デバイスの構成

種類	正極	電解液	負極
リチウムイオン電池	コバルト酸リチウム	リチウム塩（LiBF4、LiPF6）	グラファイト
電気二重層キャパシタ	活性炭	プロピレンカーボネート系	活性炭
リチウムイオンキャパシタ	活性炭	リチウム塩（LiBF4、LiPF6）	リチウムがドープ可能な炭素材料

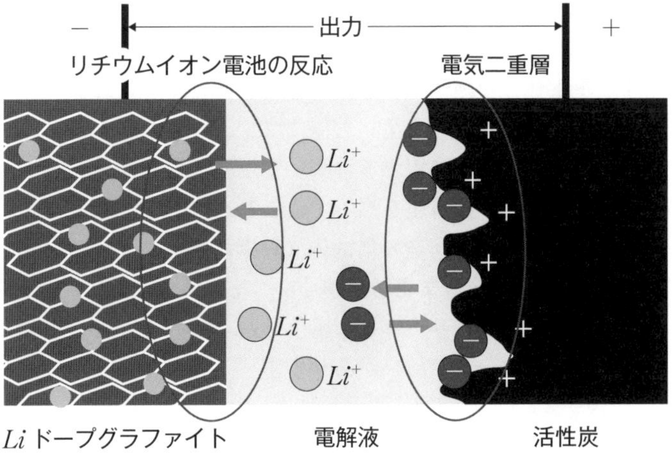

図6－18　リチウムイオンキャパシタの原理図

コラム　市販のリチウムイオンキャパシタ

市販（*JM*エナージ社）のラミネートタイプのリチウムイオンキャパシタ（定格電圧3.8*V*～2.2*V*、静電容量1100*F*、質量エネルギー密度10*Wh/kg*、体積エネルギー密度20*Wh/L*、寸法180×126×5.2*mm*、重量0.14*g*）を図6－19に示します。電池としてみた場合の推定電池容量は、

$$\frac{(3.8-2.2)[V]\times 1100\ [C]}{3600\ (s)}=0.5\ [Ah]$$

です。

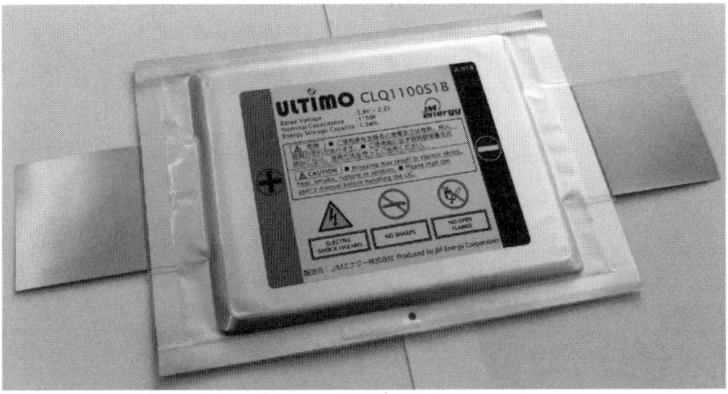

図6－19　市販のリチウムイオンキャパシタ

6−3−2 リチウムイオンキャパシタのドーピング法と放電特性例

リチウムイオンキャパシタの製法には負極のプレドープの方法により2種類に大別されます。集電体に負極活物質を塗工した負極にリチウムを事前にドープしておくことをプレドープといいます。負極にプレドープを施すことによりエネルギー密度の高いキャパシタが実現できます。また、負極電位を低下させることによりキャパシタの正負端子間電圧を高くすることができます。

負極活物質を塗工した多孔構造の集電体（負極電極）にリチウム金属箔を対抗して設置する方法（孔開箔法または垂直ドープ法という。図6−20（*a*））と非多孔構造の負極電極の側面にリチウム金属箔を貼り付ける方法（貼付法または水平ドープ法という。図6−20（*b*））があります。

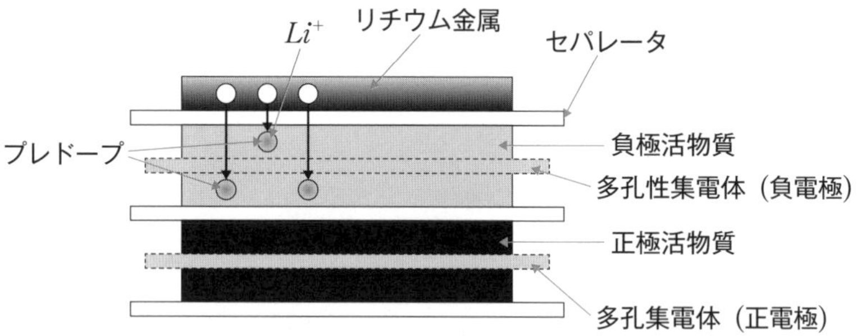

(a) 垂直ドープ法のイメージ

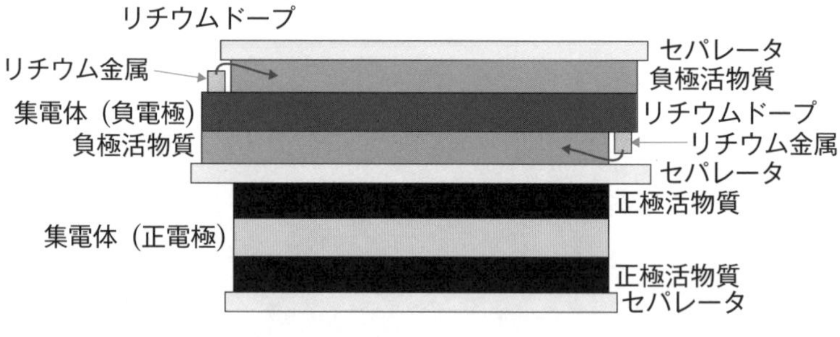

(b) 水平ドープ法のイメージ

図6−20 負極のプレドープ法

垂直ドープ法は、多孔構造の集電体（例えば、$10\mu m$厚、$0.4mm$ピッチ、孔$100\mu m\phi$の銅箔）を使用し、塗工面の反対側（非塗工面）にリチウム金属箔を配置する方法です。電解液を注入した時点からリチウム金属箔からリチウムイオンが溶出し、リチウムイオンは集電体の孔を通過し、塗工面である負極活物質側に移動することができます。

水平ドープ法は、ニッケル金属箔による一体取り付け法や圧延加工法があります。リチウムイオンは電解液注入時から負極シート側面のリチウム金属箔から溶出し、負極の塗工面である負極活物質に注入されます。

垂直ドープ法における正負電極の寸法図と負電極に貼り付けるプレドープ用のリチウム金属の配置例を図6－21に示します。

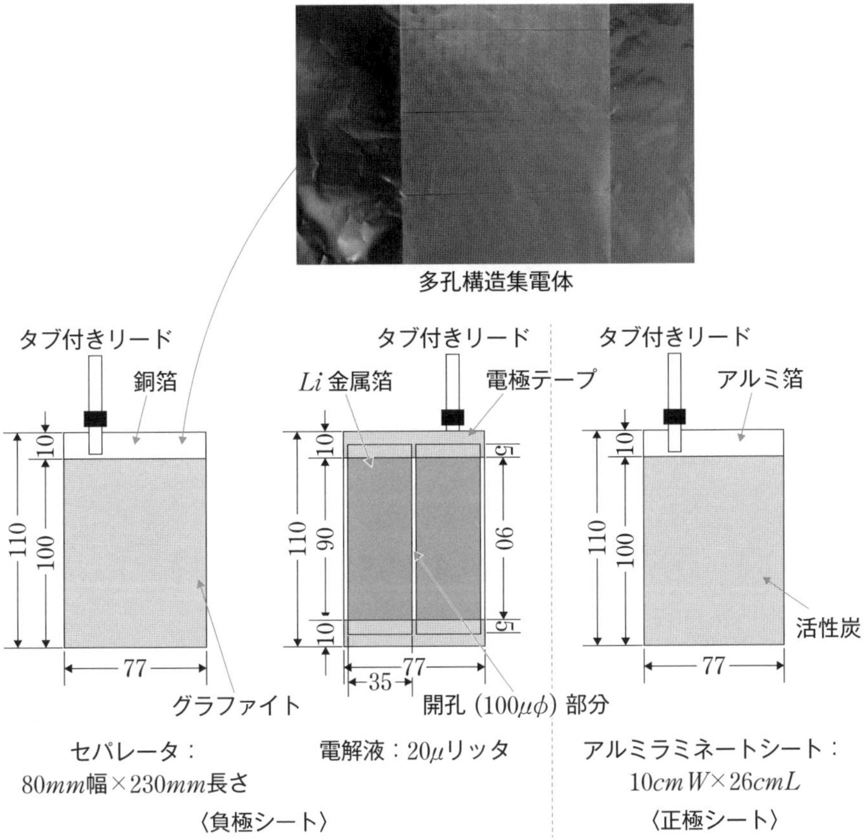

図6－21　リチウム金属配置と正負極電極シートの寸法（垂直ドープ法）

リチウムイオンキャパシタの電池セルとしての製作法は、図6－16に示すように、基本的にはリチウムイオン電池の場合とほぼ同様です。

リチウムイオンキャパシタ（定格電圧：3.8V、下限電圧：2.2V、静電容量：200F）の放電特性の例を図６−22に示します。

放電時の端子電圧は、リチウムイオン電池の放電特性の形状と異なる、ほぼ直線的に減少する経時特性を示します。放電電流が大きいほど電圧低下の程度は大きくなります。リチウムイオン電池の場合は、直線的ではなく非線形に漸次減少する経時特性を示します（図６−17参照）。

1C (22.3mA) の場合の放電特性から静電容量を推定すると、

$$C=\frac{I\times(t_2-t_1)}{U_2-U_1}=\frac{0.0223\times(240-60)\times60}{3.4-2.3}\approx218\ [F] \qquad (6-16)$$

となり、公称静電容量（200F）に近い値が得られます。

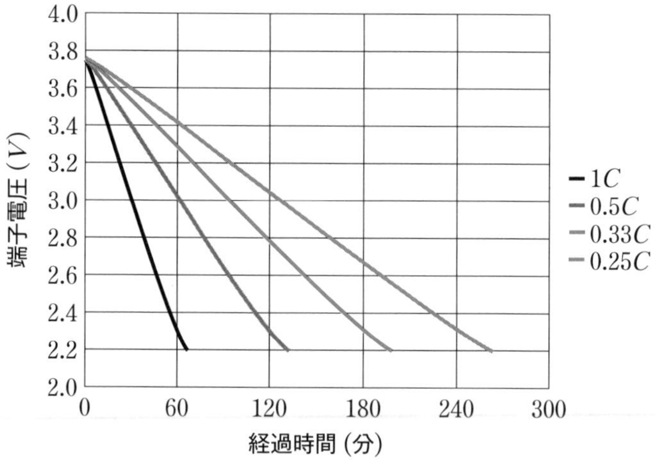

図６−22　リチウムイオンキャパシタの放電特性

6－4 全固体電池

全固体電池とは、従来のリチウムイオン電池で使用されている液体の電解質（いわゆる電解液）を固体に変えた構造の電池の総称です。

全固体電池の電極構成はリチウムイオン電池とほぼ同じです。リチウムイオン電池では、正極に$LiCoO_2$が負極にグラファイトが使用されていますが、全固体電池でもこの組み合わせを使用します。従来のリチウムイオン電池と区別するために“全固体リチウムイオン電池”と呼ばれることがあります。

リチウムイオン電池との大きな差異は、リチウムイオン電池が電解液を使用するのに対して、全固体電池は電解液を使用しない固体の電解質を使用している点です。また、固体の電解質を用いているため、正負極の活性層が接触することがないのでセパレータは必要としません（図6－23）。

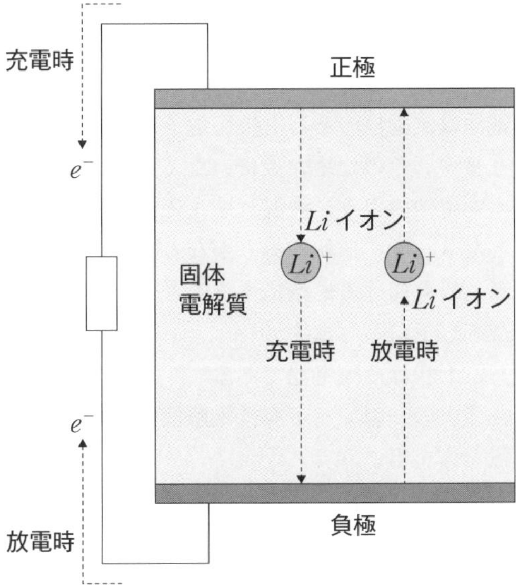

図6－23　全固体電池の構成

リチウムイオン電池は、通常、アルミニウムまたは銅の集電体、集電体に塗工された正負の活性層（活物質）、電解液で構成されており、活性層からリチウムイオンが電解液中を移動し、吸蔵または放出することにより正負電極間で電流を流すことができます。

全固体電池の電解質は固体であるので、液体に比べて反応性が低く、それほど活発でありません。また、アニオンが固体電解質の分子であるため動かないので反応がシンプルで、理想的な可逆性の高い電池を構成することができます。固体電解質中ではリチウムイオンのみが荷電粒子として働き、陰イオン（アニオン）は結晶構造のフレームワークを構築しているので移動度は極めて低いです。そのためリチウムイオン（Li^{+}）の輪率[※注]はほぼ1となります。

固体電解質として、現在開発が進められている材料は、無機ガラスベースの材料で、イオン伝導度が高い（導電性が高い）酸化物系の$Li_7La_3Zr_2O_{12}$（LLZ）と硫化物系の$Li_{10}GeP_2S_{12}$（$LGPS$）の無機系材料です。車載用としては、酸化物系より電気伝導度が1桁大きい硫化物系が期待されています。

樹脂系の材料を用いた全固体電池は全樹脂電池と呼ばれ、電極を含めすべてを樹脂で形成したリチウムイオン電池です。

硫化物や酸化物系の全固体電池は、製造プロセスで500～1000℃に加熱するので、そもそも耐熱性が高く、高温でも動作可能となります。一方で、低温側は有機系電解液と同じように性能が低下しますが、その度合いは有機系電解液より少ないので、低温でも実用化が可能です。

さらに、全固体電池は流動性のある有機電解液を使用しないので、液漏れの対策は必要がなくなります。そのため火炎にいたる致命的な事故は誘発しません。従来のリチウムイオン電池のように液漏れ防止のための専用の容器は必要なくなり、小型化が可能となります。形状の縛りがなくなり、薄型にしたり、層を重ねて多重構造にしたり、折り曲げる構造にすることも可能です。

全固体電池の特徴を以下に示します。

・全固体電池の基本形状は薄膜電池である。
・全固体電池は、発火の一因である有機電解液の代わりに固体電解質としてリチウムイオン伝導体を用いる。
・構造や形状が自由に設計でき、薄型や多重構造など柔軟な形状の電池が実現できるパッケージ化でエネルギー密度を上げることができる。
・薄く小型形状の層を積層することで小型かつ大容量化が可能となる。小型薄

※注：輪率（transport number）とは、電解質の溶液に電流を流したときに、ある特定のイオンが担った電流の全電流に占める割合のことである。ヒットルフ数（hittorf number）とも呼ばれる。イオン伝導度は電解質中を流れることのできるすべてのイオン（アニオンとカチオン）の伝導度を示し、イオン伝導度のうちリチウムイオン（Li^{+}）が担う割合のことをリチウムイオン輪率という。リチウムイオン電池のリチウムイオン輪率は約0.3～0.5であるのに対して、全固体電池のリチウムイオン輪率は1である。

型形状の電池を大量に多層構造にし、大容量化しても高速の充放電が可能である。

・電解質が固体なので電池全体として比較的丈夫である。
・多少外傷があっても電池としての性質を維持し、変質することもなく長寿命である。
・熱や圧力変化に対する耐環境性能がよいので、さまざまな環境で利用することができる。

これらの特徴をまとめると、不燃性、不揮発性、液漏れがない、使用可能温度域が広い、電池設計の自由度が高い、ということができます。

［例題 6 − 3］

リチウムイオン電池とリチウムイオンキャパシタ、全固体電池についての説明について誤りがあれば訂正しなさい。

(1)リチウムイオン電池（*LIB*）は、負極に炭素系材料、正極にリチウム（*Li*）を含有する複合酸化物（コバルト酸リチウム）を使った二次電池である。

(2)リチウムイオン電池は、正極には高電圧でサイクル特性に優れたコバルト酸リチウムを、負極には層状構造をもつ結晶性の高い特殊カーボンを用いる。電解液は特殊カーボンに最適な有機溶媒を採用している。

(3)リチウムイオン電池の反応原理は、充電時には正極のコバルト酸リチウム中のリチウムがイオンとなり、負極の層と層の間に移動する。放電時にはイオンは正極に移動し、元の化合物となる。充電時の正極の反応は還元反応であり、負極は酸化反応をする。

(4)リチウムイオン電池の単セルあたりの電圧はニッケル水素電池の約 3 倍にあたる3.6 *V* と高い。また、質量エネルギー密度もニッケル水素電池の場合（50 *Wh/kg*〜100 *Wh/kg*）の 2 〜 3 倍の150 *Wh/kg*〜200 *Wh/kg* という非常に高いエネルギー密度を実現している。

(5)リチウムイオンキャパシタ（*LIC*）は、正極と負極の原理が異なる非対称キャパシタの一種で、正極に電気二重層キャパシタと同じ活性炭を、負極にリチウムイオン電池と同じ炭素を使用したハイブリッド構造である。

(6)リチウムイオンキャパシタは、金属リチウムから水平または垂直に負極にリチウムイオンをプレドープすることにより負極の電位を下げてセル電圧を高くし、負極の静電容量も大きくすることができる。また、セル内の静電エネルギーは電圧の 2 乗に比例するため、結果的にエネルギー密度も上昇する。

(7)リチウムイオンキャパシタとは、電気二重層キャパシタ（*EDLC*、*Electric Double Layer Capacitor*）」のことで、電気二重層の性質を利用したコンデンサである。別名、スーパーキャパシタまたはウルトラキャパシタと呼称されている。

(8)全固体電池の電解質は液体ではなく固体であるので、電解質中を移動できるのはカチオンであるリチウムイオン（Li^+）のみで、アニオンは電解質のイオン分子であるので移動することはできない。したがって、リチウムイオンの輸率は 1 である。

［解答］

(1)と(2)は正しいです。

(3)は誤りです。*p.* 174の化学式で示すように、充電時の正極の反応は酸化反応で、負極は還元反応です。

(4)と(5)は正しいです。エネルギー密度とは、電池のもつエネルギー量を電池の重量や体積で除した値です。質量エネルギー密度（*Gravimetric energy*）の単位は *Wh/kg*、体積エネルギー密度（*Volumetric energy*）の単位は *Wh/L* です。これらの値が大きいほど軽量かつ小型の大容量電池となります

(6)は正しいです。静電容量 $C\,[F]$ のコンデンサの電極間に $V\,[V]$ の電位差を与えると、内部に電気エネルギー（静電エネルギー）が蓄えられ、その大きさは $\frac{1}{2}CV^2$ になります。

(7)は誤りです。リチウムイオンキャパシタと電気二重層キャパシタは異なります。(5)の説明のように、リチウムイオンキャパシタは、正極に電気二重層キャパシタの働きをもたせ、負極にリチウムイオン電池の働きをもたせたハイブリッド構造の二次電池です（図 6 －18を参照）。

(8)は正しいです（*p.* 190の脚注を参照）。

答：誤りは、(3)と(7)。訂正は上記

コラム　電解液のゲル化

固体電池の１つの試みとして、電解液のゲル化が研究されています。電解液をゲル化することにより、電池パッケージからの液漏れを防ぐことができます。液漏れを防ぐことにより、電池の火災や電池容量の低下を抑えることが期待されます。

筆者の研究室で電解液のゲル化を試みています。

調合した電解液は、

- 電解質：１モルの *LiTFSI*（リチウムビス・トリフルオロメタン・スルホンイミド）
- 溶液：プロピレンカーボネート（*PC*）

です。

ゲル化に使用したゲル化剤は。専用の高分子と架橋剤です。架橋条件は、60℃～80℃の温度下で、数時間静置します。

ビーカでゲル化した例を図 6 －24に示します。

図6－24　電解液のゲル化

用語解説

◎熱電効果

電気エネルギーと熱エネルギーの可逆変換作用で、ゼーベック効果、ペルチエ効果、トムソン効果があります。

◎リチウムイオン電池

代表的な二次電池で、一次電池に比較すると電圧が高く、大きなエネルギー密度をもちます。瞬時に大きな放電エネルギーをもつリチウムイオンキャパシタがあります。

◎全固体電池

リチウムイオン電池の液体状の有機電解液を固体化した次世代型電池です。全樹脂電池も開発されています。

第7章

電気電子デバイス（半導体デバイス）

半導体を使った電気電子デバイスの材料や構造について説明します。3章で説明したダイオードの応用例として、ガンダイオードの材料や構造を説明します。また、pn接合の応用として、バイポーラ・MOSトランジスタやサイリスタについて、使われる材料や構造を説明します。また、これらのデバイスを使った回路事例を説明します。焦電素子の動作原理や回路事例も説明します。

7－1 ガンダイオード

マイクロ波を発生させるガンダイオードについて説明します。図7－1（*a*）にガンダイオードの写真、図7－1（*b*）に回路図記号を示します。このガンダイオードは球速を測るスピードガンに使われます。球速を測るために、ガンダイオードで生成したマイクロ波をボールにあて、帰ってきたマイクロ波から球速を計算しています。

(a) ガンダイオード　　(b) ガンダイオードの回路記号

図7－1　ガンダイオード

マイクロ波を発生させる半導体素子は、負性抵抗領域をもっています。負性抵抗とは、「かける電圧を高くしていくと、流れる電流が減少していく」というものです。普通の抵抗は「かける電圧を高くすると流れる電流は増加する」のですが、負性抵抗は電圧を高くすると電流は減少します。ガンダイオードは、この負性抵抗領域をもっています。

ガンダイオードに使われるガリウムヒ素（*GaAs*）結晶のエネルギーバンド構造は図7－2（*a*）のようになっていて、伝導帯は底のエネルギーが2つあるバンド構造になっています。このような結晶に電極を付け、電圧をかけると電流が流れます。この電流を担う電子は伝導帯にいる電子です。かける電圧が低いとき、伝導帯の底のエネルギーが低い方（図7－2（*a*）ではエネルギーバンド1）の電子が電流に寄与します。このときは図7－2（*b*）の（ア）のように、電圧を上げると、電流も上がります。さらに、電圧を上げると電子のエネルギーが高くなり、エネルギーのより高い伝導帯（図7－2（*a*）ではエネルギーバンド2）にも電子が移るようになり、その電子も電流の一部を担うようになります。エネルギー準位が異なる電子の移動度（電子の移動する速度）は、エネルギー準位が高いほど遅くなるので、電流が流れにくくなります。したがって、電圧を高くすると、エネルギーバンド2の電子が多くなり、その分電子の移動度が減り、図7－2（*b*）の（イ）のように電流が減ります。さらに、電圧を上げると、電流のほとんどがエネルギーバンド2の電子になり、図7－2（*b*）の（ウ）のように電圧を上げると電流も上がります。この負性抵抗が生じる機構をリドレイ－ワトキンス－ヒルサム（*RWH*）機構と呼んでいます。

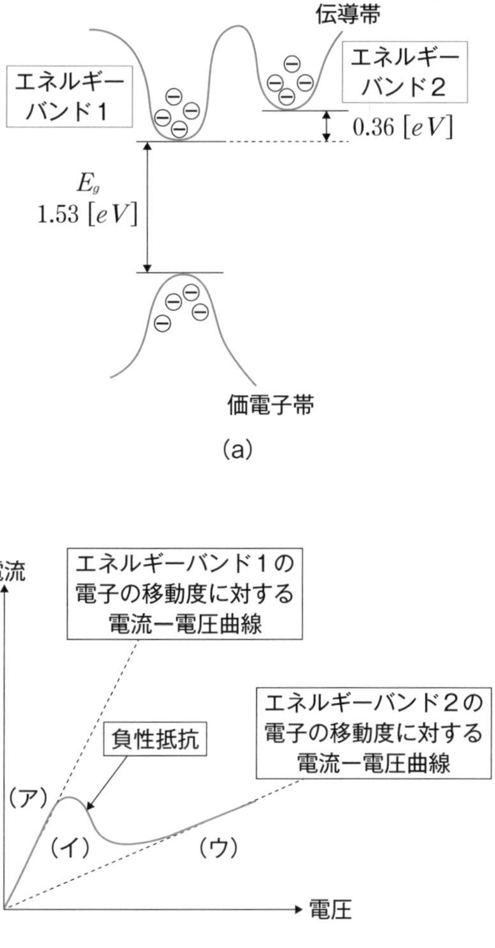

図7－2　ガンダイオードのエネルギー準位と負性抵抗特性

*GaAs*などの結晶片の両端に図7－3（*a*）のように電極を設け、そこに電圧をかけます。電圧が低いとき（図7－2（*b*）の（ア）のとき）、結晶内には図

7−3（*b*）のように一定の電界がかかり電流が流れます。さらに、電圧を上げていくと、先に説明した*RWH*機構により、エネルギーの高い伝導帯の方に電子が移ります。このとき、何かの理由（例えば結晶欠陥の存在）で図7−3（*c*）のように結晶内のどこかに電界が集中し、その部分だけ先行して伝導帯の移行が起こります。すると、その場所の電子の移動度が下がり、電子はこの部分で濃度が高くなります。結晶には依然として電界がかかっていますから、この抵抗の高い領域内の電子が結晶内を移動します。これは高抵抗部分自体が移動しているともいえます。この高抵抗部分はやがて電極に達し消滅するとき、電流は急に大きくなります。この電流の急激な増加が定期的に起こり、マイクロ波を発生させることができます。マイクロ波の周波数fは、電子の移動速度v、電極間距離をLとすると、式（7−1）で表せます。

$$f=\frac{v}{L}\,[Hz] \qquad (7-1)$$

*n*型*GaAs*のガンダイオードでは、負性抵抗を示すガン（*Gunn*）効果で数[*GHz*]のマイクロ波を数100 [*mW*]のオーダーで発生させることができます。

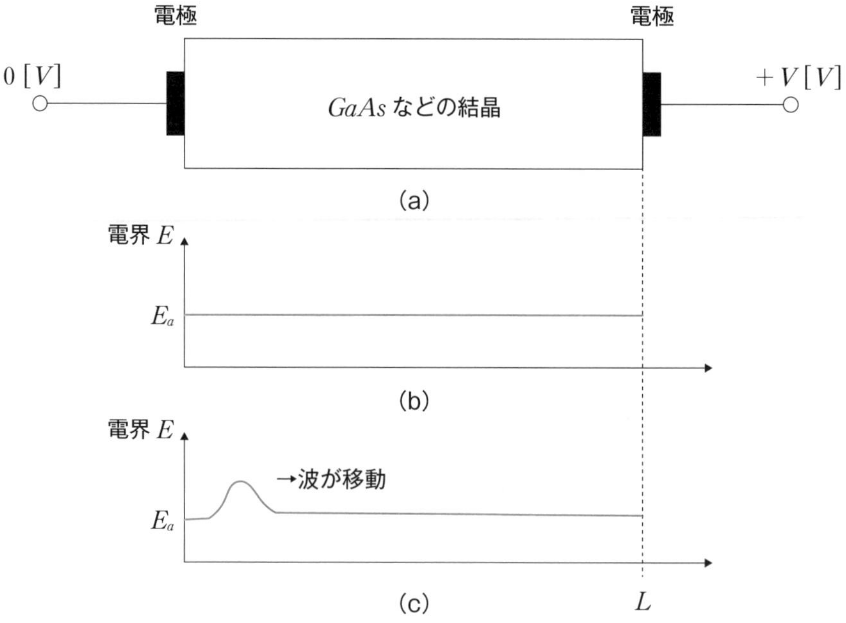

図7−3　ガンダイオード内の電界の様子

［例題７－１］

シリコンダイオードとガンダイオードの説明について誤りがあれば訂正しなさい。

⑴シリコンダイオードは、最も一般的な汎用タイプの整流ダイオードの１つである。

⑵シリコンダイオードは高周波用途の整流ダイオードである。

⑶シリコンダイオードを４個組み合わせたものがブリッジダイオードといわれている整流デバイスである。

⑷通常のダイオードは、p 型半導体と n 型半導体から構成されているが、ガンダイオードも同様に pn 接合で構成されている。

⑸ガンダイオード（*Gunn Diode*）は、ガン効果を利用したダイオードである。

⑹ガン効果とは、トンネルダイオードと同じように、負性抵抗特性（電圧が増加すると電流が減少する特性、図７－２参照）を利用した電圧－電流特性をいう。

⑺ガンダイオードは、主としてマイクロ波の発振器に用いられている。ガンダイオードの発振周波数は、n 型ガリウムひ素の電極間距離で決まる。

［解答］

⑴は正しいです。

⑵は誤りです。シリコンダイオードは、整流用途として、交流を直流に整流することを主な目的としています。50*Hz*/60*Hz* の商用電源の整流で主に使用されています。使用周波数は 1*kHz* 程度以下の低周波領域です。

⑶は正しいです。

⑷は誤りです。通常のダイオードは、pn 接合で構成されていますが、ガンダイオードは n 型半導体のみで構成されています。具体的には、n 型半導体である n 型ガリウムひ素（n 型 *GaAs*）のみで構成されています。

⑸は正しいです。

⑹は正しいです。本文の説明の通りです。

⑺は正しいです。ガンダイオードの応用分野は広く、衛星テレビ放送、レーダー、電子レンジ（マイクロ波加熱）などがあげられます。

答：誤りは⑵と⑷。訂正は上記の説明

［例題７－２］

ガンダイオード内を流れる電子の移動度速度が10^5 [m/s] である。10 [GHz] のマイクロ波を発生させるガンダイオードを作成したい。ガンダイオードの電極間距離を求めよ。

［解答］

式（7－1）を変形して、電極間距離を求める式に変え、問題文に示されている数値を代入すると、

$$L=\frac{v}{f}=\frac{10^{-5}}{10\times10^{9}}=10^{-5}\ [m]=10\ [\mu m]$$

となります。

答：$L=10\ [\mu m]$

7−2 バイポーラトランジスタ

電子機器で最も使われているトランジスタについて説明します。トランジスタはダイオードや抵抗と異なり、3端子の素子です。トランジスタの種類としては、バイポーラトランジスタとユニポーラトランジスタがあります。バイポーラトランジスタの「バイ」は「2つ」を表しています。何が2つかというと、電流を流す担い手が電子とホールの2つであることです。

バイポーラトランジスタには、図7−4に示す *npn* トランジスタと図7−5に示す *pnp* トランジスタがあります。*npn*、*pnp* 両トランジスタは、特性的にもまったく逆の動きをしますので、*npn* のトランジスタを中心に動作説明をします。*npn* トランジスタの2つの *n* 型半導体は、特性が少し異なっています。1つの *n* 型半導体は不純物濃度を濃くしていて（図中では n^+ と表記しています）、もう1つの *n* 型半導体は普通の不純物濃度にしています。*npn* トランジスタにおいて、不純物が多い方の *n* 型半導体端子をエミッタといい、普通の不純物濃度の *n* 型半導体端子をコレクタといいます。*npn* トランジスタの *p* 型半導体端子をベースといいます。ベース端子の *p* 型半導体の厚みは非常に薄く、0.5 [μm] 以下です。

図7−4において、ベース—エミッタ間にかける電圧を V_{BE}、コレクタ—エミッタ間にかける電圧を V_{CE} とします。また、コレクタ端子に流れ込む電流をコレクタ電流 I_C といい、ベース端子に流れ込む電流をベース電流 I_B といいます。

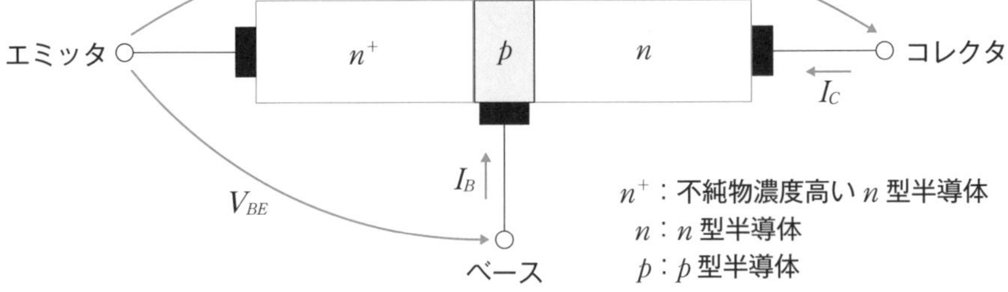

図7−4 *npn* トランジスタ

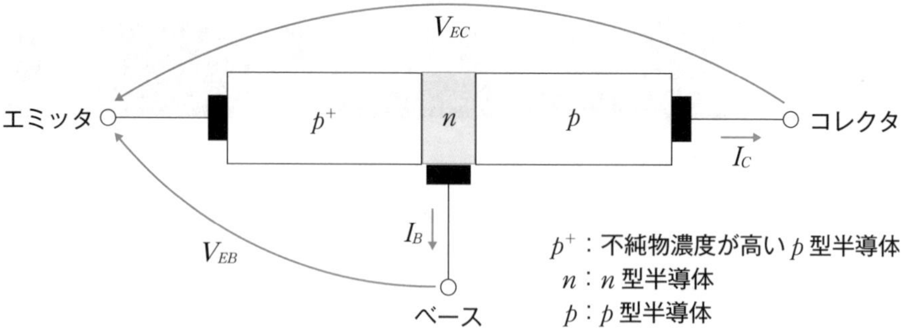

図7－5 *pnp* トランジスタ

npn トランジスタの空乏層の状態を図7－6に示します。同図のように、*p* 型半導体の両側がそれぞれ *pn* 接合になっており、そこに空乏層が形成されます。エミッタ—ベース間の空乏層では、エミッタ側よりベース側の方が広くなっています。これはエミッタの不純物濃度が高いためです。一方、ベース—コレクタ間の空乏層は、コレクタ側が広くなっています。これは *n* 型半導体（ベース）の不純物濃度が *p* 型半導体（コレクタ）のそれより高くなっているためです。

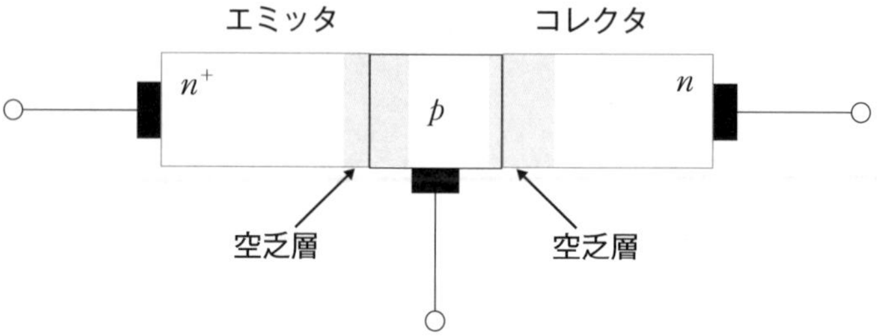

図7－6 *npn* トランジスタの空乏層

npn トランジスタの（電圧をかけていない）平衡時のバンド図を図7－7に示します。*pn* 接合と同じように、フェルミ準位 E_f が一直線上に位置するため、*p* 型半導体の伝導体や価電子帯が持ち上がった構造になっています。この状態では、コレクタ—エミッタ間に電圧をかけただけでは、エミッタにいる電子がベースのエネルギー障壁を越えられません。また、ベースにいるホールがエミッタのエネルギー障壁を超えることもできません。

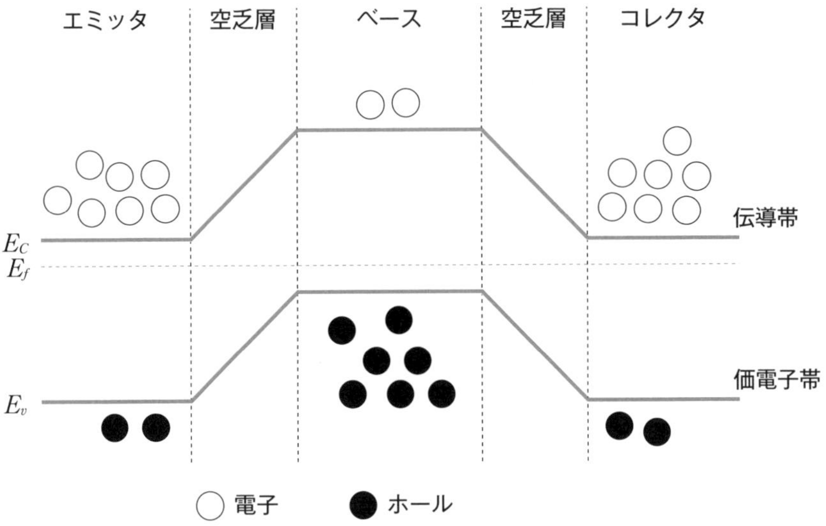

図7－7　*npn* トランジスタの平衡時のバンド図

これらのエネルギー障壁を下げるために、図7－8のように電圧をかけると、エネルギーバンド図は図7－9のようになります。ベース—エミッタ間に電圧をかけたことで、ベースの伝導帯や価電子帯のエネルギー準位が下がります。したがって、エミッタの電子がベースに拡散し、その結果、電流が流れます。また、ベースの価電子帯の準位もエミッタの価電子帯の準位と同程度になるので、ベースのホールがエミッタに拡散し、その結果、電流が流れます。このように、電流の担い手が電子とホールであることから、バイ（2つ）ポーラトランジスタと呼ばれています。

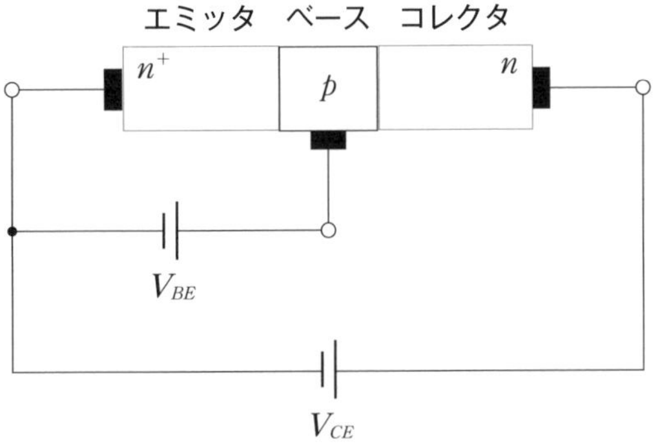

図7－8　*npn* ダイオードにおける電圧設定

電子やホールの動きを説明します。図７－８のようにベース―エミッタ間電圧V_{BE}の電圧をかけると、エミッタの伝導帯や価電子帯のエネルギー準位が押し上げられ、電子がベースに拡散されます。ベース領域において、電子は少数キャリアなので、通常はホールと再結合します。しかし、ベース幅が狭い[※注]ことから、電子のほとんどはホールと再結合することなくコレクタに流れます。したがって、エミッタ電流とコレクタ電流はほぼ等しくなります。ただ、ベースに拡散した電子のごく一部は、ベースのホールと再結合をします。再結合して失われたホールを補うため、ベースからホールが注入されます。これがベース電流となります。ベース層のホールも同様にエミッタに注入されますが、ベース層のドーピング濃度が低いため、エミッタからベースに注入される電子に比べ、ベースからエミッタに注入されるホールは非常に少なくなります。このベースから注入されるホールもベース電流となります。

これらの電子やホールの動きで、どのように電流増幅作用が生じるか説明します。この電子やホールの移動で、エミッタ電流はほぼコレクタ電流になります。また、ベース電流はベースでの再結合と、ベースからのエミッタへの注入によって作られますが、ベース自体のキャリアの数が少ないため、ベース電流はコレクタ電流に比べて非常に小さくなります。したがって、ベースに順バイアスを加えることで、比較的小さなベース電流でも、その数百倍の電流がコレクタに流れることになり、見かけ上電流が増幅されたようにみえます。

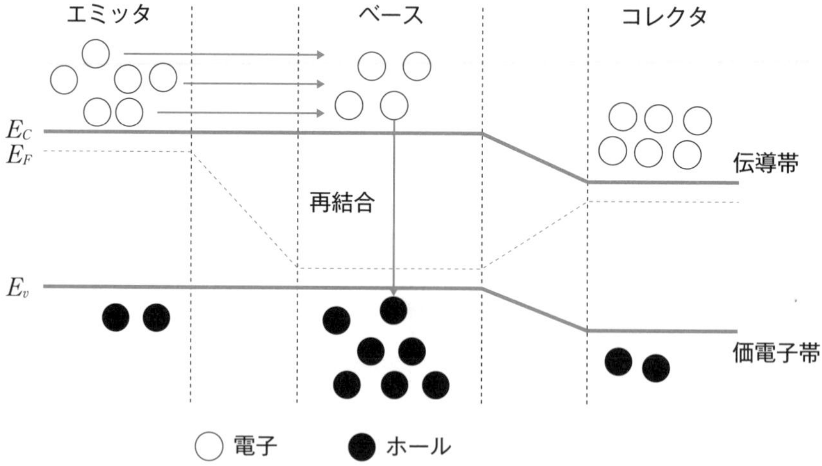

図７－９　図７－８の電圧印加時のバンド図

※注：図７－７では広く描いたが、実際は約0.5μmと非常に狭い。

トランジスタの基本的な近似特性を図７－10に示します。図７－10（a）に示す $V_{BE}-I_B$ 特性は、ベース－エミッタ間の電圧に関する特性で、基本的には pn 接合のダイオードとほぼ同じ特性になります。$V_{CE}-I_C$ 特性は、ベース電流 I_B に対応して特性曲線が異なります。ベース電流 I_B は、無限に値をとれるので、特性グラフも無限にあります。したがって、グラフには代表的な５、６本の曲線が描かれています。図７－10（b）の特性線の水平部分では、ベース電流に対して数百倍のコレクタ電流が流れることがわかります。V_{CE} が１[V] 付近以降は水平に描きましたが、実際は少し右肩上がりの曲線になります。トランジスタに関連する電流・電圧を求めるときには、図７－10（a）の $V_{BE}-I_B$ 特性を使って、ベース電流 I_B を決め、その I_B に対する $V_{CE}-I_C$ 特性曲線を決めることになります。トランジスタの電流と電圧を近似的に求める場合、図７－10（a）の特性から V_{BE} を0.7 [V] の電源電圧で近似し、ベース電流を求めます。そのベース電流を基に、図７－10（b）の特性からコレクタ電流を求めると、

$$I_C = 140 I_B$$

になります。

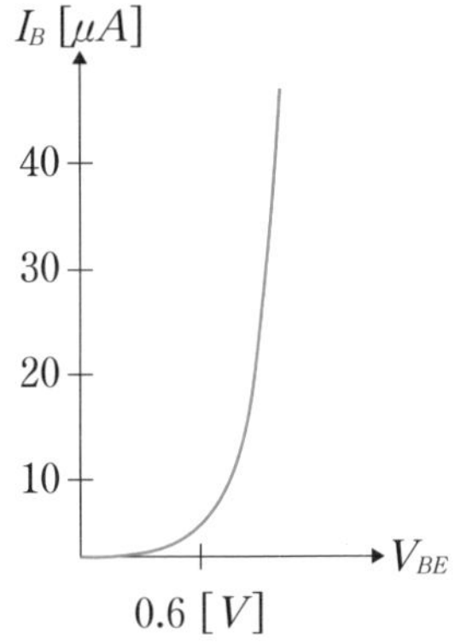

（a）$V_{BE}-I_B$ 特性

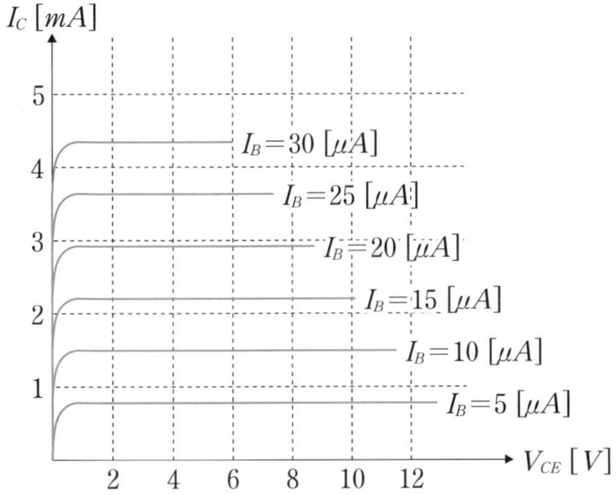

（b）$V_{CE}-I_C$ 特性

図７－10　トランジスタの静特性（2SC1815の例）

npn および pnp トランジスタの図記号は、それぞれ図７－11の（a）および（b）になります。図の違いは、エミッタ端子の矢印の方向にあります。この矢印は電流の流れる方向を表していて、npn トランジスタの場合は、トランジスタから出ていく方向、pnp トランジスタの場合は、トランジスタに入っていく方向に

なります。市販で販売しているトランジスタ（2SC1815）の概形とピン配置を図7－11（c）に示します。図記号の場合は、上からコレクタ、ベース、エミッタの順で端子が表示されますが、実際の部品の場合は、部品の型番表示をみる形で、左からエミッタ、コレクタ、ベースの順に端子が並びます。

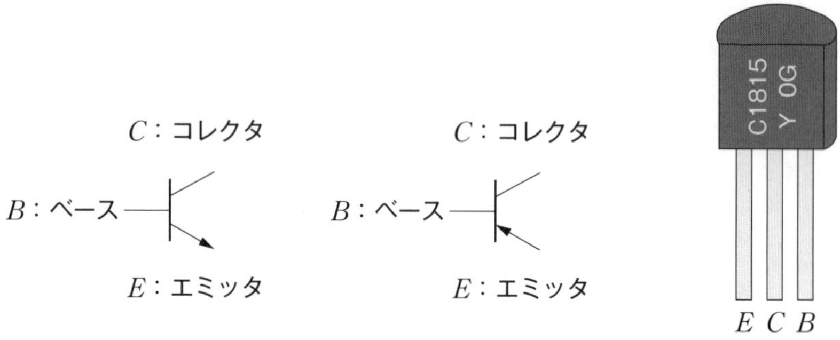

（a）npn トランジスタ　（b）pnp トランジスタ　（c）トランジスタの端子

図7－11　トランジスタの図記号と端子

トランジスタ回路の直流電流および電圧の求め方を説明します。

例として、図7－12の回路の V_{CE} と I_C を求めます。大まかな手順として、トランジスタより左側（ベースとエミッタが関係する回路）とトランジスタより右側（コレクタとエミッタが関係する回路）に分けて、それぞれの回路の電流や電圧を求めていきます。

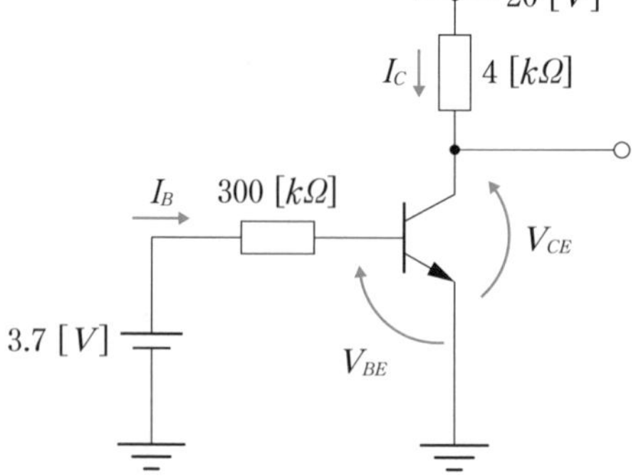

図7－12　トランジスタ回路

上記の手順に従って、トランジスタより左側の回路（ベースとエミッタ端子が関係する回路）のみ考えます。図7－10（a）の特性から V_{BE} を0.7［V］と近似します。これにより、トランジスタより左側の回路は、図7－13（a）と等価となります。この回路図において、電圧則の式を立てると、

$$3.7-0.7-300\times10^3 I_B=0$$

になります。

この式から I_B を求めると、

$$I_B=\frac{3.7-0.7}{300\times10^3}=10\ [\mu A]$$

となります。

トランジスタより右側の回路（コレクタとエミッタが関係する回路）のみ考えます。図7－10（b）の特性の水平部分は、「どんな電圧でも一定電流が流れる＝電流源」と解釈することができます。したがって、コレクタ―エミッタ間を $I_C=140I_B$ の関係式をもつ直流電流源と近似すると、トランジスタより右側の回路は図7－13（b）と等価になります。ここで、$I_B=10\ [\mu A]$ が得られているので、電流源の値は、

$$I_C=140I_B=140\times10\times10^{-6}=1.4\ [mA]$$

になります。

図7－13（b）の電圧則の式を求めると、

$$20-V_{CE}-4\times10^3\times1.4\times10^{-3}=0$$

になります。

この式から V_{CE} を求めると、

$$V_{CE}=20-4\times10^3\times1.4\times10^{-3}=14.4\ [V]$$

になります。

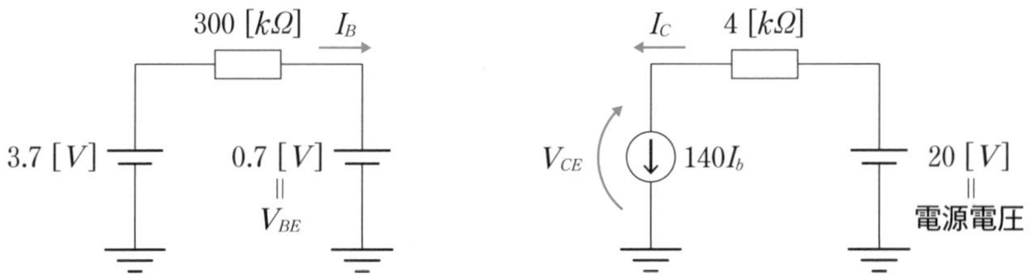

(a) トランジスタより左側の等価回路　　(b) トランジスタより右側の等価回路

図7－13　トランジスタ回路の等価回路

［例題７－３］

図７－14の回路において、$V_{CE}=11.6$ [V] と $I_C=2.8$ [mA] に設定したい。そのときの R_D の抵抗値を求めなさい。なお、V_{BE} を0.7 [V] の電源電圧で近似し、コレクタ－エミッタ間を $I_C=140I_B$ の関係式をもつ直流電流源として近似しなさい。

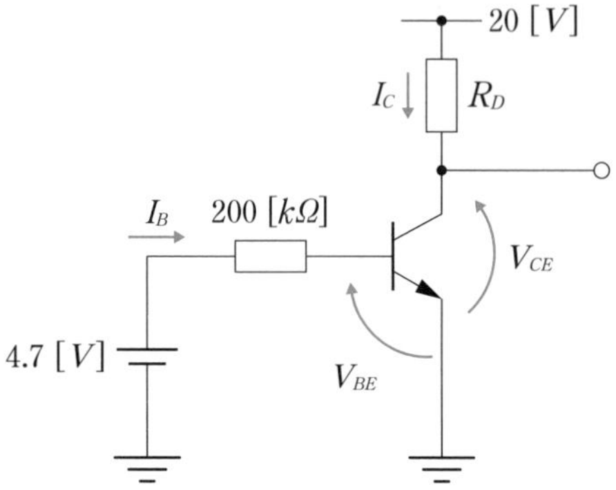

図７－14　例題７－３の回路

［解答］

トランジスタより左側の電圧則からベース電流 I_B を求めると、

$$I_B=\frac{4.7-0.7}{200\times10^3}=20\ [\mu A]$$

になります。

$I_C=140I_B$ より、$I_C=2.8$ [mA] が求まります。また、トランジスタより右側の等価回路で電圧則をたて、R_D を求めると、

$$20-11.6-R_D\times2.8\times10^{-3}=0$$

$$R_D=\frac{20-11.6}{2.8\times10^{-3}}=3\ [k\Omega]$$

になります。

答：$R_D=3$ [$k\Omega$]

7−3 MOSトランジスタ

MOS トランジスタは、低消費電力で動作することから、コンピュータやスマートフォンなどの電子機器に使われています。*MOS* トランジスタ（以下、*MOS* と略す）は、ユニポーラトランジスタを代表するトランジスタです。ユニポーラトランジスタの「ユニ」は「1つ」を表しています。これは、電流を流す担い手の多くが電子（またはホール）の1つだけであるということです。*MOS* には、*nMOS* と *pMOS* があります。バイポーラトランジスタと同じように、*pMOS* は *nMOS* の特性と逆の特性になるので、*nMOS* について説明します。

*nMOS*の断面図を図7−15に示します。*MOS*は「*Metal*−*Oxide*−*Semiconductor*」の頭文字をとっています。つまり、*MOS* の構造は、上から「*Metal*（鉄：伝導体）」、「*Oxide*（酸化物：絶縁体）」、「*Semiconductor*（シリコン：半導体）」で構成されています。伝導体に接続されている端子が「ゲート（*G*）」で、その伝導体の下に絶縁体があり、それらを *p* 型半導体基板の上に積む形で構成します。ゲートは、導電率のよい物質（アルミニウムなど）が使われていましたが、最近では非結晶シリコン（ポリシリコン）にアクセプタを過剰ドーピングさせ、導電率を高くした物質が使われています。このポリシリコンを使うことにより、半導体の製造がしやすくなりました。シリコン基板に電流を流すための端子として、両サイドにドナーを過剰にドーピングした *n* 型半導体を作り、そこに端子を接続します。これら2つの端子をソース（*S*）、ドレイン（*D*）と呼びます。また、2つの *n* 型半導体の距離をチャネル長（*L*）といい、チャネルの奥行きをチャネル幅（*W*）といいます。

nMOS では、ドレイン−ソース間に流れる電子を制御することになります。電子は負（*negative*）電荷なので、「*negative*」の「*n*」をとって、*nMOS* と呼ばれます。

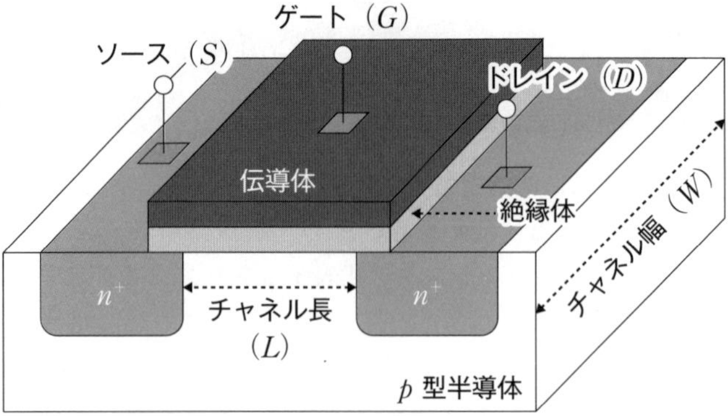

図7－15 *nMOS*トランジスタの断面図

*nMOS*の動作原理について説明をします。

図7－16のように、ドレインとソースはグラウンド（0 [*V*]）、ゲートには可変電圧（ゲート－ソース間電圧：V_{GS}）を加えます。V_{GS}を0*V*から徐々に上げていくと、図7－16（*a*）のように、*p*型半導体基板にマイナスイオンの負電荷が誘導されるとともに、空乏層が形成されます。ここで誘電されたマイナスイオンは自由に移動できないため、電流を流しません。この状態を「*OFF*状態」といいます。

V_{GS}をさらに大きくすると、図7－16（*b*）のように自由電子がゲートの下に誘導され、ドレインとソースの間に電流が流れる状態になります。この状態を「*ON*状態」といいます。また、自由電子が集まり始めるV_{GS}の電圧を「スレッショルド電圧（*Threshold Voltage*、スレッシュホールド電圧ともいう）」と呼び、V_{TH}と表記します。V_{TH}の値は、だいたい300 [*mV*] から1 [*V*] です。この自由電子が集まる場所をチャネルといい、このチャネルを通って電流が流れます。すなわち、図7－16（*b*）に示すチャネルが形成され、ドレインとソースの間に電圧をかけると電流が流れます。ゲート端子の伝導体と半導体の間には酸化物（誘電体）があるので、他の端子とは絶縁されていて電流は流れません。

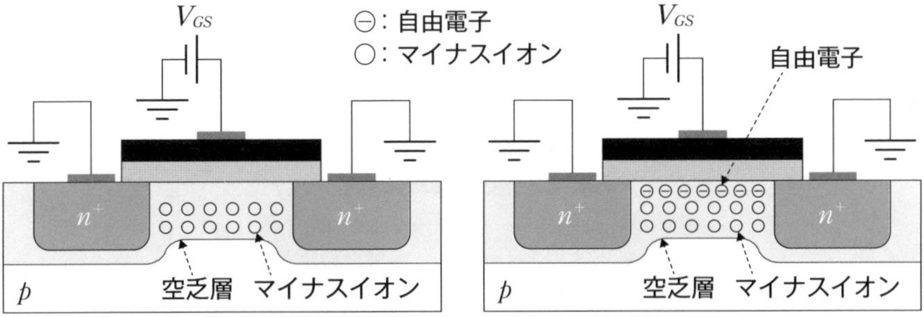

(a) $V_G < V_{TH}$ のときの電荷分布　　(b) $V_G \geqq V_{TH}$ のときの電荷分布

図7－16　nMOS の定性的な説明図（薄い青色の領域が空乏層）

具体的に、どの程度の電流が流れるか説明します。

図7－17（*a*）に示すゲート－ソース間電圧 V_{GS} とドレイン－ソース間電圧 V_{DS} をかけたときのドレイン電流 I_D を考えます。V_{GS} を固定して、V_{DS} を $V_{DS}=0$ から $V_{DS}=V_{GS}-V_{TH}$ まで徐々に上げていきます。このときの電子分布は図7－17（*a*）のようになり、ドレインとソース両方の n 型半導体は電子でつながっています。このときのドレイン電流 I_D は、式（7－2）になります。

$$I_D=\frac{1}{2}\mu_n C_{ox}\frac{W}{L}\{2(V_{GS}-V_{TH})V_{DS}-V_{DS}^2\} \qquad (7-2)$$

ここで、μ_n は電子の移動度、C_{ox} はチャネルの単位面積あたりの静電容量、W はチャネル幅、L はチャネル長です。式（7－2）から I_D は V_{DS} の二次関数となっており、図7－17（*b*）のような特性グラフになります。このグラフにおいて、V_{DS} が $V_{GS}-V_{TH}$ のときに I_D が最大になり、その値は式（7－3）になります。この $V_{GS}-V_{TH}$ をピンチオフ電圧（*Pinch off Voltage*）といいます。

$$I_{Dmax}=\frac{1}{2}\mu_n C_{ox}\frac{W}{L}(V_{GS}-V_{TH})^2 \qquad (7-3)$$

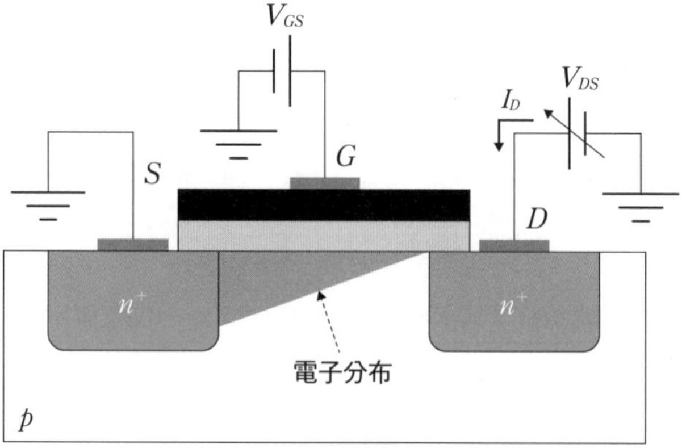

(a) 電荷分布

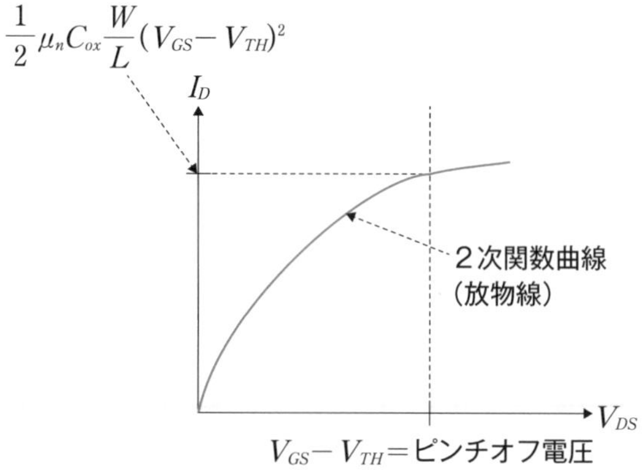

(b) $V_{DS}-I_D$ の特性グラフ

図7−17　$V_{DS}<V_{GS}-V_{TH}$ のときの電子分布および特性グラフ

さらに、V_{DS} を $V_{GS}-V_{TH}$ 以上に上げていきます。このときの電子分布は、図7−18 (*a*) のようになり、電子分布がドレインの *n* 型半導体の手前でなくなってしまいます。この状態のときは、電流はほぼ一定の値になります。これは、ドレインの手前で電子がなくなり、電子が通りにくくなる一方で、そこには強力な電界が生じて電子を移動させるためです。この電子が通りにくくなる現象のマイナス効果を強力な電界による電子の移動によるプラス効果で打ち消して、一定の電流 I_D が流れます。このときのドレイン電流 I_{Dsat} は、

$$I_{Dsat}=\frac{1}{2}\mu_n C_{ox}\frac{W}{L}(V_{GS}-V_{TH})^2$$

となります。

この式からわかるように、I_D は V_{DS} に関係なく同じ値となり、図 7 −18（b）のようなグラフになります。なお、図 7 −18（b）のグラフは、理想的なグラフを表しており、実際には少し右肩上がりになります。この現象をチャネル長変調といいます。また、$V_{DS}<V_{GS}-V_{TH}$ の領域を線形領域といい、$V_{DS} \geqq V_{GS}-V_{TH}$ を飽和領域といいます。

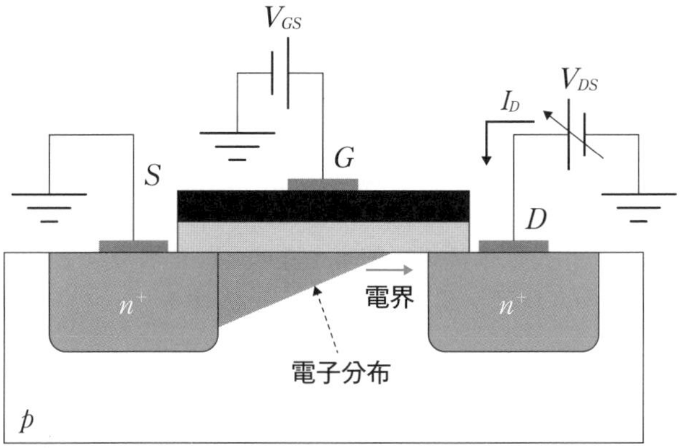

(a) 電荷分布

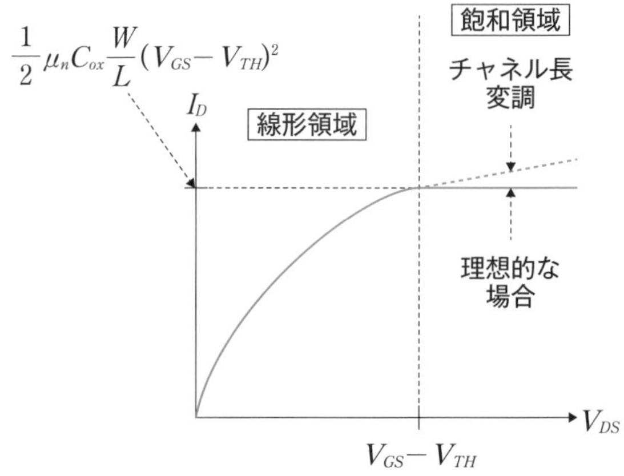

(b) $V_{DS}-I_D$ の特性グラフ

図 7 −18　$V_{DS} \geqq V_{GS}-V_{TH}$ のときの電子分布および特性グラフ

線形領域において、V_{DS}が$0\,[V]$に近いところでは、ドレイン電流I_Dを直線近似することができ、

$$I_D=\mu_n C_{ox}\frac{W}{L}(V_{GS}-V_{TH})V_{DS} \qquad (7-4)$$

のように近似することができます。

この式にオームの法則をあてはめると、抵抗値は

$$R_{on}=\frac{1}{\mu_n C_{OX}\dfrac{W}{L}(V_{GS}-V_{TH})} \qquad (7-5)$$

となります。この抵抗値をオン抵抗R_{on}といいます。

このように、MOSトランジスタのV_{GS}をうまく設定すると、MOSを抵抗として使うこともできます。

[例題7−4]

nMOSを400 [Ω] の抵抗として使うときのV_{GS}を求めなさい。ここで、$\mu_n C_{ox}=100\,[\mu A/V^2]$、$W/L=25$、$V_{TH}=0.5\,[V]$とする。

[解答]

式（7−5）を式変形して、V_{GS}の式に直すと、

$$V_{GS}=\frac{1}{\mu_n C_{ox}\dfrac{W}{L}R_{on}}+V_{TH} \qquad (7-6)$$

となります。

式（7−6）に値を代入して、V_{GS}を求めると、

$$V_{GS}=\frac{1}{100\times10^{-6}\times25\times400}+0.5=1.5\,[V]$$

となります。

答：$V_{GS}=1.5\,[V]$

nMOSの回路図記号を図7−19 (a) として、図7−19 (b) の回路のI_DとV_{DS}を求めます。なお、$\mu_n C_{ox}=100\,[\mu A/V^2]$、$W/L=50$、$V_{GS}=1\,[V]$、$V_{TH}=0.5\,[V]$とし、チャネル長変調がないとします。式（7−3）からI_Dを求めると、

$$I_D=\frac{1}{2}\times100\times10^{-6}\times50\times(1-0.5)^2=0.625\,[mA]$$

になります。

2 $[k\Omega]$ の抵抗にかかる電圧と V_{DS} を加えると電源電圧の 2 $[V]$ になるので、V_{DS} は

$$V_{DS}=2-2\times10^{3}\times0.625\times10^{-3}=0.75\ [V]$$

になります。

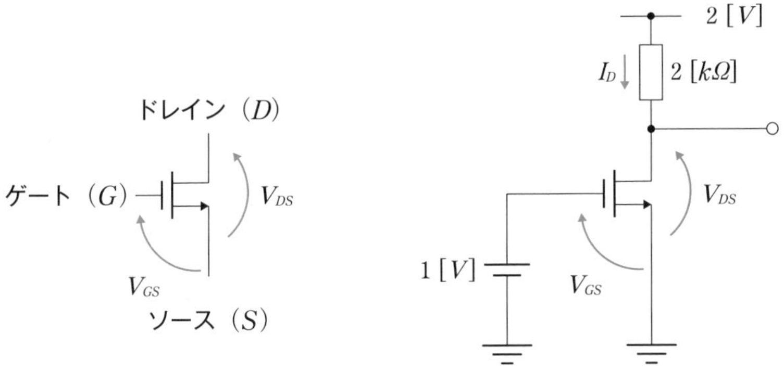

(a) *nMOS* の回路図記号　　(b) *nMOS* の基本回路図

図 7 −19　*nMOS* の回路図記号と基本回路

［例題 7 − 5］

図 7 −19（*b*）の回路において、次の問いに答えなさい。ここで、$\mu_n C_{ox}=100\ [\mu A/V^2]$、$V_{GS}=1\ [V]$、$V_{TH}=0.5\ [V]$ とする。

(1) V_{DS} がピンチオフ電圧のときの I_D を求めなさい。

(2) (1)の I_D を流すための W/L の値を求めなさい。

［解答］

(1)ピンチオフ電圧は $V_{GS}-V_{TH}$ なので、$V_{DS}=1-0.5=0.5\ [V]$ となります。電圧則から I_D を求めると、

$$I_D=\frac{2-0.5}{2\times10^{3}}=0.75\ [mA]$$

となります。

(2) V_{DS} がピンチオフ電圧のときは、飽和領域なので、飽和領域での I_D の式を下式のように変形して W/L を求めると、

$$\frac{W}{L}=\frac{2\times I_D}{\mu_n C_{ox}(V_{GS}-V_{TH})^2}=\frac{2\times0.75\times10^{-3}}{100\times10^{-6}(1-0.5)^2}=60$$

となります。

答：(1) $I_D=0.75\ [mA]$、(2) $\dfrac{W}{L}=60$

7-4 サイリスタ

サイリスタは、大電圧・大電流を扱うパワーエレクトロニクスの分野でよく使用される半導体素子です。大電圧用としては、10000 [V] 程度の電圧を扱うことができますし、大電流用としては、5000 [A] 程度の電流を扱うことができます。サイリスタの主な役割は電流のスイッチング制御です。つまり、ある信号を与えて、電流の「流す（ON）・流さない（OFF）」を制御できます。トランジスタでも同様な制御が可能ですが、素子の構造上、大電圧・大電流のスイッチング制御はできません。

サイリスタの構造を図7－20に示します。サイリスタは、p－n－p－n という p 型半導体と n 型半導体を交互に並べた構造で、pn 接合部が3つあります。図中左端にある p 型半導体に接続されている端子をアノードといい、図中右端の n 型半導体に接続されている端子をカソードといいます。内部にある p 型半導体（図中右から2番目）に接続されている端子をゲートといいます。

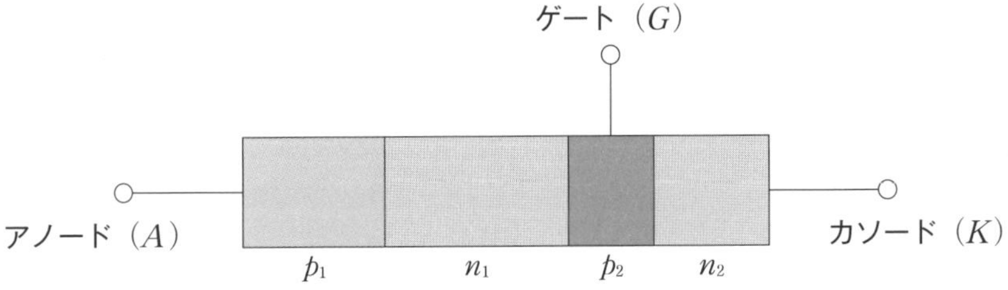

図7－20　サイリスタの構造

図7－21（a）に示すように、サイリスタに電圧をかけたときの電流特性を、図7－21（b）に示します。図7－21（b）からわかるように、ある電圧（ブレークダウン電圧 V_{BF}）を境に電流が流れているにもかかわらず、サイリスタにかかる電圧が減少するという負性抵抗の現象（③の部分）が現れます。

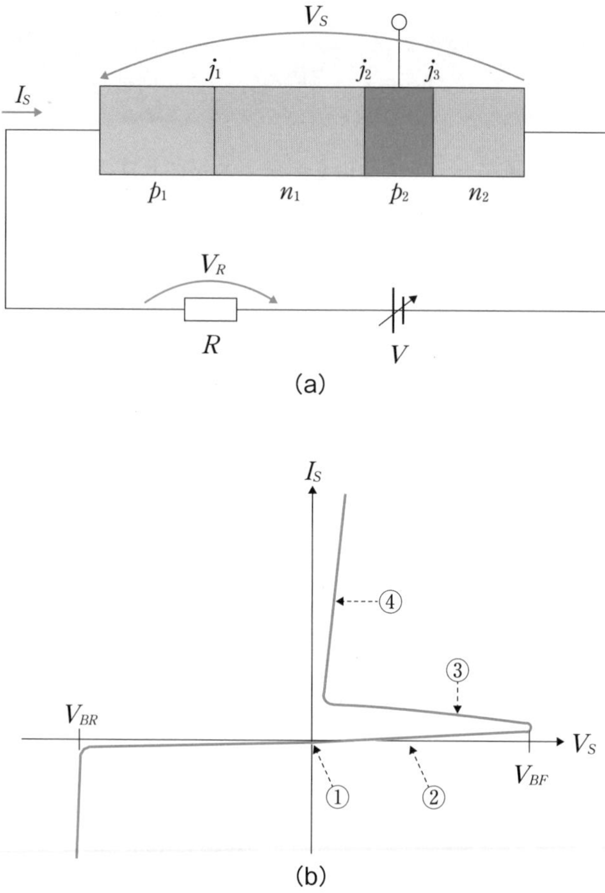

図7－21　サイリスタの電圧・電流特性

サイリスタの特性をバンド図で説明します。

図7－21（*b*）の①から④の過程は、サイリスタのバンド図で示すとそれぞれ図7－22の（*a*）から（*d*）になります。

図7－22（*a*）は、印加電圧がゼロのときのバンド図です。平衡状態なので、破線で示したフェルミ順位 E_f が4つの半導体を通して同じレベルで直線になります。

図7－22（*b*）は、p_1 半導体にプラス、n_2 半導体にマイナスの V_{BF} より小さな電圧をかけたときのバンド図です。*pn* 接合部 j_1 と j_3 は順方向バイアスとなり、*pn* 接合部 j_2 は逆バイアスとなります。この場合、電圧のほとんどは j_2 にかかります。したがって、n_1 半導体と p_2 半導体との伝導体の準位 E_C と価電子帯の準位

E_Vの差が広がり（j_2の接合部分）、電子（白丸）とホール（黒丸）はほとんど流れません。

図7－22（c）は、p_1半導体にプラス、n_2半導体にマイナスとして、V_{BF}の電圧をかけた後のバンド図です。V_{BF}の電圧をかけると、pn接合部j_2にかかる逆バイアスが大きくなり、トンネル効果により、pn接合部j_2のエネルギー障壁を通り抜けて電子とホールが流れ出します。この現象を電子なだれといい、この現象が起きると電流が大量に流れるので、電圧の大部分は外部抵抗Rにかかり、サイリスタの電圧が低下していきます。したがって、図7－21（b）の③のような負性抵抗グラフが現れます。

図7－22（d）は、p_1半導体にプラス、n_2半導体にマイナスとして、電子なだれが止まったときのバンド図です。電子なだれ現象により、サイリスタにかかる電圧が低下すると、pn接合部j_2にかかる逆バイアスが減少し、電子なだれが止まります。一方、順方向バイアスがかかっているpn接合部j_1とj_3のエネルギー障壁が低くなります。その結果、電流が急上昇するダイオードの順方向特性となります。

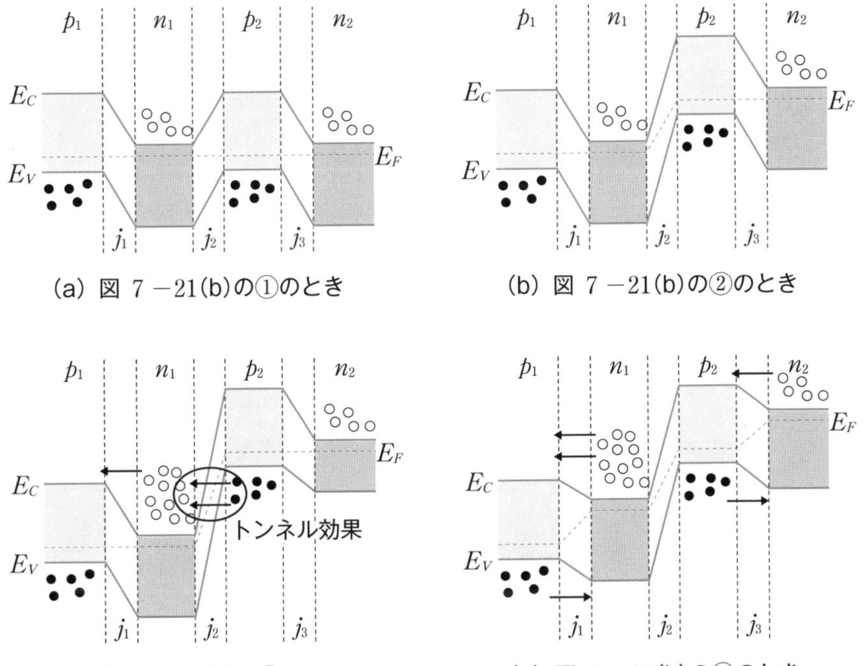

(a) 図 7－21(b)の①のとき

(b) 図 7－21(b)の②のとき

(c) 図 7－21(b)の③のとき

(d) 図 7－21(b)の④のとき

図7－22　バンド図によるサイリスタ特性の説明

図 7 －23（a）のようにゲート端子に電圧をかけて、ゲート電流 I_G を流すと、図 7 －23（b）のように V_{BF} が V_{BG1} になり、さらに I_G を流すと V_{BG2} になり、ダイオード特性とほぼ同じになります。このゲート電流は継続的に流す必要はなく、パルス電流でも同様な現象が起こります。

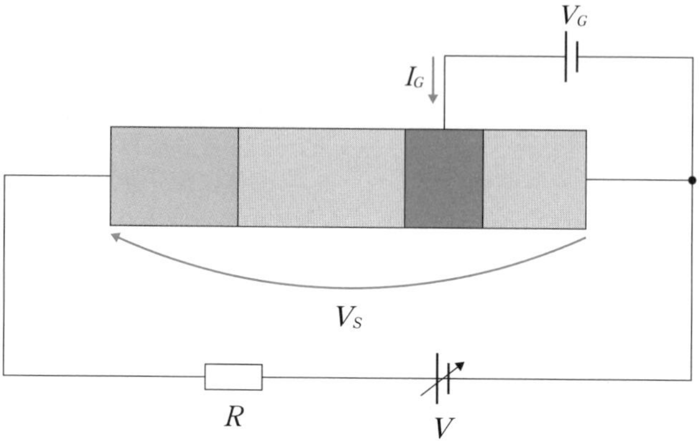

(a)

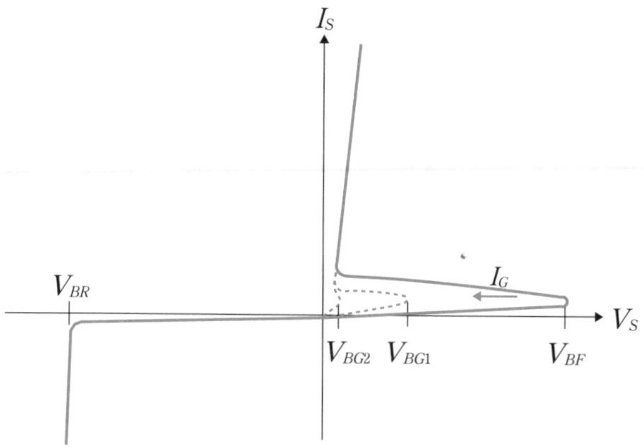

(b)

図 7 －23　ゲート端子に電流を流したときの電圧－電流特性

サイリスタは、整流回路の平均電圧の制御に使われます。サイリスタの回路図記号は図 7 －24（a）になり、簡単な整流回路（半波整流回路）は図 7 －24（b）になります。この回路のゲート端子に図 7 －24（b）の中央のグラフに示すパルス電圧をかけたとき、負荷 R にかかる電圧が図 7 −24（c）になります。図 7 −24（c）において、時間 t [s] が 0 [s] から α [s] まではアノードとカソードの間に電流は流れません。時間 t [s] が α [s] のときに、ゲート端子に電圧をかけてゲート電流を流すと、アノードとカソードとの間が導通状態になり、負荷抵抗の電圧は v_S と同じ波形になります。時間 t [s] が π [s] 以降は逆バイアスになるので、アノードとカソード間に電流が流れず、負荷抵抗 R の電圧は 0 [V] になります。

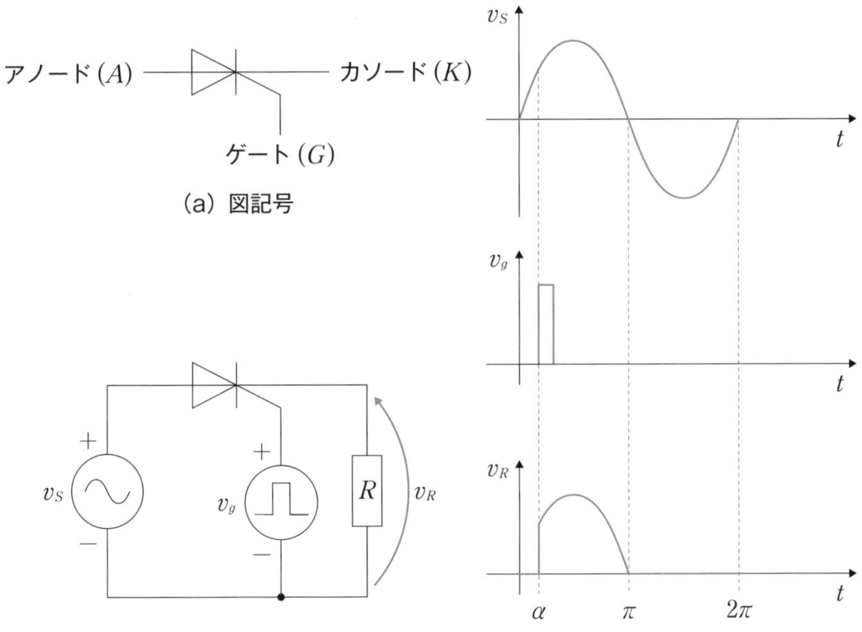

(a) 図記号

(b) 半波整流回路

(c) 半波整流回路の波形

図 7 −24　サイリスタの図記号、半波整流回路とその波形

図 7 −24（c）の負荷抵抗 R の波形の平均電圧 E_R を求めます。v_S の実効電圧を V とし、負荷抵抗 R の電圧波形の面積を求めます。面積の積分値を 1 周期の時間 2π [s] で割ると、式（7 − 7）になります。

$$E_R = \frac{1}{2\pi}\int_{\alpha}^{\pi}\sqrt{2}V sin\,(\omega t)\,d\,(\omega t)$$

$$= \frac{\sqrt{2}\,V}{2\pi}\left[-cos\,(\omega t)\right]_{\alpha}^{\pi}$$

$$=\frac{\sqrt{2}\,V}{\pi}\times\frac{1+\cos\alpha}{2}$$

$$\fallingdotseq 0.45\,V\times\frac{1+\cos\alpha}{2} \qquad (7-7)$$

［例題 7 − 6］

図 7 −24（c）の v_R の電圧波形において、v_S の実効電圧 $V=1000$［V］、$\alpha=\pi/3\,(=60°)$ のときの負荷抵抗 R にかかる平均電圧を求めよ。

［解答］

式（7 − 7）に $V=1000$［V］、$\alpha=\pi/3$ を代入すると、

$$E_R\fallingdotseq 0.45\times1000\times\frac{1+\cos(\pi/3)}{2}=337.5\,[V]$$

が得られます。

答：337.5［V］

7－5 焦電素子

人や動物が発する赤外線を検知することができる素子として焦電素子があります。この焦電素子を利用して、図7－25に示す赤外線センサーが市販されています。

焦電素子の動作を図7－26に示します。焦電効果を示す物質である強誘電体セラミックスや*PZT*（チタン酸ジルコン酸鉛）内部では、図7－26（*a*）に示すように、上側にマイナス電荷、下側にプラス電荷が分布します。これを分極と呼んでいます。この分極のマイナス側に空気中のプラスイオン（正の浮遊電荷）が吸着し、逆にプラス側にはマイナスイオン（負の浮遊電荷）が吸着しています。その結果、電荷はゼロになるため、電極間に電位差は生じません。

図7－26（*b*）に示すように、人や動物が発する赤外線が焦電素子に入射すると、内部に熱が発生します。この熱により焦電素子の温度が上昇し、分極が減少します。分極の減少に伴って、付着している浮遊電荷も焦電物質から離れますが、その離れるスピードが分極の減少より遅いので、その分余計な電荷が付着することになります。このときに、電極間に電圧が発生します。

図7－24（*c*）に示すように、赤外線を照射し続け、ある程度浮遊電荷が離れて安定すると、再び電極間の電圧は0[*V*]になります。図7－26（*d*）に示すように、赤外線の照射を止めると、焦電素子の内部温度が下がり、分極が元に戻ります。赤外線を遮断した直後は電極に浮遊電荷が不足するため、図7－26（*b*）とは逆の電圧が生じます。

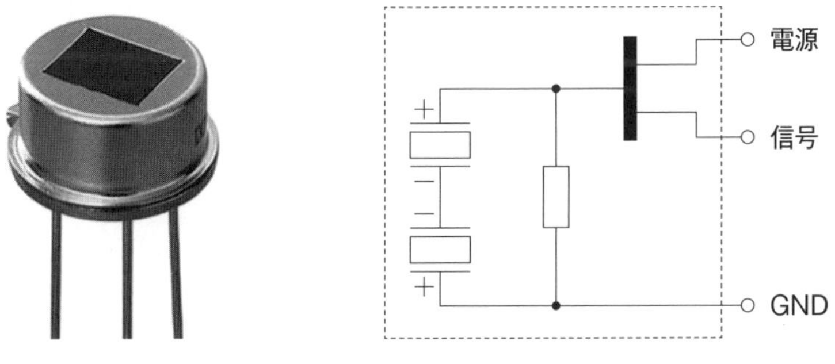

（a）赤外線センサーの写真　　（b）赤外線センサーの回路構成

図7－25　焦電素子を使った赤外線センサーと回路図

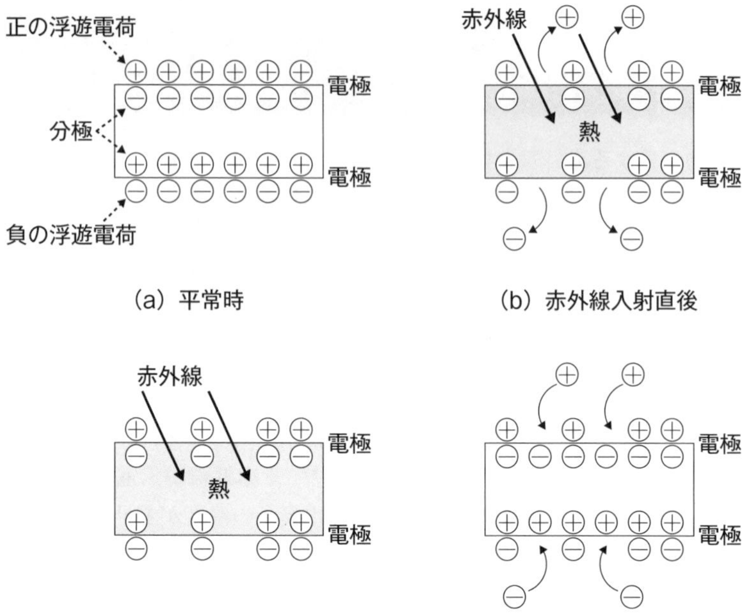

（a）平常時　（b）赤外線入射直後

（c）安定時　（d）赤外線遮断直後

図7−26　焦電素子の動作イメージ

焦電素子を使った赤外線センサーの回路を図7−27に示します。焦電素子は、内部抵抗 R_G が非常に高いため、ソースフォロワ回路とオペアンプを用いた非反転増幅回路で電圧を検出します。焦電素子に赤外線が照射されたことによって生じる電流・電圧は、図7−27の内部抵抗 R_G に電流が流れ、電圧 V_S が生じることと等価になります。このとき、*MOS*トランジスタの入力抵抗はほぼ無限大なので、*MOS*側に電流は流れ込みません。ソースフォロワ回路は入力電圧をそのまま出力電圧として出力するので、$V_S = V_{sou}$ になります。この V_{sou} を入力として非反転増幅回路で増幅するので、最終的な出力電圧 V_{out} は

$$V_{out} = \left(1 + \frac{R_F}{R_S}\right) V_S$$

となります。

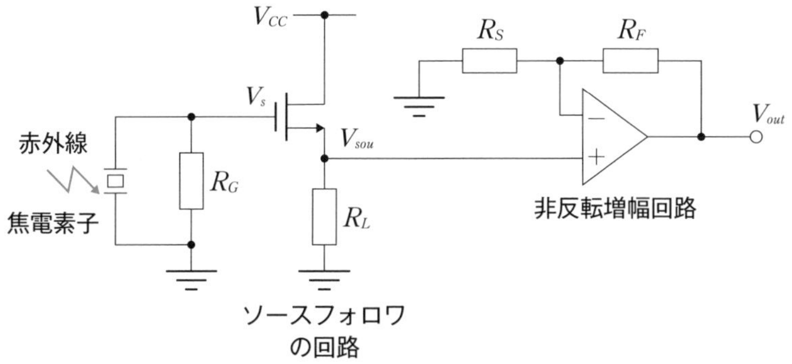

図7－27　焦電素子を利用した赤外線センサー回路

[例題7－7]

図7－27の回路において、$R_F=1\,[M\Omega]$、$R_S=10\,[k\Omega]$、$V_S=1\,[mV]$のとき、出力電圧 V_{out} はを答えよ。

[解答]

式に題意の数値を代入します。

$$\left(1+\frac{10^6}{10\times10^3}\right)\times1\times10^{-3}=0.101\,[V]$$

答：$V_{out}=0.101\,[V]$

用語解説

◎ガン効果

ガン効果とは、n型ガリウムひ素(GaAs)に数kV/cmの高電界を加えると、その中の電子の走行時間の逆数にほぼ等しい周波数の発振が起こる現象です。この現象はIBM社で物理学者のJ. B. Gunnにより発見されたため、ガン効果と呼ばれています。このガン効果によって、数GHzのマイクロ波を発生させることができるため「マイクロ波発振器」に用いられています。ガン効果のような現象は、リン化インジウムInPやテルル化カドミウムCdTeなどでもみられます。

◎トランジスタ

電気信号の増幅またはスイッチング回路の主回路素子として使用されます。トランジスタが発明される以前は、真空管を使っていましたが、近年ではトランジスタを利用した半導体回路で構成されます。端子は3つあり、トランジスタの構成によってその端子の名称が変わります。バイポーラトランジスタの端子は、エミッタ、ベース、コレクタですが、ユニポーラトランジスタでは、ソース、ゲート、ドレインになります。

◎バイポーラトランジスタ

トランジスタの中で、電流を流す担い手が電子とホールの2つ（バイ）存在するトランジスタをバイポーラトランジスタと呼びます。ユニポーラトランジスタに比べ、信号の増幅率が高く、ノイズに強いため（耐ノイズ性に優れているため）高周波数の回路に活用されます。

◎ユニポーラトランジスタ

トランジスタの中で、電流を流す担い手が電子（またはホール）1つ（ユニ）のみ存在するのが、ユニポーラトランジスタです。また、ユニポーラトランジスタは電界効果トランジスタとも呼ばれます。ユニポーラトランジスタは小型化が容易であるため、集積回路などを構成する素子として使用されます。特に、*MOS*トランジスタ（*MOSFET*）は、論理回路の素子としてデジタル回路の多くに使用されています。*MOS*トランジスタは低消費電力で動作するため、スマートフォンなどの小型電子部品になくてはならない部品です。

◎焦電効果

焦電効果とは、強誘電体の物質が赤外線を受けるとその熱エネルギーによって電荷が生じる現象をいいます。焦電効果のことをパイロ効果ともいいます。人体から放出される熱エネルギーは約9～10 [μm] にピークをもつ赤外線です。このような人体から発せられる僅かな赤外線を焦電素子で検出することができます。焦電素子の材料としては、*PZT*（チタン酸ジルコン酸鉛）などの強誘電体セラミックスや、$LiTaO_3$（タンタル酸リチウム）などの単結晶、*PVDF*（ポリフッ化ビニリデン）などの有機材料があります。

第8章

電気電子デバイス（発光・光学系デバイス）

本章ではLEDやレーザーそして液晶や太陽電池の材料や動作原理などを学びます。また情報通信に重要な役割を果たす光ファイバーや光増幅器についても説明します。そして高効率の太陽電池材料や省エネルギーデバイスの液晶の材料などについて概要を説明します。これらのデバイスは省エネルギーの情報化社会を支える基盤となっています。

8－1 半導体のバンドギャップ

半導体の特徴はバンドギャップの中ほどにフェルミレベルがあり、価電子帯から伝導帯へごく少数の電子が常温で励起されるということでした。このバンドギャップの測定法について説明します。

半導体に電磁波をあてると価電子帯から伝導帯に電子が遷移できる場合は電磁波を吸収することができます。電磁波には赤外線や可視光や紫外線、さらにエネルギーの大きい*X*線などが用いられます。このような電磁波を半導体にあてて、透過あるいは反射に伴う吸収の波長依存性を調べるとバンドギャップの大きさを知ることができます。図8－1はいろいろな半導体の吸収係数の波長依存性を示した例です。直接遷移の*GaAs*や*InP*はシャープな吸収端をもちますが、*Si*は明瞭な吸収端がなく間接遷移による格子振動へのエネルギーの流れがあることを示しています。

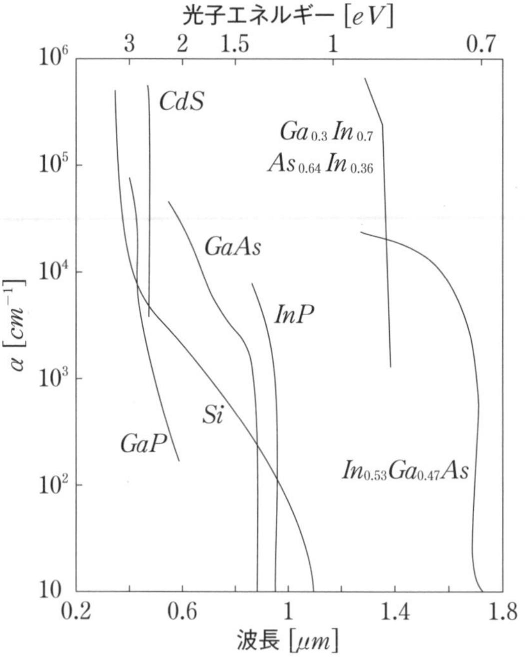

図8－1 いろいろな半導体の吸収係数
(*J. Sci. Arts*, 327-335, 2009)

バンドギャップを $E_g\,[eV]$ とするとき、直接遷移の半導体に光をあてたときの吸収係数 α は、

$$(\alpha h\nu)^2 = A\,(h\nu - E_g) \qquad (8-1)$$

間接遷移のときには、

$$(\alpha h\nu)^{\frac{1}{2}} = B\,(h\nu - E_g) \qquad (8-2)$$

の関係を満たすことが知られています（*Tauc* の式）。図 8 － 2 の測定例では直接遷移の式（8 － 1）を使って縦軸に $(\alpha h\nu)^2$、横軸に $h\nu$ をとり、外挿した直線の切片から E_g を求めています。このようにして求めた代表的な半導体のバンドギャップの値を表 8 － 1 に示します。これらの化合物半導体は、周期表の *III* 族と *V* 族の組み合わせで *IV* 族の半導体の性質を得ています。化合物半導体はその成分変化でバンドギャップの値を調整することができるため、任意の色の放出を行う *LED* やレーザー、そしてセンサー・デバイスに利用されています。

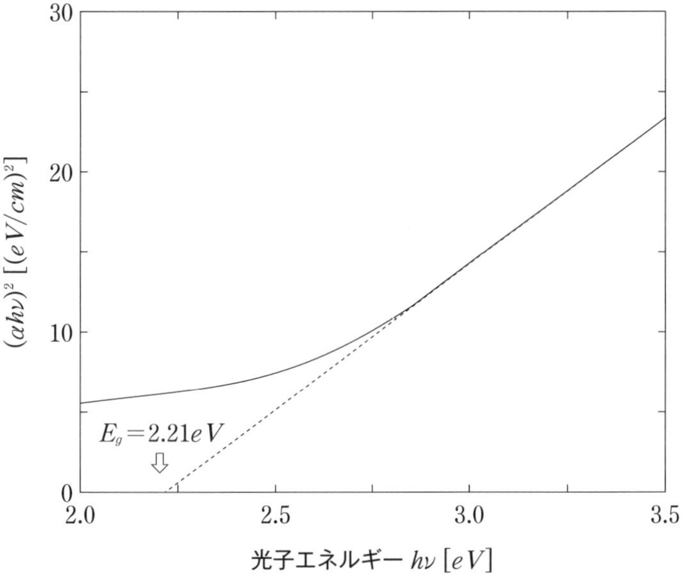

図 8 － 2　直接遷移半導体 *ZnTe* フィルムの吸収係数の *Tauc* プロット（直線の外挿切片から E_g=2.21 [eV] が求められる）

表8−1 代表的な半導体のバンドギャップ

材料	E_g [eV]	材料	E_g [eV]	材料	E_g [eV]
Ge	0.67	Se	1.74	ZnO	3.37
Si	1.12	GaP	2.26	GaN	3.4
InP	1.35	GaS	2.5	ZnS	3.6
$GaAs$	1.42	SiC	2.86	C	5.5

8－2 発光ダイオード（LED）

発光ダイオード（*Light Emitting Diode*：*LED*）の電気的特性はダイオードと同じです。順方向電流が流れると電子とホールが同時に存在する *pn* 接合部で両者が再結合します。このときバンドギャップ E_g に相当する遷移エネルギーが光となって放射されるのは7章で説明した通りです。*LED* に印加する電源の電圧 *V* が大きくなると接合部分の電位障壁が低くなり、電子が *p* 型半導体の領域まで流れ込み、ダイオードと同じように順方向電流は増えますが遷移による発光はあまり増えません。同様にホールも *n* 型半導体部分まで流れ込みます。

特定の波長の発光ダイオードやセンサを実現するためには、その波長に対応するバンドギャップの値をもつ材料が必要です。図8－3はいろいろな *LED* の発光スペクトルで、*AlGaInP* 結晶は *Al* と *Ga* の割合を変えることで赤色から緑の光に対応するバンドギャップを変えられる直接遷移型の混晶型半導体です。また *InGaN* 結晶も *In* と *Ga* の割合を変えることで紫外から黄色までの光が出せる直接遷移型の高輝度 *LED* です。これらの *LED* は異なる種類の半導体を接合したヘテロ接合ダイオードで、複数のヘテロ接合を組み合わせて青色発光ダイオードは作られています。発光部の活性層を量子井戸と呼ばれる電子やホールの密度を高い状態にすると、誘導放射によって強い光を出す超高輝度 *LED*（*Super Luminescent Diode*：*SLD*）を作ることができます。*SLD* はレーザーほどではありませんが、時間空間的に位相の揃った（コヒーレントな）光も含まれている

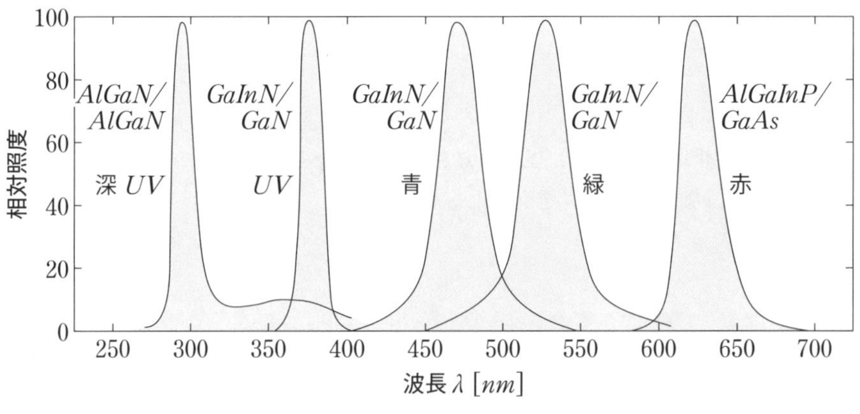

図8－3　いろいろな化合物半導体 *LED* の発光スペクトル（相対値）

ので、反射光などをみるときらきらと光る干渉による光の粒（スペックル）を観測することができます。

［例題 8 − 1］

バンドギャップが $E_{g1}=3.4$ $[eV]$ の GaN 半導体に不純物を混ぜて p 型と n 型 GaN を作り、バンドギャップが $E_{g2}=3.1$ $[eV]$ の $In_{0.2}Ga_{0.8}N$ の両側に接合してダブルヘテロ接合ダイオードを作った。

エネルギーレベルは対称的に分布するとして、接合部分の $In_{0.2}Ga_{0.8}N$ の量子井戸の深さ Δ を求めなさい。またこの LED の発光波長はいくらか。

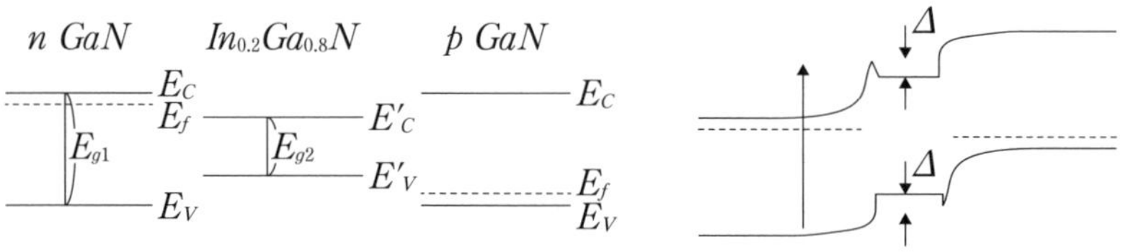

（a）接合前のエネルギー準位　　（b）ダブルヘテロ接合のエネルギー準位

図 8 − 4　GaN-In$_{0.2}$Ga$_{0.8}$N-GaN のダブルヘテロ接合ダイオード

［解答］

エネルギー準位は対称的としているので

$$\Delta=\frac{E_{g1}-E_{g2}}{2}=\frac{0.3}{2}=0.15\ [eV]$$

となります。

また波長は $In_{0.2}Ga_{0.8}N$ のバンドギャップ E_{g2} $[eV]$ に相当する波長になるので

$$\lambda=\frac{1240}{E_{g2}}=\frac{1240}{3.1}=400\ [nm]$$

となり、量子井戸の電子および正孔の密度は高くなります。

この LED は強い青色の光を発生します。

答：$\Delta=0.15$ $[eV]$、$\lambda=400$ $[nm]$

コラム　青色発光ダイオード

青色発光ダイオードの発明と実用化による省エネルギー効果の貢献により、赤崎勇、天野浩、中村修二の各先生にノーベル賞が与えられました。バンドギャップや堅牢な材料特性から青色 *LED* の材料は *GaN* 以外にないと研究の方向を決め、*GaN* の結晶化に取り組まれました。通常の方法では結晶の不整合などにより微小孔やひびが入るなどして良質な結晶を作ることができませんでしたが、①*GaN* の結晶を作るために、*Al* の酸化物であるサファイヤ結晶の上に低温で *AlN* の層を成長させる、②加熱処理して *AlN* を整列させる、③その上に *GaN* を成長させる、などの工夫で *GaN* の結晶化に成功しました。そして、④ *p* 型の不純物半導体を得るために *Mg* を注入し電子線をあてて移動させる、⑤不純物コントロールによる *n* 型 *GaN*、⑥発光層に *InGaN* を用いる、⑦さらに効率的な *GaN* 結晶の製造法の確立、などの独創的な発想と技術によって青色発光ダイオードが誕生しました。

こうして得られた青色 *LED* の構造の例を図８－５に示します。*GaN* は硬く融点も高いため *LED* の製造は難しく、開発に30年余りを要したまさに努力の結晶です。*GaN* で培われた青色 *LED* 作製の技術が緑色半導体レーザー開発の基礎技術になるなど、*LED* を超えて多くの分野に重要な波及効果をもたらしました。

我々の身の回りの照明器具や発光部品は急速に *LED* に置き換わりつつあり、青色 *LED* を中心とする固体発光デバイス技術は省エネルギー社会へ多大な貢献をしています。

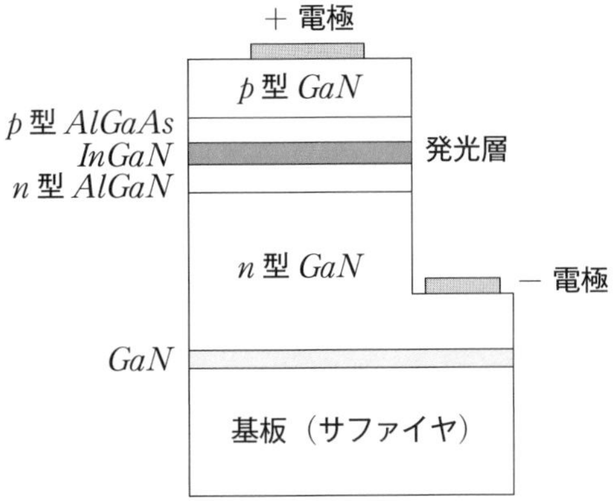

図８－５　高輝度青色 *LED* の構造

LED による白色照明の方法には *RGB* 3 原色 *LED* の混合による方法や、青色 *LED* または紫外 *LED* と蛍光体を用いて白色を作り出す方法などがあります。このうち青色 *LED* と青の補色である黄色を蛍光体で発光させ混合する方式を図 8 − 6 に示します。蛍光体を使う方法は構造が簡単なため擬似白色 *LED* ランプとして普及していますが、緑色がないため色再現性に乏しく、色再現性を重視する場合は緑および赤を発光する蛍光体を用いるなどの工夫がなされています。紫外線 *LED* を用いる場合は紫外線によって白色を発光する蛍光体を用いています。

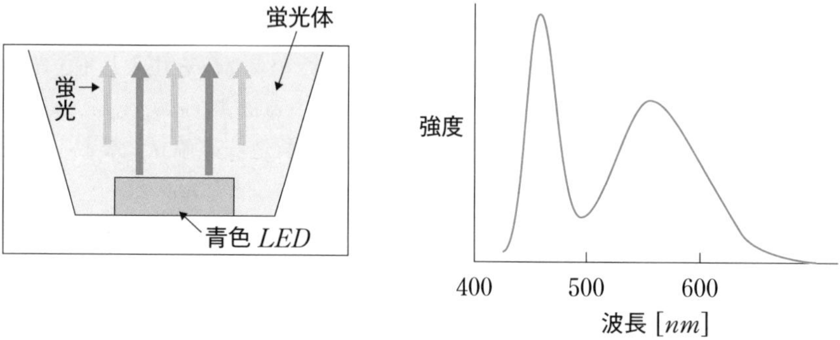

（a）青色 *LED* + 黄色蛍光体　（b）発光スペクトル

図 8 − 6　青色 *LED* と蛍光体を用いた擬似白色 *LED*

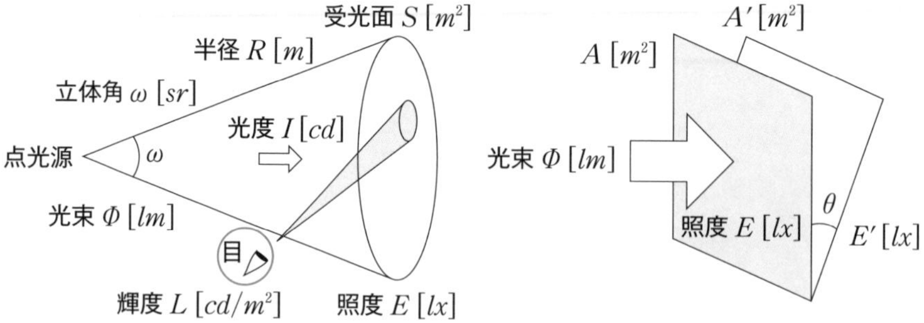

（a）光源　（b）照度

図 8 − 7　明るさの定義

照明に用いる明るさを表すには、図 8 − 7 のように光源から出る光のエネルギー Φ [*lm*]（光束、単位はルーメン）、光度 I [*cd*]（単位はカンデラ）、照度 E [*lx*]

（単位はルクス）そして光源の輝度 L [cd/m^2] が使われます。図 8 − 7 は、発光源から出た光の強さが光度で、その光が反射体を照らしたときの明るさが照度になり、そして反射体から出た光が目に届くときに目に感じる明るさが輝度になることを模式的に表したものです。

発光源の光束は光のエネルギーであり、538 THz の光のエネルギーが 1/683 [W] であるとき $\Phi=1$ [lm] と定義されます。この値はローソクの明かりから光の強さを決めていたことからきたものです。538 THz の光は555 [nm] の波長で、太陽光（6000度の光源）のもとで人の視感度が最も高い波長です。光の強さは立体角当たりの光束で表されるので光度の単位は [cd]=[lm/sr] です。sr は立体角（ステラジアン）で面積比を表す無次元量です。輝度は目が感じる面状の発光体（反射体やすりガラス電球など）の明るさで、面積および立体角当たりの光束と定義されるため [cd/m^2] の単位をもち、距離に依存しない値となります。また照度 E [lx] は図 8 − 7 (b) のように照射面積 A [m^2] 当たりの光束で、$E=\Phi/A$ になります。A' が A より θ だけ傾いていると $E'=\Phi/A'=\Phi/(A\cos\theta)=E\cos\theta$ [lx] になり、傾くほど暗くなります。

いろいろな光源のエネルギー発光効率を表 8 − 2 に示します。

表 8 − 2　光源の発光効率 [lm/W]

白熱電球	*LED*	有機 *EL*	蛍光灯	水銀ランプ
13.5	100〜190	17	110	55

労働安全衛生規則によると精密作業の照度は300 [lx] 以上、普通作業では150 [lx] 以上必要と定めています。また学校環境衛生基準（文科省）では教室および黒板や会議室では照度が500 [lx] 以上であることを推奨しています。教室などでプロジェクターを用いて資料を示す場合は、スクリーンサイズ全体が十分な照度 [lx] になるような光束 [lm] をもつプロジェクターを選定しておく必要があります。また、野球のナイターでピッチャーとバッター間の照度は2500 [lx] 程度、内外野は2000 [lx] 程度必要とされています。ナイターでピッチャーの投げたボールの球きわをみてホームランを打つには昼間のような明るさが必要です。

［例題8−2］

以下のデバイスの特性を表すために用いられる明るさの単位を述べなさい。

(1) 照明器具　（　　　）　(2) *TV*、ディスプレイ　（　　　）
(3) *LED*　（　　　）　(4) 建築デザイン　（　　　）
(5) プロジェクター　（　　　）　(6) レーザーポインタ　（　　　）

［解答］

照明は全光束[*lm*]、ディスプレイは発光体としての輝度[cd/m^2]、照明用*LED*は光束[*lm*]、砲弾型*LED*は光度[*cd*]、室内照明は照度[*lx*]、プロジェクターは光束[*lm*]、レーザーポインタは電力[*W*]で明るさを表しています。

答：(1)[*lm*]、(2)[cd/m^2]、(3)[*lm*] *or* [*cd*]、(4)[*lx*]、(5)[*lm*]、(6)[*W*]

［例題8−3］

1[*lx*]のエネルギー密度を求めなさい。

［解答］

$E=\Phi/A$ より $A=1$ [m^2] とすると、1 [*lx*]=1 [*lm*]/1 [m^2]=1/683 [W/m^2]=1.46 [mW/m^2] となります。

答：1 [*lx*]=1.46 [mW/m^2]

［例題8−4］

650 [*nm*] で1 [*mW*] の赤色レーザーポインタのビーム径が5 [*mm*] であった。ビームのスポット内の照度はいくらか。ただし、650 [*nm*] の比視感度は0.1029とする。

［解答］

比視感度は555 [*nm*] の人の明るさの感度を1としたときの各波長の明るさを表す感覚尺度です。また1 [*lm*]=1/683 [*W*] であるので、1 [*mW*] の650 [*nm*] の光束は $\Phi=0.103\times683\times10^{-3}$ [*lm*]=0.0703 [*lm*] となります。

5 [*mm*] 径のスポットの面積は $S=\pi(0.005/2)^2=19.6\times10^{-6}$ [m^2] です。したがって、照度は $E=\Phi/S=3587$ [*lx*] となります。

答：3590 [*lx*]

［例題 8 － 5］

60［W］の白熱電球の光束を求めなさい。また、135［lm/W］の60［W］相当の LED 電球の消費電力はいくらか。

［解答］

表 8 － 2 より60［W］の白熱電球の光束は $\Phi=13.5\times60=810$［lm］になります。また、LED 電球の消費電力は810/135＝6［W］となります。

答：光束＝810［lm］、LED 電球消費電力＝6［W］

［例題 8 － 6］

プロジェクターで照射したスクリーンは中央で明るく四隅で暗くなる。このとき平均の輝度 E［cd/m^2］と光束 I［lm］には、スクリーン面積を A［m^2］、スクリーンの反射特性を G として

$$E=\frac{I\cdot G}{\pi\cdot A} \quad (8-3)$$

の関係がある。$G=0.9$ のとき、100インチ（$inch$）のスクリーンを照射するのに必要な液晶プロジェクターの光束を求めなさい。

［解答］

16:10の100インチの画面サイズは2154［mm］×1346［mm］になるので、$A=2.90$［m^2］です。スクリーンの輝度をディスプレイの輝度の代表値にとり、$E=350$［cd/m^2］を式（8 － 3）に代入して $I=3540$［lm］となります。

答：3540［lm］以上

8-3 レーザーダイオード（LD）

レーザーダイオード（*laser diode*：*LD*）のレーザー（*Light Amplification by Stimulated Emission of Radiation*：*LASER*）の発光機構は*LED*と似ていますが反転分布が起こりやすい材料を用いたキャリア閉じ込め構造をもち、この活性層の両端にミラーを用いて誘導放出による光増幅を起こすようにしたものです。図8－8の活性層は*GaAs*の薄い半導体（厚さは0.2μm、屈折率は$n=3.6$）で、その両側の*AlGaAs*半導体（厚さ1μm、屈折率3.4）のバンドギャップより小さいため、電子やホールが多く集まり、遷移発光が起こりやすい状態になっています。両側のこのような活性層のサンドイッチ構造をダブルヘテロ構造（ヘテロ接合：異種半導体の*pn*接合の境界）と呼びます。活性層では1つの光放出がきっかけとなり、光放出の連鎖反応が起こって同じ位相をもつ光が増幅されます。これを誘導放射と呼びます。

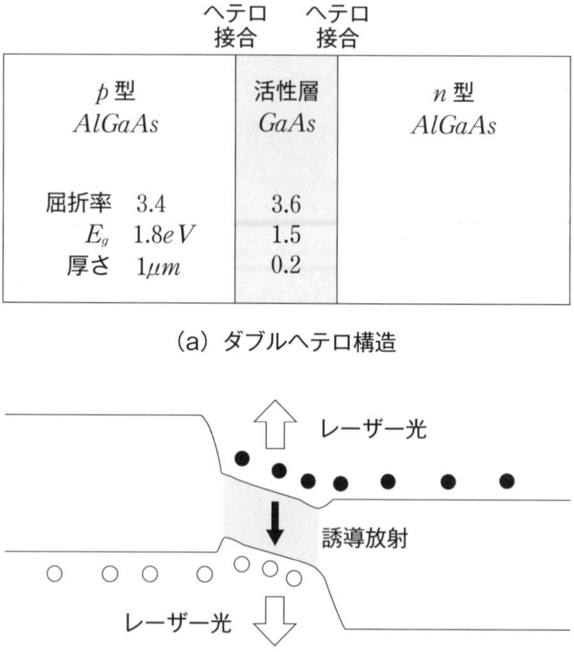

(a) ダブルヘテロ構造

(b) 活性層での誘導放射

図8－8 ダブルヘテロ構造と活性層での誘導放射

［例題 8－7］

図8－9のように距離 l 離れた2枚の平行ミラーに挟まれた活性層からレーザーが発振する条件を求めなさい。ただし、ミラー間を1往復させる間の光の増幅率を g、減衰率を α、ミラーの反射率を R とする。

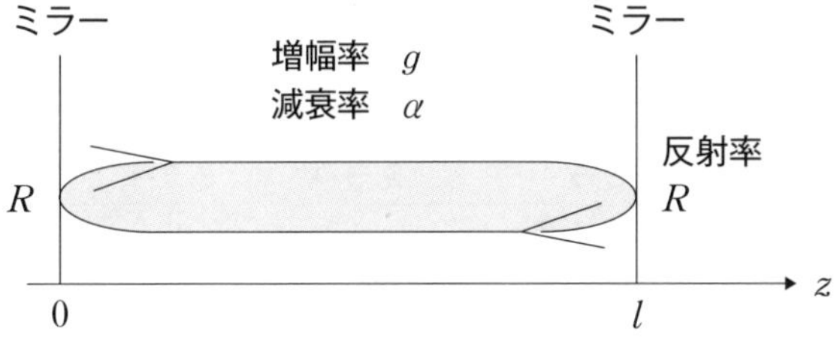

図8－9　レーザーの発振条件

［解答］

素子の1点で発生した光 I_0 は1往復の間に

$$\frac{dI}{Idz}=g \quad \text{より} \quad I=I_0e^{2gl} \qquad (8-4)$$

と増幅されます。同様に1往復の間で減衰する割合は

$$\frac{dI}{Idz}=-\alpha \quad \text{より} \quad I=I_0e^{-2\alpha l} \qquad (8-5)$$

となります。

増幅するにはミラーの反射を含めて

$$I_0e^{2l(g-\alpha)}R^2>I_0 \qquad (8-6)$$

を満たす必要があります。したがって、レーザーの1往復での発振条件は

$$g>\alpha-\frac{\ln R}{l} \qquad (6)$$

で表されます。g はキャリアの数すなわち電流に比例します。

答：$g>\alpha-\dfrac{\ln R}{l}$

2枚の並行ミラーの間で光を往復して発振させる方式のレーザーをファブリ・ペロ型レーザーと呼びます。このファブリ・ペロ型のレーザー光はミラー間の定在波を満たす条件の発振光の重ね合わせとなるので、得られるスペクトルには図8－10（a）のようにいくつかの波長ピークがあります。単一のピークからなるレーザー光を得るためには、活性層の周りに溝（グレーティング）を刻んで一定の方向にブラッグ反射する光のみ活性層内に閉じ込め（図8－10（*b*））、素子の外に特定の波長だけ通す回折格子のフィルタとミラーを置く（図8－10（*c*））などの工夫がなされています。活性層の屈折率は周りの*p*型*n*型のクラッド（鞘）層の屈折率より高いため、活性層の内部に生じた浅い角度の進行波は活性層とクラッド層の境界で全反射し活性層内を伝わっていきます。この構造は光ファイバーと同じです。

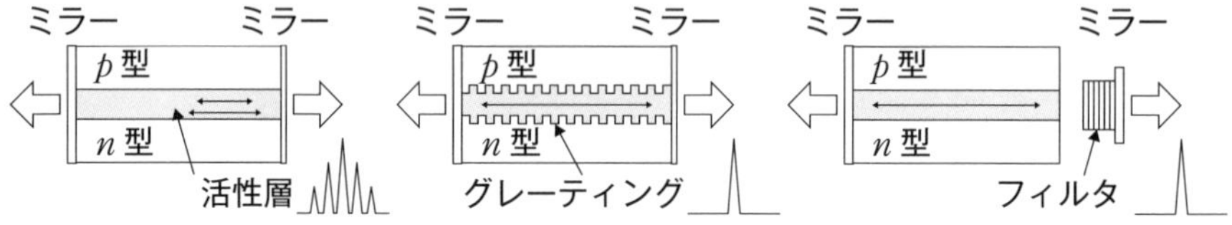

（a）多重ピーク　（b）活性層界面のグレーティング　（c）外部設置の干渉計

図8－10　ファブリ・ペロ型レーザーダイオードの活性層の発光スペクトルと単一ピーク化

レーザー光が通常の自然放出光と異なるのは、位相が揃っていること（コヒーレント）と、単一波長からなっていることです。単一波長で位相が揃った平行な光は、進行方向から外れた方向の光があったとしても打ち消しあって存在できないので、結果として光ビームの幅は広がらず遠くまで届きます。レンズで集光すれば微細な加熱・加工・反射などができるため、*CD*、*DVD*、ブルーレイなどの読み（光ピックアップ）・書き、プリンタ露光ドラムの感光荷電などに応用されているほか、干渉を利用して位置や3*D*距離計測など多くの分野でレーザーが活用されています。ちなみに*CD*や*DVD*のピットとランドの高低差は$\lambda/4$にとってあるため、反射光の干渉によって*ON*/*OFF*が決まるようになっています。

レーザーのビーム径が広がらない性質を利用したものにレーザー・プロジェクタがあります。光源の*R*･*G*･*B*のレーザー光を別々に、あるいはまとめた光を$x-y$スキャン（走査）ミラーで反射させて、画像を構成しています。以前は*X*と*Y*の2つのモータにミラーを付けて連続反射させてスキャンさせていましたが、最近では半導体チップの上にピエゾ素子またはコイルによる*X*－*Y*可動ミラーを組み込んだ*MEMS*（*Micro Electro Mechanical Systems*）チップなどが用いられるようになっています。

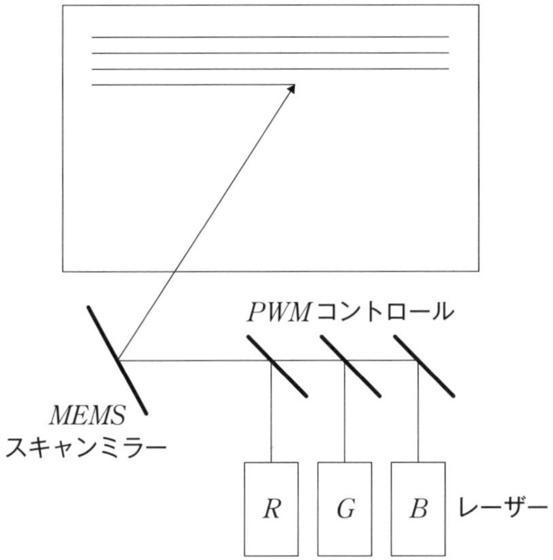

図8－11　レーザー・プロジェクタの構成例

多くの表示方式がある中で1つのスキャン・ミラーを用いるプロジェクタの構造イメージを図8－11に示します。*R·G·B*それぞれのレーザー光の明るさはハーフミラーがスキャン・ミラーの方向を向いた時間あるいはレーザーのパルス発光時間を変える*PWM*によってコントロールできるので、フルカラー表示を行うことができます。レーザー・プロジェクタの特徴は、レーザースポットの集合で画像を構成するため、スクリーン位置がどこにあっても画像表示でき焦点調整をする必要がないことです。これを利用してサッカーグランドや建物の外壁などに表示が行われています。

例題8－7でみたように*LD*の活性層の条件やミラーの反射率そして電流を変えることによってレーザー光の強度を変えることができます。強い強度のレーザー光は、加熱や焼灼そして切断などの加工を行うことができます。レーザー光が目に入ると網膜や角膜に障害を与えるので、安全性については国際電気標準（*International Electrotechnical Commission*：*IEC*）の60825－1:2014、日本では*JIS C* 6802:2014で規定され、また電気用品安全法(2014)や消費生活用製品安全法(2016)でも取り上げられています。

その安全性はクラス1から4まで8つの概括的なクラスに分けられています。その概要を表8－3に示します。このクラス分けは、*JIS C* 6802に基づき技術者がクラスをみて安全な実験や作業を行える目安とするために設けられたもので、危険性をラベルを貼って表示し、実際の実験や作業現場に応じたさまざまな表示と安全管理が行われています。

表8－3 レーザー製品の安全基準の概要[※注]

クラス		概要	*Power*の一例
1	1	裸眼で長時間観察しても安全、光学機器を用いても安全	可視光で0.38 [mW] 以下
	1M	裸眼で長時間観察しても安全、光学機器を用いると危険	
	1C	人体に接触させたときレーザーを照射して加熱・焼灼・変性に用いる医療・美容器具	クラス3、4のレーザー光を含む
2	2	可視光(400nm－700nm)、裸眼で0.25s以内では光学機器を用いても安全	光源の視角が1.5 [$mrad$] 以下では1 [mW] 以下
	2M	可視光(400nm－700nm)、裸眼で0.25s以内では安全、光学機器を用いると危険	
3	3R	一時的露光でも危険。露光時間が増加することに危険性増加	可視光では5 [mW] 以下 可視以外で*class*1の5倍以下
	3B	一時的露光でも危険。拡散反射光は安全。鍵またはインターロックを取り付け、使用中の警報表示などが必要	315 [nm] 以上で500 [mW] 以下
4	4	一時的露光でも危険。拡散反射光も危険。皮膚の露光も危険、火災の危険が伴う。端末をブロックするなどの対策、鍵またはインターロックを取り付ける必要	0.5 [W] 以上

これらのクラスは以下のような実用使用環境を意味しています。

●クラス1

レーザー製品を使って直接ビームを長時間観察しても、またそのときに望遠鏡やルーペなどの光学機器を用いても安全なレベル。またクラス1Mは光学機器を用いなければ安全であるとするクラス1の拡張版。

●クラス2

可視光のまぶしさに対する嫌悪反応を前提に設けられた安全クラス。クラス2Mは、光学機器を用いないと安全であるとするクラス2の拡張版。

※注:光学機器:双眼鏡、ルーペなどで集光。まばたき回避行動:0.25 [s] で目を閉じる嫌悪反応。身体回避行動:10 [s] で退避。長時間被爆:30000 [s]＝8時間労働・紫外線では24h・調整作業は600 [s]。

●クラス 3

クラス $3R$ は、可視光でクラス 2 の 5 倍、それ以外の波長ではクラス 1 の 5 倍の出力。クラス $3B$ は、偶然の短時間の露光でも危険であるが、反射光は安全。

我々の身体は光に対して影響を受け、その最大許容露光量を *MPE*（*Maximum Permissible Exposure*）といいます。この量は波長および暴露時間と組織に依存し、可視光で裸眼で400 $[nm]$－450 $[nm]$ では 1 $[W/m^2]$、それ以外の可視光では 10 $[W/m^2]$、可視光の皮膚では 2 $[kW/m^2]$、10 $[\mu m]$ の赤外光では目・皮膚とも 1 $[kW/m^2]$ などとされています。これらの値は光暴露で50% の人に障害が出る値の 1/10が目安になっています。この *MPE* をもとに、生体組織に照射するレーザー光の許容強度（放射露光限界 *AEL*：*Accessible Emission Limit*) を求めることができます。一方でクラス $3B$ の長時間被爆では可視光より長波長で *AEL* は 0.5 $[W]$ と決められているような部分もあります。

レーザー実験を行うときは、不慮の事故を防ぐためにクラスをもとに危険なエリアを、ラベルを貼って分画し、必要に応じて鍵やインターロックを付けるなどします。またビームの高さを人が歩くときの目の高さにならないように床上 2 $[m]$ 以上に、座って顔にあたらないように実験台の上30 $[cm]$ 以下に、ビーム端は吸収材を取り付け漏れや反射が起こらないようにし、そして実験者は保護メガネを着用するなどの安全対策をとる必要があります。

［例題 8 － 8］

暗い部屋で瞳孔が開いた状態で実験中、レーザー光を裸眼で長時間観察していても安全な赤色レーザーポインタ（650 $[nm]$）のパワーを求めなさい。

［解答］

瞳孔の直径は暗いところでは 7 $[mm]$ と考えられるので、その面積は $S=0.38\times10^{-4}$ $[m^2]$ です。可視光の目の *MPE* が10 $[W/m^2]$ なので、面積 S に照射するパワーは$10S=0.38$ $[mW]$ になります。ちょうど 7 $[mm]$ のビーム径のレーザー光が瞳孔に入るのが危険の最大値なので、裸眼でも安全なレーザーポインタの出力は0.38 $[mW]$ 以下になります。これが表 8 － 3 のクラス 1 に記されています。

答：0.38 $[mW]$

コラム　2光子顕微鏡

　パルスレーザーの応用例として2光子顕微鏡を取り上げます。この顕微鏡は生体内部の組織を生きたまま観察できる顕微鏡で、生体を透過する近赤外光のレーザー光を生体内部に集光し、組織に取り込ませておいた蛍光体を2光子励起して、波長の短い可視光の蛍光を観察するものです。1光子励起で視野を照明する場合は、浅い部分の励起光の反射・散乱と深部での励起・発光と散乱が重なる（自己遮蔽効果）ため、生体内部を観測することは困難になります。ちょうど激しい夜の降雪の中をサーチライトで照らしても近くの雪の反射ばかりで先がみえないのと似た状態です。これに対して近赤外光で生体の内部を照らし入射光と異なる波長で発光させると、周りの散乱の影響をほとんど受けず内部の発光部を外部から観測することができます。サーチライトを消すと激しい降雪の中でも遠くの街灯の下の様子がよく観察できるのと似ています。2光子励起できる確率は低いため、チタンサファイヤのレーザーを用いて強い近赤外光を照射して2光子励起の確率を高めます。このとき生体への影響を少なくするため極めて短時間（フェムト秒：$10^{-15}[s]$）照射するパルスレーザーを用います。図8－12は2光子顕微鏡でみた大脳皮質神経細胞で、レーザー照射点をスキャンして$3D$イメージを得ています。定点観測すれば、脳神経細胞のシナプスの形成などを生きたまま観察することができます。

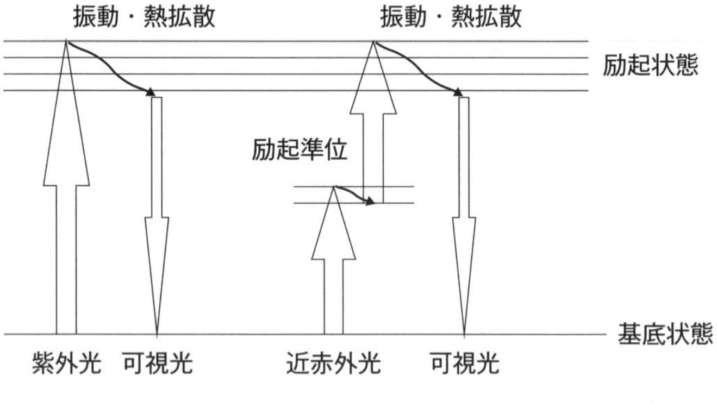

（a）1光子励起　　　（b）2光子励起

図8－12　光子励起と2光子励起

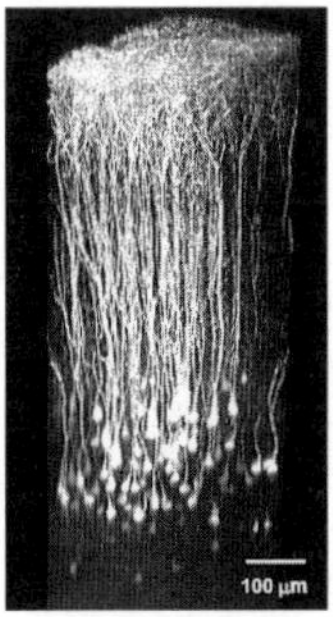

図8－13　2光子顕微鏡による大脳皮質神経細胞のライブ・イメージ
（鍋倉・江藤、2光子顕微鏡を用いた脳の *in vivo* イメージング、
日薬理誌、*vol.*135, *pp.*104-108, 2010）

［例題8－9］

長さ $L=0.2$ $[mm]$、厚さ $d=0.1$ $[\mu m]$ の発光層をもつ *GaAs-AlGaAs* ダブルへテロ接合の半導体レーザーがある。この素子に流す電流と光強度の関係とスペクトルは図8－14のようになった。*GaAs* の屈折率を $n=3.5$ とするとき、次の問いに答えなさい。

(1)この素子に流れる電流がいくら以上になったときレーザー発光するか。

(2)レーザー発振の縦モードの波長間隔 $\Delta\lambda$ $[nm]$ はいくらか。

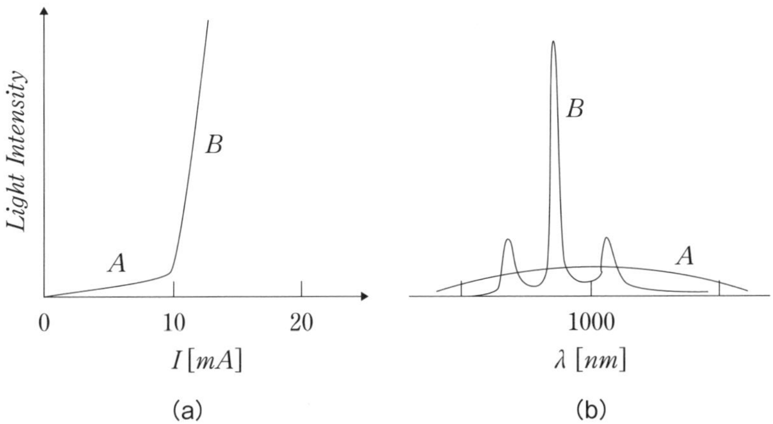

図8－14　*LD* の電流－発光強度(a)と発光スペクトル(b)

［解答］

(1)図 8 −14（b）を見ると、A ではブロードなスペクトルの自発発光であるのに対し、B では鋭いピークのまわりに規則的な間隔でいくつかのピークが並んでいます。これは誘導放射により光の進む L の方向にできたレーザー光の定在波（縦モード）の特徴です。したがって $I=10$ $[mA]$ の閾値電流以上でレーザー発光しています。

(2)誘導放射の長さ L の間にできる定在波の山の数を m、そのときの波長を λ_0、$m+1$ の山の数のときの波長を λ_1 とすると

$$m\frac{\lambda_0}{2n}=L,\ (m+1)\frac{\lambda_1}{2n}=L$$

となり、これより m を消去して整理し、$\lambda_0 \fallingdotseq \lambda_1$ をピーク波長の1000 $[nm]$ とすると

$$\Delta\lambda=\lambda_0-\lambda_1=\frac{\lambda_0\lambda_1}{2nL}\approx\frac{(1000\times10^{-9})^2}{2\times3.5\times0.2\times10^{-3}}=0.71\times10^{-9}\ [m]$$

となります。

電流が増えるに従って縦モードは短波長にシフトしながら単一ピークに集約するようになりますが、発熱も増えるため電流密度が高くなりすぎるとかえって発光効率は下がります。

答：(1)10 $[mA]$ 以上、(2) 0.7 $[nm]$

8－4 液晶

液晶ディスプレイは棒状分子の複屈折性と極性基による電場配向性を利用した光スイッチです。図８－15のような棒状の分子は長軸方向と短軸方向では分極率すなわち屈折率が異なります。また、分子の先端にシアノ基（$N\equiv C-$）が付いており（$\delta+$）$N\equiv C$（$\delta-$）$-$ のように電気双極子をもつため、電圧を加えると電場方向に分子は配向します。

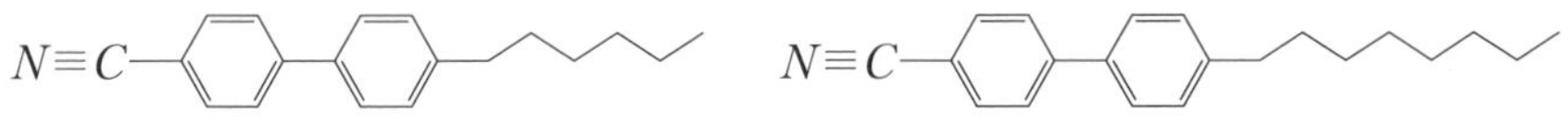

(a) 4-*cyano*-4′-*hexylbiphenyl*:6*CB*　(b) 4-*cyano*-4′-*octylbiphenyle*:8*CB*

図８－15　ネマチック液晶の構造式

いま図８－16（*a*）のように液晶を１方向に配向させた透明電極を上下で90度回転させてセルを組み電場を加えると、分子は（*b*）のように電場方向に沿って配向します。電極の分子配向と同じ向きに偏光板をセットし、図のような偏光を入射すると電場のない（*a*）の場合は光は透過し、電場で配向させた（*b*）の場合は遮断されるので、電圧による光スイッチとして利用できます。図８－16（*b*）のように90度回転させた電極を用いる液晶デバイスを *TN*（*Twisted Nematic*）液晶、180度回転させた場合などを *STN*（*Super Twisted Nematic*）液晶と呼びます。そして *TFT*（*Thin Film Transistor*）を用いて各画素に加える電圧をコントロールしています。*TN* 液晶は分子が面に垂直に配向するため視野角が狭くなるなどの課題があり、それを改善するため水平方向に配向する液晶分子を用いるなど、さまざまな工夫がなされています。

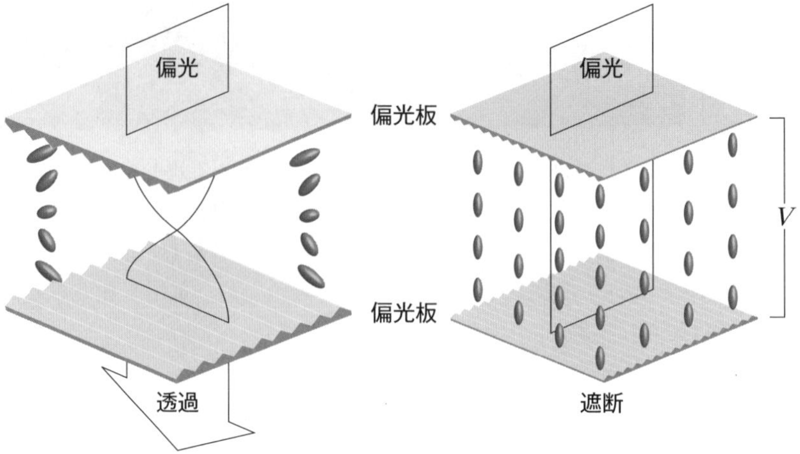

（a）偏光の透過　　（b）電圧印可による遮断

図8－16　偏光の透過と電圧印可による遮断

コラム　セロハンテープによる複屈折

セロハンテープはセルロース分子膜を1方向に引き伸ばして作られます。このとき、引き伸ばした方向とそれに直角の方向で屈折率が異なるため、ネマチック液晶分子を配向させたモデル膜としてセロハンテープを扱うことができます。図8－16（*a*）の実験をセロハンテープで行うとすれば5°ずつ回転させたセロハンテープを18枚積み重ねて直行した偏光板の間に挟みます。セロハンテープがない部分はクロスした偏光板で光が遮断されるのに対して、重ねたセロハンテープを入れた部分は偏光面が90°回転し光が透過します（中央の白い扇型の部分）。

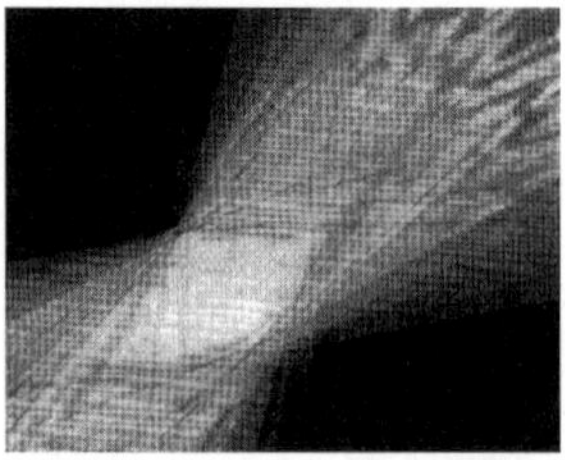

図8－17　セロハンテープによる液晶デバイス実験

8－5 有機 EL

有機材料を用いた発光体という意味で有機 *EL*（*Electro Luminescence*）と呼ばれるデバイスは、有機半導体による *LED* の概念から高分子材料の酸化還元反応、そして有機金属化合物の蛍光や燐光までの現象を含んだデバイスです。*LED* と異なり、電子やホールの伝導体を電子輸送層やホール輸送層と呼んでいます。これは *LED* における伝導帯が *LUMO*（最低空軌道）に、価電子帯が *HOMO*（最高占有軌道）に相当することと、有機 *EL* は薄いので、キャリアをもつ薄膜に高い電圧をかけると強制的な飛び移り（ホッピング）やトンネル効果によるキャリアの伝導が起こっているためです。また発光層は *LED* における *pn* 接合部とは異なり、蛍光体にキャリアを注入しエネルギーの高い励起子を生成して蛍光や燐光を発光（*luminescence*）させています。

Tang が最初に開発した有機 *EL* の構成を図 8 －18に、最近の一般的な構成を図 8 －19に示します。*ITO*（*Indium Tin Oxide*）は透明電極を表しています。有機 *EL* は液晶と異なり基板にプラスチックを用いると折り曲げられ、高い発光効率も期待できることから盛んに新しいデバイスの開発が進められています。

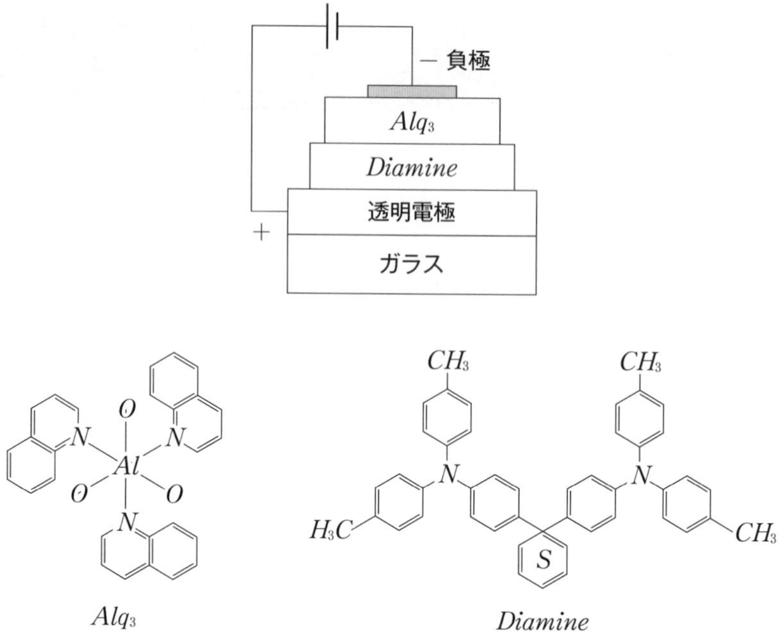

図 8−18 *Tang* による初期の有機 *EL*

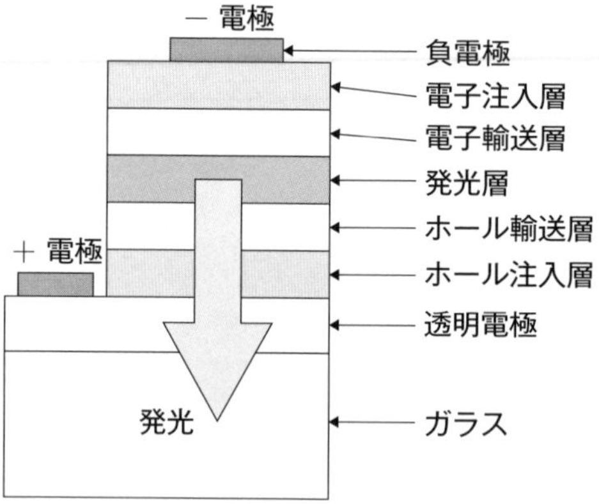

図 8−19 有機 *EL* の構造

8-6 光ファイバー

光ファイバーは直径0.1*mm*ほどの石英の中に光を通して情報を伝達します。光の通る部分をコア部と呼び、その周りをクラッド層が包んでいます。コア部の屈折率はクラッド層の屈折率より大きいため、コア部の境界で全反射が起こります。全反射に伴い反射点のクラッド側にわずかに反射光が染み出る（エバネシェント波）ため、クラッド層はある程度の厚さをもつ必要があります。特にプラスチック光ファイバーなどを使う場合、プラスチック光ファイバーにはクラッド層がないためファイバーをゴムなどの吸光性の被覆材で密着して包んだり水が入って濡れたりすると、エバネシェント波が吸収され全反射できなくなります。

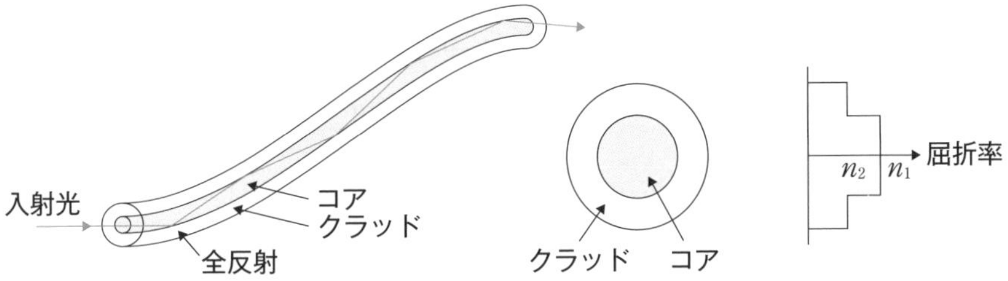

（a）全反射による光伝達　（b）構造　（c）屈折率

図8－20　光ファイバーの構造

光ファイバーに入射した光はコアの中を、全反射を繰り返しながら伝わっていくので、光ファイバーへの入射角にはコアで全反射を起こさせるための制限があります。図8－21のように空気、コア、クラッドの屈折率をそれぞれn_0、n_1、n_2とします。光ファイバーの端面では屈折のスネルの法則より

$$n_0 \sin\theta_0 = n_1 \sin\theta_t \qquad (8-7)$$

となり、同様に反射点Pでは

$$n_1 \sin\theta_c = n_2 \sin\theta_d \qquad (8-8)$$

となります。全反射を起こす臨界条件は$\theta_d = \pi/2$、$\theta_t + \theta_c = \pi/2$より

$$n_0 \sin\theta_0 = n_1 \sin\theta_t = n_1 \cos\theta_c = n_1\sqrt{1-\sin^2\theta_c} = \sqrt{n_1^2 - n_2^2} \qquad (8-9)$$

となります。すなわち$n_0 = 1$として$\theta_0 < \sin^{-1}\sqrt{n_1^2 - n_2^2}$で全反射が起こり、これ以下の入射角であれば光がファイバーの中を伝わっていきます。

$$NA \equiv \sqrt{n_1^2 - n_2^2} \qquad (8-10)$$

これを開口数（*Numerical Aperture*）といいます。

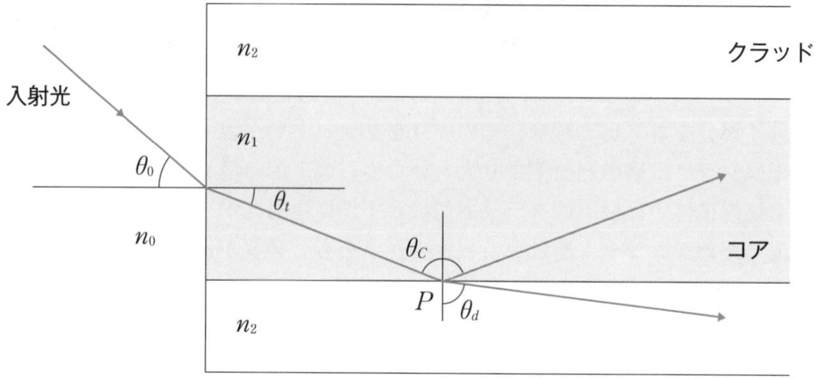

図8－21 光ファイバーでの光の屈折

石英コアをもつ光ファイバーの伝送時の損失は、レイリー散乱や *SiO* そして －*OH* 基の吸収などの影響で図8－22のように1.5 [μm] 付近で最小となるような波長依存性をもちます。

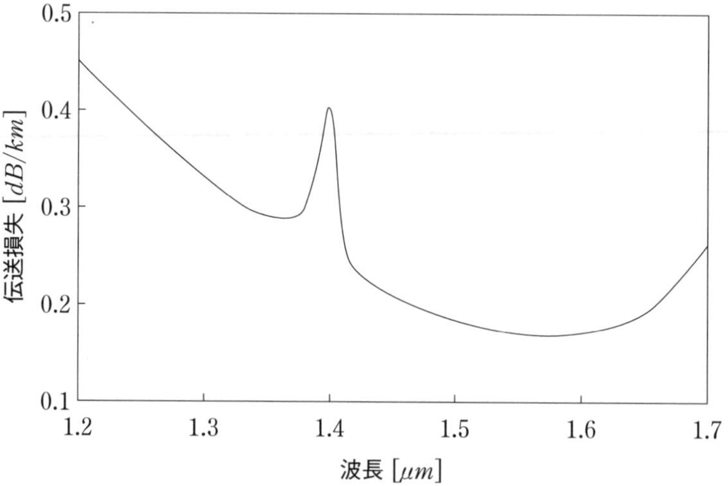

図8－22 石英光ファイバーの伝送損失の波長依存性

この損失が少ない波長域の光を放出できるエネルギー準位をもつ材料の1つに希土類元素があります。第1章の周期表（表1－1）の *La*（原子番号57）から

Lu（原子番号71）のランタノイドのうち*Ce*（58）から*Eu*（63）までを軽希土類、それ以降の*Gd*（64）から*Yb*（70）までを重希土類とも呼んでおり、いずれも内殻の$4f$軌道に不対電子をもつことが特徴です。このランタノイドは3価の陽イオンになると*Xe*（原子番号54）の安定な電子配置に加えて、原子番号が増えていくにつれて$4f$軌道を電子が埋めていきます。

図8－23はエルビウム（原子番号68）の3価イオンEr^{3+}の電子のエネルギー準位で、内殻の$4f$軌道には4個の電子対と3個の不対電子が入っています。この不対電子によって発光や磁性などの性質をもつのが希土類元素の特徴です。図中の基底状態のエネルギー準位の$^4I_{15/2}$の記号は、$4=2S+1$はスピン角運動量$S=3/2$を、Iは全軌道角運動量が6を、15/2は全角運動量が$6+3/2=15/2$であることを表しています。そしてその上にある準位は全角運動量の値によって決まってきます。

溶融石英の中に*Er*化合物を溶かして作成した光ファイバーを0.98［μm］の光で$^4I_{11/2}$まで励起すると、電子のエネルギーは$^4I_{13/2}$の準位に無輻射で遷移し、そこから$^4I_{15/2}$に遷移して1.5［μm］の光を放出して基底状態に戻ることができます。この光の発光効率を上げるためには電子が無輻射で$^4I_{13/2}$まで遷移できることであり、*Er*をドープした石英ガラスはその条件を満たしています。また$^4I_{13/2}$の準位に1.45［μm］の光で励起してこの光を得ることもできます。

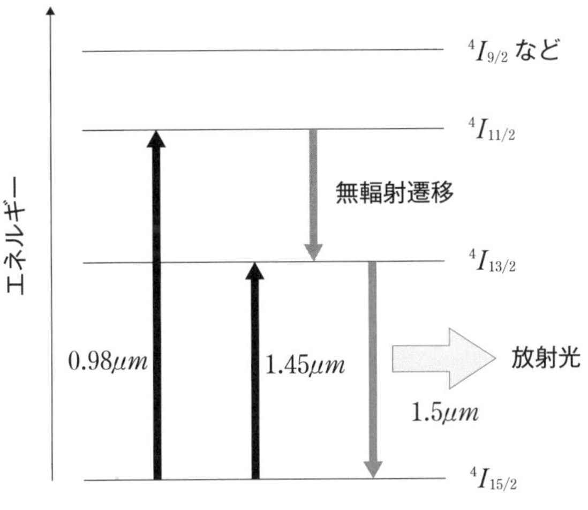

図8－23　Er^{3+}のエネルギー準位

このようにして光ファイバーのコアを希土類を含む化合物で構成し、外部光で励起すると半導体レーザーと同じ誘導放射が起こり、伝送損失の少ない波長域でのレーザー発光や光増幅を期待することができます。図8−24のポンプ LD が希土類元素を励起するための0.98［μm］などのレーザーダイオードで、カプラーで入射光と混合し光励起した後、アイソレータで取り除いています。入力光に対して出力光は増幅され波形整形されています。

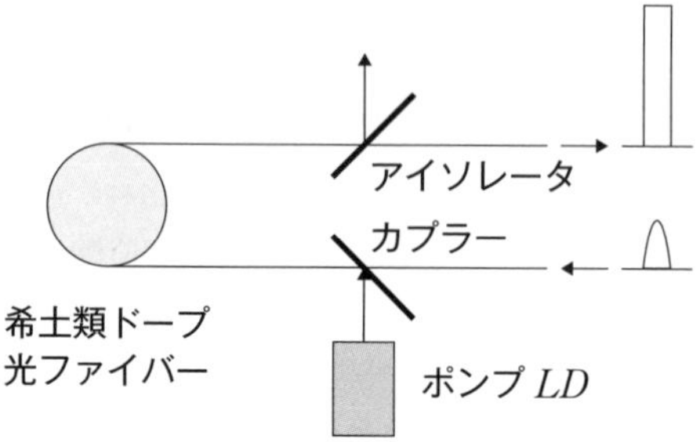

図8−24 光ファイバー増幅器

［例題8−10］

コアの屈折率 n_1＝1.4675、クラッドの屈折率 n_2＝1.4622の光ファイバーの最大の入射角を求めなさい。

［解答］

開口数 NA を数値を代入して求めます。

$$NA=\sqrt{n_1^2-n_2^2}=0.1246$$

これより θ_0 は

$$\theta_0=sin^{-1}NA=0.1249\ [rad]=7.158\ [deg]$$

となります。なお、$2\theta_0$＝14.32°を開口角と呼んでいます。

答：7.16°

［例題 8 －11］

光ファイバーには、構成材料の違いからガラスまたはプラスチックで構成されている。ガラス製とプラスチック製の光ファイバー（以下、石英系ファイバー、プラスチックファイバー）の説明について誤りがあれば訂正しなさい。

⑴プラスチックファイバーは、高分子の１つである高純度ポリメチルメタクリレート（*PMMA*）をコア（芯材）に、クラッド（鞘材）には特殊フッ素含有ポリマーを用いたマルチモード・ステップインデックス型光ファイバーである。

⑵プラスチックファイバーは、通常、光ファイバー材料で形成される単一ストランドである。一般には、0.01～0.06インチまたは0.25*mm*～1.5*mm* の直径をもつ。多くのプラスチック光ファイバーを使用したアセンブリは、プローブやねじ込み式先端具で検出端部が終端されている。そして、多くのプラスチック光ファイバーアセンブリの制御端部またはセンサ端部は終端されておらず、カッタナイフなどで妥当な長さに簡単に切断することができる。

⑶プラスチックファイバーは、石英系ファイバーより低価格である。石英系ファイバーに比較してプラスチックファイバーの方が柔軟性があり、繰り返し曲げても優れた耐久性を発揮する。往復運動が行われる検出用途には、あらかじめコイル状になったプラスチックファイバーを使用する。特に、細いプラスチックファイバーは、非常に狭い場所で使用することができる。

⑷プラスチックファイバーは石英系ファイバーに比べて信号減衰が少ない。その原因は吸収、散乱、不純物などの材料固有の特性による。

⑸プラスチックには特定の光波長帯域が吸収され、赤外線*LED*からの光も含まれる。そのため、プラスチックファイバーで効果的な検出を行うには、光源として赤外線*LED*が必要となる。

⑹プラスチックファイバーは極端な温度に対して耐性が低く、多種の化学薬品や溶剤の影響を受けやすい性質をもっている。過酷な環境では、プラスチックファイバーアセンブリを保護するためにシース材が使用される。

⑺石英系ファイバーは、伝送モードは１種類のみである。直径は約0.002インチまたは50ミクロンで、典型的な石英系ファイバーアセンブリは数百のガラス繊維の束から構成されており、シース材として、通常、柔軟な外装ケーブルによって保護されている。ケーブルの終端である検出面は専用の治具で光学研磨仕上げされ、先端は完璧に平坦になります。

［解答］

⑴〜⑷および⑹は正しいです。誤りは、⑸と⑺です。

⑸について、プラスチックファイバーの光源は通常可視光を使用します。光ファイバーの伝送損失特性を図８－25に示します。プラスチックファイバーの損失が低くなる波長領域は、可視光領域に限られ、520*nm*、570*nm*、650*nm* に低損失領域が存在します。伝送損失のみを考慮すると、570*nm* が最も低損失領域となりますが、光源の信頼性、受光素子の応答速度や量子効率などを考慮に入れて、現在は650*nm*（赤色）の波長領域が使用されています。

プラスチックファイバーは可視光しか伝送できません。一方、ガラスファイバーは可視光と赤外光の両方を伝送することができます。

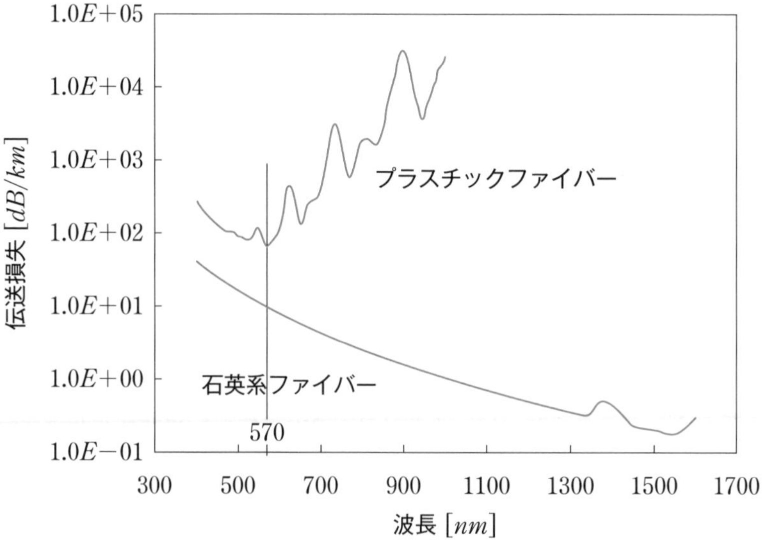

図８－25　光ファイバーの伝送損失

プラスチックファイバーと石英系ファイバーの構造上の比較を図８－26に示します。プラスチックファイバーの構造上における最大の特徴はコア径が非常に大きいということにあります。コア径が大きく設定できると、ファイバーと光源、受光素子、ファイバー同志のカップリングが非常に容易になります。

図8－26　光ファイバーの構造比較

また、プラスチックファイバーは、適切なクラッド材料を選択することにより、本文で説明した下記の式で示される開口数 *NA*（*Numerical Aperture*）を大きくすることができ、$n_{core} \gg n_{clad}$ から石英系ファイバーと比較して光の取り込み量を大きくすることができます。

$$\text{開口数 } NA = \sqrt{n_{core}^{2} \quad n_{clad}^{2}}$$

(7)について、石英系ファイバーはシングルモードとマルチモードに分類することができます（図8－27）。シングルモード光ファイバーは略称 *SMF*（*Single Mode Fiber*）といい、光を伝送するモードフィールド径が約 9μm、マルチモードファイバーは *MMF*（*Multi Mode Fiber*）といい、コア径は約50μm または 62.5μm です。

シングルモードは光の分散が小さいため長距離伝送に向いており、最大で 40*km* 程度まで伝送可能で、伝送速度は最大100*Gbps* まで可能です。しかし、芯径が小さいので接続のときの不整合による減衰が大きく、取扱いは多少困難になります。*LAN* 回線では100*BASE*－*FX*、1000*BASE*－*LX*、10*GBASE*－*LR*、10*GBASE*－*ER*、40*GBASE*－*LR*4、100*GBASE*－*LR*4などに使用されています。

マルチモード光ファイバーには、ステップインデックス（*SI*）とグレーデッドインデックス（*GI*）があります。*SI* は光の分散が大きく長距離伝送や高速伝送には向いていないため、現在では通信用途としてはほとんど使用されておりません。*GI*は光の分散は比較的小さく、長距離伝送は2*km*程度まで可能で、伝送速度は最大100*Gbps*まで可能です。*LAN*回線では100*BASE*－*FX*、1000*BASE*－*SX*、1000*BASE*－*LX*、10*GBASE*－*SR*、40*GBASE*－*SR*4、100*GBASE*－*SR*10などに使用されております。

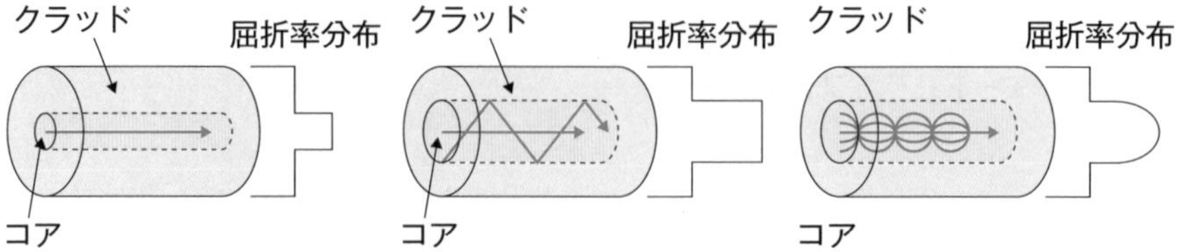

(a) シングルモード　(b) ステップインデックス（*SI*）　(c) グレーデッドインデックス（G*I*）

図8－27　石英系ファイバーの伝送モード

答：誤りは(5)と(7)、(5)は可視光に訂正、(7)は数種類の伝送モードがある。

8－7 太陽電池

太陽電池は *pn* 接合部にできた電界による荷電分離現象です。バンドギャップのある半導体に光があたると価電子帯の電子が伝導帯まで励起され、電子と正孔のペアができます。*pn* 接合部には格子の帯電による電場が存在するので励起された電子は高電位側に、正孔は低電位側に移動し光電流 I_p が流れます。太陽電池の電流電圧特性は図 8－28（*b*）のようになり、開放電圧 V_o はバンドギャップ E_g にほぼ等しくなります。I_s を短絡電流と呼んでいます。

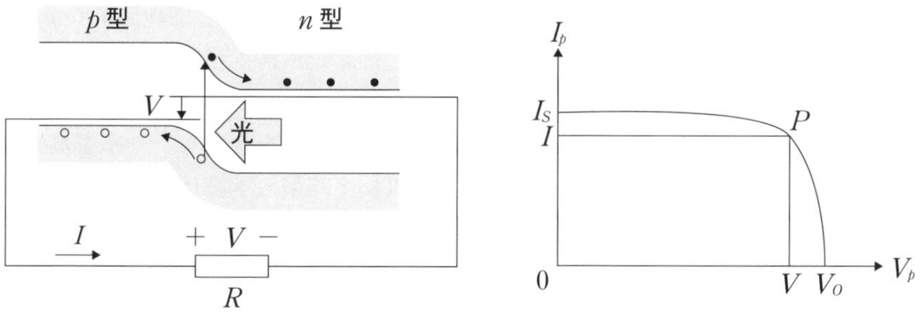

（a）エネルギー図　　　（b）電流電圧特性

図 8－28　太陽電池のエネルギー図と電流電圧特性

太陽電池材料に *Si* を使う場合、*Si* は間接遷移なので吸収係数が大きくはなく、発電効率を高めるためには *pn* 接合の層の厚さを100－200 [μm] 程度と厚くとる必要があります。また温度が高くなると格子振動などのパスにエネルギーが散逸する傾向が高まり、発電効率が低下します。このため直接遷移を行うアモルファス *Si* や化合物半導体を用いた吸収係数の高い材料を用いたパネルも用いられるようになりました。これらの膜厚は 2－3 [μm] と非常に薄く、温度による低下も少なく、製造コストの低減にもつながっています。

製造コストを下げ変換効率を高めるためにさまざまな工夫がなされています。アモルファス（*amorphus*）*Si* は近傍では結晶構造をもちながらも局所歪と乱れをもつため、長距離離秩序が失われた構造をしています。この結晶粒界には乱れた接合面が現れるため、真性半導体（*i* 層）を用いた *pin* 接合によって荷電分離をするなどの工夫が行われています。変換効率は、*Si* 単結晶の太陽電池よりも若干低い値に留まっています。有機半導体で高分子を用いたものでは分子間構造に乱れが大きく、多結晶（*polycrystal*）のような状態で、アモルファスと似た状態にあります。

変換効率の向上を目指してこの他にもさまざまな取り組みが行われています。*Ge* が低波長の光を吸収することに加えて、より短波長の黄色（*GaAs*）や青い光（*InGaP*）まで吸収するようにバンドギャップの異なるヘテロ接合を積み上げるのが図８−29の多接合型太陽電池です。*InGaAs*−*GaAs*−*InGaP* の３層セルでは39.5% の変換効率をもつものまであります。また、異なるバンドギャップをもつヘテロ接合太陽電池（*Heterojunction with Intrinsic Thin−layer*：*HIT*）では、接合部で２つのバンドギャップの範囲を連続的に取ることになるため、広い波長範囲の光を吸収することができます。

多結晶のアモルファスシリコンも同様に分散したバンドギャップをもちます。アモルファスシリコンは格子欠陥や水素結合端末の不整合などで理想的な *pn* 接合特性は得られないため、中央に不純物をもたない真正半導体の層（*i* 層：*intrinsic layer*）を挟んでダイオード特性が得られるようにしています。

このほかナノ・サイズの粒子を配列させて中間バンドを生成し、効率を高めた量子ドット太陽電池などがあります。また、直接遷移型の半導体は高温になっても光吸収の効率低下が少ないことからレンズや反射鏡などで集光してさらに効率を高めることも行われています。

また、電気化学的な手法を用いた湿式太陽電池も高効率の太陽電池として期待されています。図８−30は10 [*nm*] 程度の微小径の TiO_2 粒子の表面に多数の *Ru*（ルテニウム）色素を吸着させた湿式太陽電池の構造で、ヨウ素・ヨウ化カリウム電解液の例です。TiO_2 は *n* 型半導体で、表面電位は溶液の I^-/I_3^- 電位より高いために電子を失い、内部の ＋ の格子電荷によってバンドの曲がりが生じます。そこに励起された *Ru* 色素から電子がやってくると、電子はバンドの曲がりにより内部へ、そして電極へ電子を押しやります。一方、対極の金属電極では I_3^- を還元して沖合へ戻った I^- が *Ru* 色素にできたホールを還元します、こうして外部回路がつながっていると湿式太陽電池は電流を流すことができます。

最近では20% 近くの効率の湿式太陽電池も現れ、さらに全固体型の湿式太陽電池や、稼働時間が初期の頃の10000時間をはるかに超えるようなものも現れ、今後の発展が期待されています。

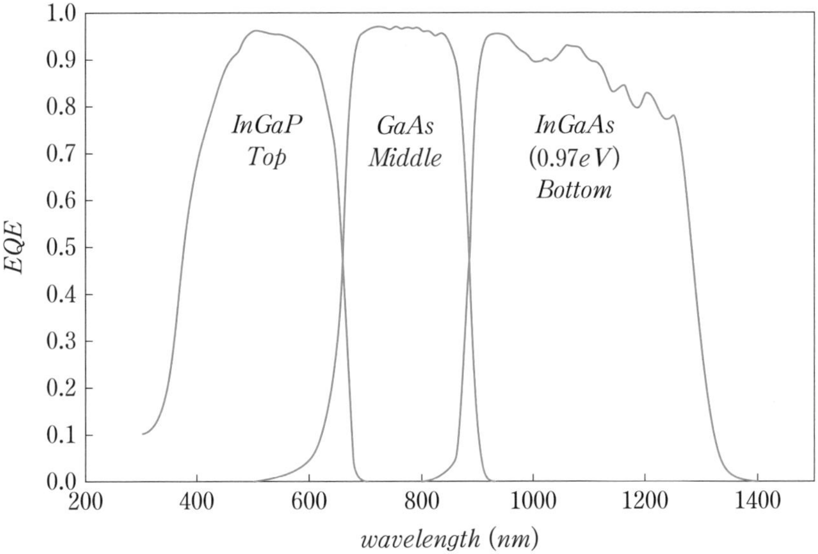

図8－29　非集光で35.8％の効率を達成した多接合化合物半導体太陽電池（化合物太陽電池, シャープ技報第100号、高本達也, 2010.）

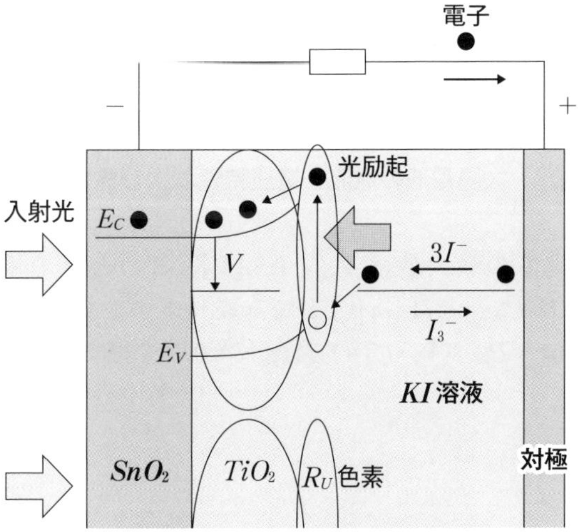

図8－30　湿式太陽電池の構造

[例題 8 −12]

ダイオード式を使って以下の条件で太陽電池の $I-V$ 特性を描き、最大発電電力と *Fill factor* を求めなさい。

逆方向飽和電流 $I_0=100$ [nA]、短絡電流 $I_p=15$ [mA]、ダイオード係数 $n=2$、温度 $T=300$ [K] とする。

[解答]

太陽電池の光電流はダイオードの逆方向に流れるので、

$$I=I_p-I_0\left(exp\left(\frac{qV}{nk_BT}\right)-1\right) \qquad (8-11)$$

となります。ただし q は電子の素電荷、k_B はボルツマン定数です。表計算ソフト *Excel* で $I-V$ および発電電力の $V \cdot I-V$ 曲線を描きます。

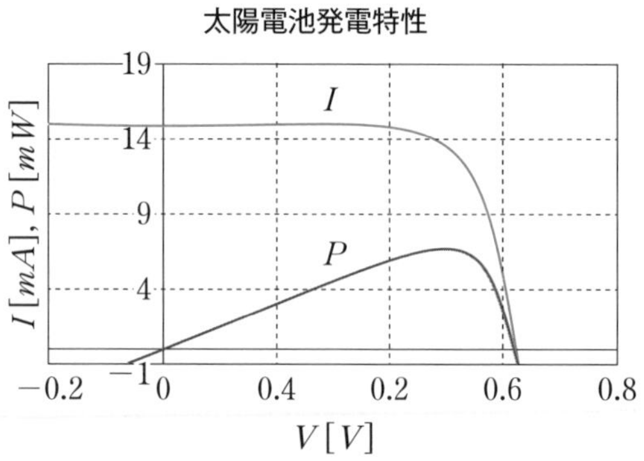

図 8 −31　太陽電池の電流—電圧特性および電力—電圧特性

図 8 −31より電力の最大値は $V_{max}=0.5$ [V]、このときの電流は $I_{max}=13.4$ [mA]、最大電力は $P_{max}=6.71$ [mW] と読み取れます。また開放電圧 $Vo=0.61$ [V] より *fill factor* $=P_{max}/(Vo \cdot Ip)=6.71/9.15=0.73$ を得ます。

答：最大発電電力6.71 [mW]、
fill factor $=73\%$

用語解説

◎量子井戸

電子や正孔がエネルギーの低い領域に閉じ込める構造のことです。レーザーや青色発光ダイオードなどの発光層をそれよりもバンドギャップの大きい2つの層でサンドイッチのようにヘテロ接合で挟み込むと、電子や正孔の密度が高い活性層になり、強い光を出したり誘導放射でレーザー光を出したりできるようになります。

◎ファブリ・ペロ干渉計

2枚の平行な反射板で構成された波長フィルタです。片側から入射光が入って内部で多重反射を繰り返すと定在波の条件を満たす光のみが出力されます。レーザーは両端に反射板をもつファブリ・ペロ構造で、いくつかの光が多重反射を繰り返すうちに反射条件を満たした波長の光が誘導放射で増幅され、位相の揃った強いレーザー光が出力されます。

◎グレーティング

いろいろな波長が混じった光の中から回折格子による分光を行うことを指します。入射角と屈折角をそれぞれα、βとし、波長をλ、回折格子の格子間隔をd、任意整数をnとすれば、$d(\sin\alpha + \sin\beta) = n\lambda$が成り立ちます。これは屈折の向きによって波長が異なる分光が起こることを表しており、格子によるX線のブラッグ反射と同じように干渉の結果起こる現象です。

◎照度計

ルクス計。人間の目による光の明るさの感覚は波長によって異なり、555nmをピークに感度は低下していきます。この視感度に合わせた波長フィルタと照度計の傾きθによる$\cos\theta$特性を合わせた機能をもったのが照度計です。

◎心理物理量

人間の目は波長によって異なる明るさを感じ、これを視感度と呼びます。太陽光のスペクトルを視感度で補正したものが光束で単位は[lm]です。照度は単位面積当たりの光束で単位は[cd]です。このように光を表す単位は人の目が感じる明るさの視感度を基準にしているため、心理物理量であるといわれます。同様に光の色もRGBによって明るさが異なるため、人の目に合わせた輝度をもつカラーディスプレイを製作する必要があります。

◎透明電極

金属と同じような電気伝導性をもちながら可視光を透過させる材料を用いた電極のこと。用いる材料には、亜鉛やスズそしてインジウムなどの酸化物や導電性ポリマー、銀ナノワイヤーなどがあります。透明電極はディスプレイの表示素子やタッチパネルの配線などに用いられるほか、太陽電池などにも用いられています。

◎偏光板

光の電場の振動方向が1方向に揃っている光を直線偏光、進行方向に従って振動方向が回転する光を円偏光や楕円偏光と呼びます。いろいろな方向の偏光が含まれている自然光から直線偏光を取り出すフィルタを偏光板またはポーラライザと呼び、ヨウ素を含んだフィルムを延伸させて自作することもできます。偏光を利用した身近なものに液晶ディスプレイや偏光メガネを使った簡易な立体ディスプレイなどがあります。

◎エバネシェント波

屈折率の異なる境界で光が全反射するときにも、屈折率の低い透過光側に入射光が1波長程度漏れ出す現象です。漏れ出す光を近接場光とも呼びます。境界に色素などが吸着してエバネシェント波を吸収すると、反射される光は弱くなります。これを利用して電極に吸着した分子や電極近傍のイオンの濃度などが測定されています。

第 9 章

材料評価

一口に材料評価といっても広範囲にわたり、専門分野により評価方法が異なります。本章では、共通の評価方法の１つであるＸ線回析、電気的評価法として、部分放電試験、V－t 試験、絶縁耐力試験と絶縁破壊試験、体積抵抗率と表面抵抗率、誘電正接、また、磁気測定評価として、エプスタイン装置を用いた磁気特性の測定について説明します。最後に、機械的特性試験として基本的な機械強度の評価方法について説明します。

9－1 X線解析

一定波長の X 線を分析試料に照射すると、散乱された X 線は、物質の原子や分子の配列状態によって、物質特有の回折パターンを示します。物質を構成している成分の格子定数を物質特有の回折パターンから知る手法に、X 線回折《かいせつ》法（*X－ray diffraction method*、略して *XRD*）があります。

結晶性物質に原子間距離と同程度の波長をもつ単色 X 線を入射すると、各原子は散乱体対となってそれぞれ X 線を散乱します。この各散乱角に対して散乱強度を記録すると、その物質特有の散乱スペクトルを得ることができます。回折角の位置と強度は結晶構造に特有のもので、その回折図形から、主として無機化合物の同定が可能となります（図 9 － 1）。スペクトルで化学物質が何であるかを決定することを同定といいます。

結晶中では分子は規則正しく配列しています。結晶に X 線が照射されると規則正しく並んだ分子によって回析されます。

結晶の格子面間隔を d とすると、X 線の干渉は、ブラッグの干渉原理の法則から

$$2d\sin\theta = n\lambda \quad (n：整数) \qquad (9-1)$$

のときに強度を強め合い、他の場所では干渉はみられません。すなわち、図 9 － 1 (*b*) において第 1 面と第 2 面の行路差は $2d\sin\theta$ となり、行路差が入射 X 線の波長 λ の整数倍のときに強め合うという式です。

格子面から反射した X 線（反射 X 線）を検出し、散乱強度を記録します。

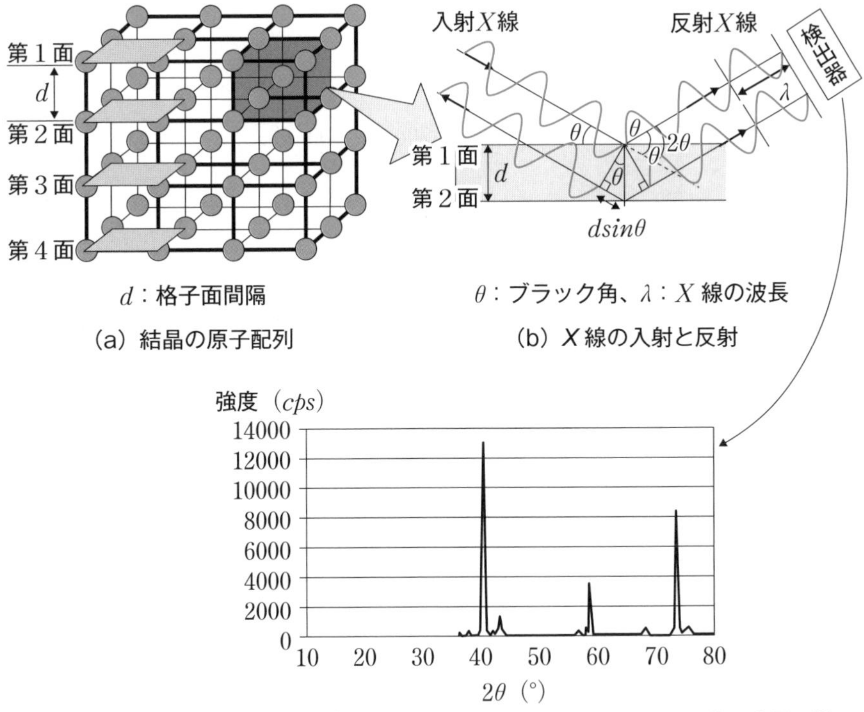

d：格子面間隔

(a) 結晶の原子配列

θ：ブラック角、λ：X 線の波長

(b) X 線の入射と反射

cps（$counts\ per\ second$）：単位時間に検出器に入射したX線の光量子数

(c) 散乱スペクトル

図9－1　X線回析法の原理

X線（X−ray）とは、可視光より短い電磁波です（図９－２）。波長λが可視光線の1000分の１ぐらいであるため、振動数 $V\left(=\frac{1}{\lambda}\right)$ は可視光の1000倍ぐらいになります。エネルギーも可視光の1000倍ぐらいになり、非常に高いエネルギーの光（電磁波）になります。

光量子エネルギーの式

$$E=\frac{hc}{\lambda}$$

（プランク定数 $h=6.63\times10^{-34}$ [$J\cdot S$]、光速 $c=3\times10^{8}$ [m]、波長λ [m]）を使用すると、

$$E=\frac{12.40}{\lambda}\ [keV]$$

の関係式が得られます。この式から波長λが1000分の１になると、エネルギーEは1000倍になります。

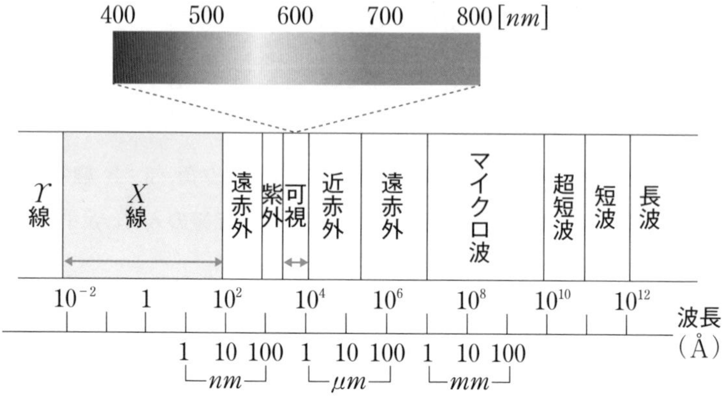

図９－２　*X*線の波長

*X*線の発生原理を図９－３に示します。真空中において陰極であるフィラメントに電流を流して加熱しておきます。この状態で陽極と陰極に数十～数百*kV*の高電圧をかけると、フィラメントから出てきたマイナスの熱電子はターゲットである陽極に高速で衝突し、そこから*X*線が発生します。*X*線の変換効率は0.1～1％程度で、残りは熱になります。

ターゲットであるモリブデン（*Mo*）の金属陽極（ターゲット）から発生する*X*線スペクトルの例を図９－４に示します。陰極と陽極間に加える電圧がある値を超えると、連続*X*線スペクトルに、ターゲットに用いた金属固有の波長をもつ非常に鋭いピークが現れます。これらの鋭いピークは、各金属固有の波長を示すことから特性*X*線と呼ばれています。

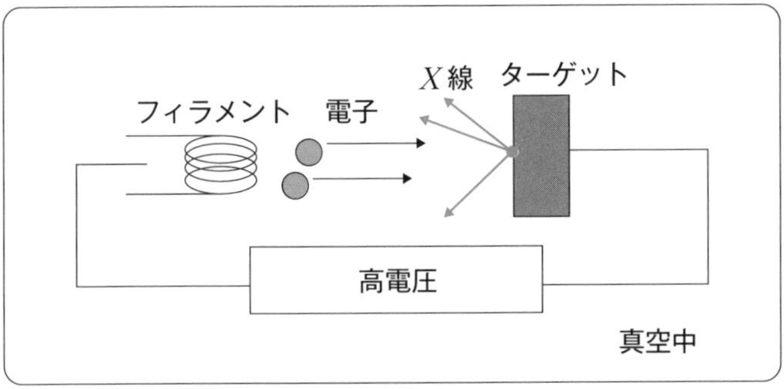

図9－3　**X線の発生原理**

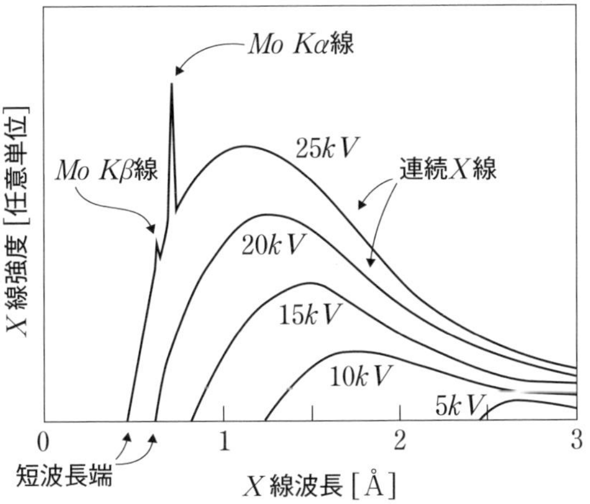

図9－4　**X線のスペクトル**

X線回折装置の構成イメージを図9－5に示します。X線を発生させるX線発生装置（X線管球）、角度を測定するゴニオメータ、X線強度を測定する計数装置、これらを制御し計数値の演算を行う制御演算装置の4つの部位から構成されています。

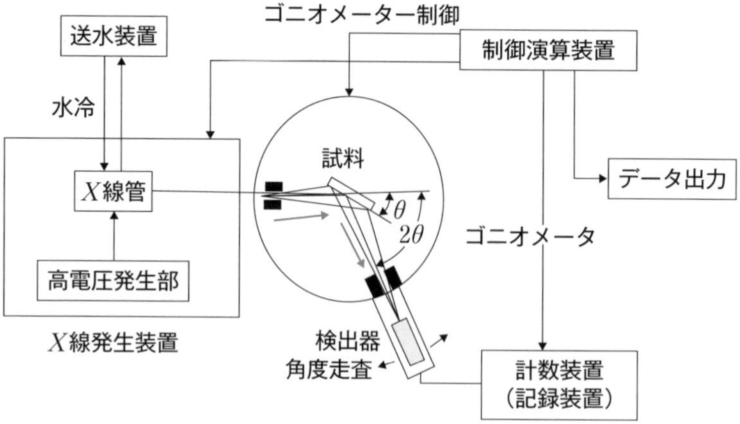

図9－5　X線回折装置の構成イメージ

石英（水晶、*Quartz*）とガラス（*Quartz glass*）はともに二酸化珪素（SiO_2）が主成分で構成されていますが、X線回折をするとX線回折データ（回折線の位置2θ（回析角度）、d値という）と回折線の強度（*counts*）の組み合わせのデータに違いが観測されます（図9－6）。石英は結晶質のため回折線が発生し、ピークを観測することができますが、ガラスは結晶質ではないため回折線が発生せず、ピークを観測することができません。このことにより組成分析だけでは判別できない物質の分析が可能になります。

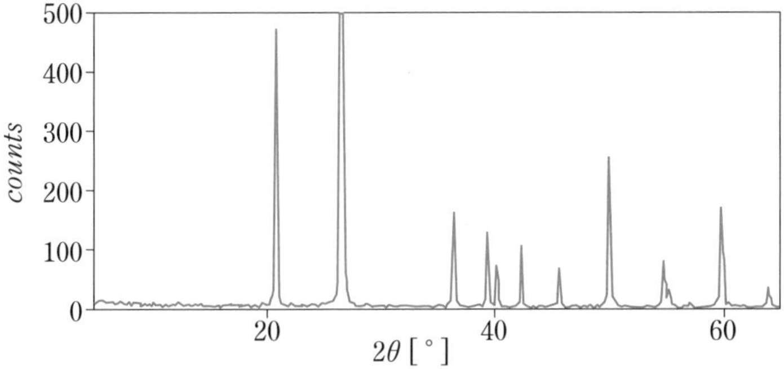

(a) 石英の X 線回析データ

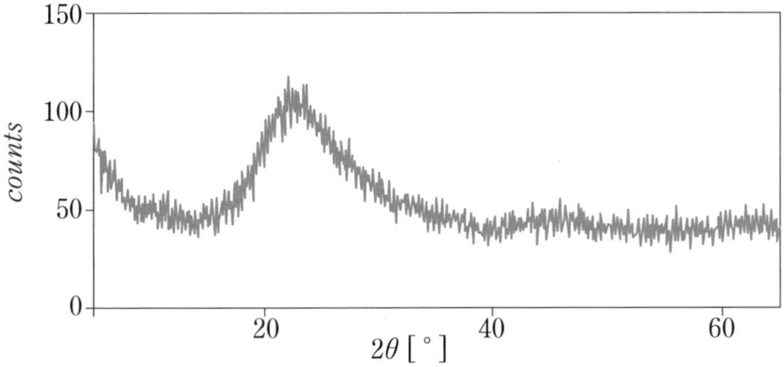

(b) ガラスの X 線回析データ

図9－6　石英とガラスの X 線回折データ

［例題 9 − 1］

図 9 − 7（a）と（b）に示すように、立方格子の灰色に塗られた格子面（A、B は仮称）のミラー指数を求めなさい。

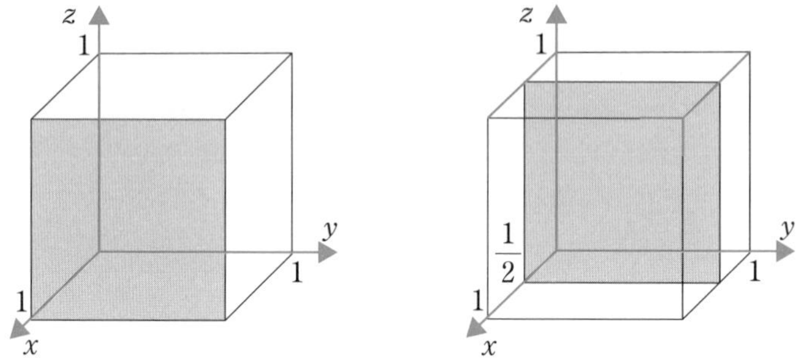

(a) 格子面 A　　(b) 格子面 B

図 9 − 7　立方格子の格子面

［解答］

格子面のミラー指数は、その格子面を無限に延長させたときの x 軸、y 軸、z 軸の切片の逆数で表します。

図 9 − 7（a）の場合は、x 軸の切片は $x=1$ で、y 軸、z 軸に対しては平行であるため（格子面と y 軸、z 軸は交わらないので）、この格子面の y 軸、z 軸の切片は無限大であると考えます。無限大の逆数を 0 とみなすと、格子面が軸に平行な場合は、その軸に対応するミラー指数は 0 になると考えます。したがって、それぞれの軸に交差する座標の逆数は、x 軸、y 軸、z 軸それぞれ 1、0、0 となります。ミラー指数は (100) となります。

図 9 − 7（b）の場合は、x 軸とは $x=\frac{1}{2}$ で交わっています。y 軸と z 軸に関しては図 9 − 7（a）と同じです。したがってそれぞれの座標の逆数は 2、0、0 となり、ミラー指数は (200) となります。

ミラー指数 (hlk) は 1 つの面を表します。(hlk) 面に平行になっている面をすべて含め {hlk} 面といいます。立方晶では 4 回の回転軸によって (100)、(010)、(001) は等価であるので、まとめて {100} 面といいます。また [hlk] は (hlk) 面に垂直な方向を表します（図 9 − 8）。

結晶による X 線回折では、格子面によって反射される X 線を観測します。そのため、どの格子面によって X 線が反射されたのかが重要になります。したがって、格子面ごとに名前を決めておかなければなりません。格子面を区別するための名前のことをミラー指数と呼びます。

X 線解析をすると、図 9 − 6 (a) に例示したように、いくつかの X 線のピークが現れます。このピークは特定の格子面が反射した X 線を観測できたことを意味します。観測できた X 線のピークに、どの格子面の反射によるものなのかを明示する作業のことを指数付けといいます。

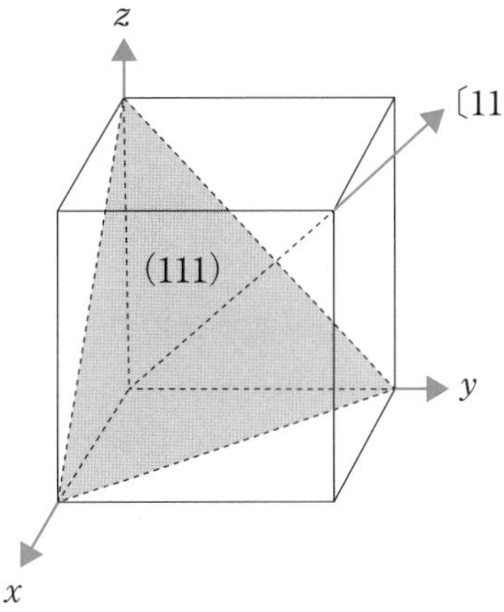

図9－8　(111) 面と垂直方向の [111]

答：ミラー指数は (100) と (200)

［例題 9 － 2］

波長が154 [pm] の X 線をある立方晶に照射した。{111} 面から視野角11.2°の反射が観測された。単位胞の面間隔 d を求めなさい。

［解答］

ブラッグの法則は式（9 − 1）で説明されます。図 9 − 9 に示すように、隣接する 2 枚の格子面に入射する同じ波長の 2 本の平行光線の反射を考えます。

2 本の光線の正味の光路長の距離は $GE+EH$ だけ異なります。光路長が波長の整数倍のとき、波の位相が揃って強め合う干渉を起こします。

光路差は、入射角（反射角）を θ、格子面の間隔を d とすると

$$GE+EH=2d\ sin\ \theta \qquad (9-2)$$

となります。

波長をλ、正の整数（回析の次数）をnとすると

$$2d\sin\theta = n\lambda \qquad (9-3)$$

となります。これがブラッグの法則です。

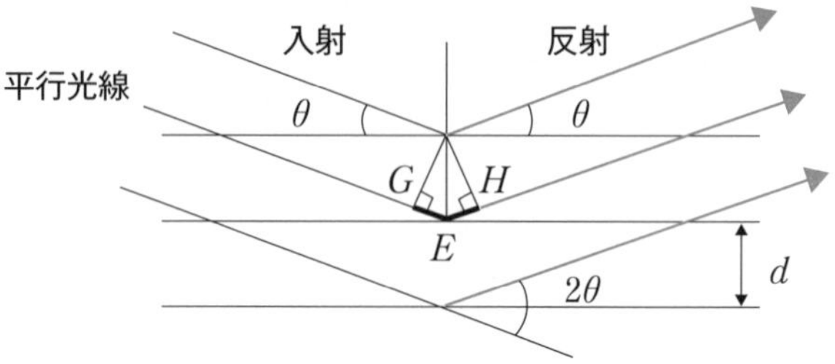

図9－9　ブラッグの法則

単位胞（*unit cell*）とは、繰り返しの基本構造で、結晶中の空間格子の格子点が作る平行6面体のうち、空間格子の構造単位として選ばれたもので、単位格子ともいいます。すなわち、単位胞は結晶構造の周期パターンの単位となる平行6面体（図9－10、二次元の場合は平行四辺形）であり、結晶構造は単位胞の敷き詰めたものとして表現されます。

基本ベクトルをa、b、cとすると、体積は$V = Sh = |a \times b||c|\cos\theta = (a \times b)\, c$となります。基本ベクトルのなす角$\alpha = \angle|b||c|$、$\beta = \angle|c||a|$、$\gamma = \angle|a||b|$を単位胞の格子定数といいます。

上記のブラッグの法則の式（9－3）に題意の数値を代入します。p（ピコ、*pico*）は国際単位系（*SI*）における接頭辞の1つで、10^{-12}です。

$$d = \frac{\lambda}{2\sin\theta} = \frac{154 \times 10^{-12}}{2 \times \sin 11.2} = 3.96 \times 10^{-10}\ [m] = 396\ [pm]$$

答：$d = 396\ [pm]$

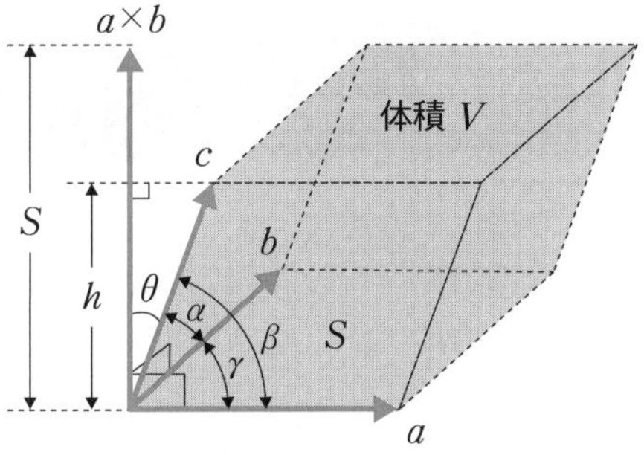

図 9 －10　平行 6 面体

9－2 電気的評価

材料の電気的な特性を評価する方法に、部分放電試験、*V*−*t* 試験、絶縁耐力試験と絶縁破壊試験、体積抵抗率と表面抵抗率、誘電正接の測定があります。これらの試験法の概要について説明します。

9－2－1　部分放電試験

部分放電（*Partial discharge*）とは、絶縁物を挟む電極間に電圧を印加したときに絶縁材料中の欠損や空隙（ボイド）、材料不均一などの欠陥箇所があるとその箇所へ電界が集中し、微弱な放電を発生する現象のことをいいます。コロナ放電（*Corona discharge*）と呼ばれる現象です。部分放電は電極間を完全に橋絡する放電は含みません。

局所的な部分放電が長期間続くことにより、絶縁材料の劣化が促進し、短期間で絶縁不良につながり、いずれは絶縁破壊に至る可能性があります。絶縁破壊の前駆現象である部分放電の測定は、材料や部品、製品の絶縁信頼性（性能や品質）を評価するための有効な手段の１つになります。

誘電体である絶縁物を挟んだ電極構成は１つのコンデンサとみなせます[※注]。絶縁物は大別して無機絶縁物（劣化しにくく、燃えにくい）と有機絶縁物（劣化しやすく、燃えやすい）に分けられます。絶縁物がボイドなどにより組成が一様でなくなるとさまざまな容量をもつコンデンサの集まりとみなすことができます（図９－11）。

※注：第４章を参照。

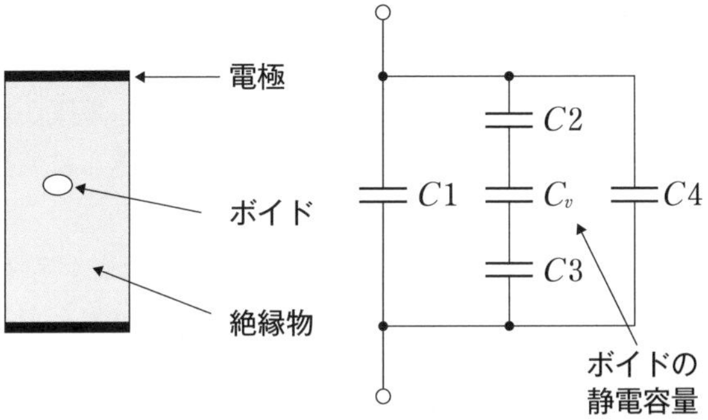

図9－11　絶縁物の等価回路（ボイドが1個ある場合）

通常、ボイドは空気などの気体で発生しているので、その大きさは非常に小さいです。そのためボイドの静電容量は非常に小さく、単純には測定することはできません。すなわち、図中でボイドの静電容量 C_v は直列接続された $C2$、$C3$ に比べて小さくなります。

電極間に電圧を印加すると、静電容量の小さいボイドの部分に大きな電圧がかかります。絶縁距離が小さなボイドは比較的低い電圧で放電することになります。ボイドで放電が発生しても周りは絶縁物があるので電極間を短絡する放電には至りません。

このように、絶縁物中のボイドなどで放電が発生しても、電極間の放電には至らない状態のことを部分放電といい、そのときの電荷の移動を検出するのが部分放電試験器です。

部分放電の電圧－電流特性の概念図を図９－12に示します。

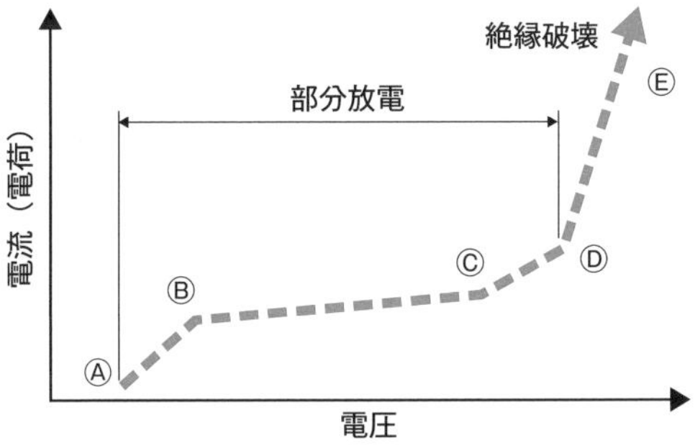

図9－12　部分放電の電圧－電流特性

絶縁物に印加した電圧を徐々に上昇させていくと、部分放電が開始します（$A\to B\to C\to D$）。その後、火花が発生し（D）、アーク放電（E）に移行した後に絶縁破壊に至ります。アーク放電に移行した後も、さらに電圧が加えられ電力が供給されると、絶縁破壊した絶縁物はアーク放電の熱でさらに焼損、破壊することになります。

部分放電領域において、Aの部分放電開始の後、BからCの安定領域に入りますが、この領域では絶縁物中の複数のボイドなどで部分放電が発生します。その後、CからDの部分放電の急増領域を経た後に、各ボイド間の絶縁が破壊されてアーク放電に移行します。また、火花が発生しない電圧範囲であっても、部分放電発生時にはオゾンや窒素酸化物が発生するので、絶縁物は劣化が進行します。ただし、電極間に空気以外の絶縁物をもたない構造で、電極間の距離が短いときには、部分放電が発生しない場合（AからDの間隔が非常に短い場合）があります。この場合は部分放電の段階で不良を発見することが困難であるため、アーク放電開始時点で不良を発見しなければなりません。

部分放電の等価回路を図9−13に示します。

ボイドで発生する部分放電電荷量は

$$Q=C_v\times v_g \qquad (9-4)$$

で与えられます。C_vは部分放電の面積に、v_gはボイドの長さにほぼ比例します。すなわち、部分放電電荷量Qはボイドの寸法に関係する量であることがわかります。

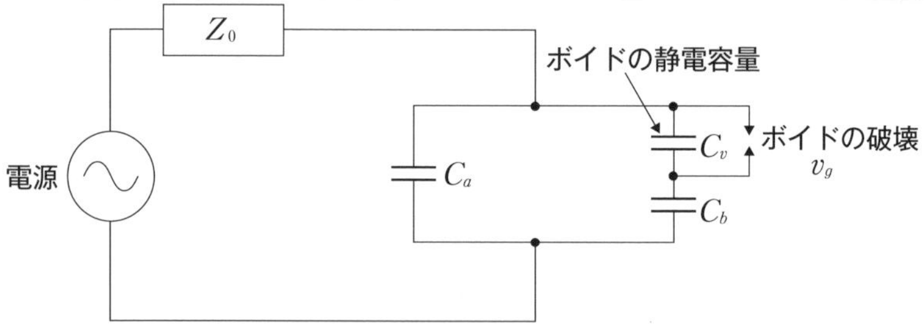

Z_0：電源インピーダンス、C_a：ボイド以外の全静電容量、C_v：ボイドの静電容量
C_b：ボイドと直列の静電容量、v_g：ボイドの放電電圧

図9−13　部分放電の等価回路

部分放電に限らず、一般的に放電現象はランダムに発生します。同じ絶縁物に同じ電圧を印加しても、常に同じ量の部分放電が発生するとは限りません。図

9－14の測定例に示すように、ノイズ波形のようにグラフの線が上下する波形形状になります。このような波形形状になるのが部分放電現象の特徴です。また、部分放電はパルス状に電流が流れる現象であるため、電流の実効値で表現することは難しく、部分放電の量を表現するときは、電流値としてではなく、電流値を積分した電荷量で表現するのが一般的です。

すなわち、電荷量 $Q[C]$（単位：$[C]$（クーロン））は、電流を時間で積分したものになります。

$$Q=\int idt \qquad (9-5)$$

したがって、電流値とその継続時間の両方を同時に測定し、電荷量を求めることができます。小型電子部品の部分放電電荷量は 1 $[pC]$〜100 $[pC]$ の範囲で発生します。

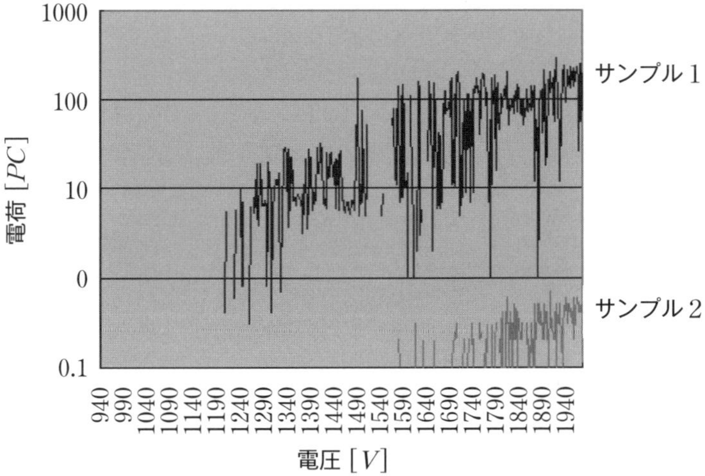

図9－14　電子部品の部分放電による電荷量測定例
（出典：*http://www.kikusui.co.jp/*）

9－2－2　V－t 試験

高電圧がかかる絶縁体（絶縁フィルムや絶縁板などの絶縁材料）および電子部品は、特に絶縁性能の経時変化を考慮して設計する必要があります。この寿命予測には、模擬試料を用いて、実用電圧よりも高い電圧による加速試験、すなわち $V-t$ 試験（電圧－時間試験）を行います。$V-t$ 試験とは、絶縁体の課電ストレスと寿命の関係を調べる試験法です。

この試験により得られたデータは、一般的に縦軸を電圧（V)、横軸を時間（t）とした両対数グラフにおいて近似直線を用いて表します。この近似直線から電圧に対する期待寿命または期待寿命に対する許容電圧を予測します。

V−t 試験を行う試験器を長期加電劣化試験器または V−t 試験器といいます。試験電圧は可変可能で、用途に合わせて、周波数可変タイプ、矩形波などの特殊波形タイプ、パルス波タイプ、直流タイプなどのバリエーションがあります。

絶縁体に課電（印加）するストレス（電圧）E と破壊時間（寿命）t の平均値（または中央値）との関係（V−t 特性）は多くの場合、次式の経験則（逆 n 乗則）が成り立ちます。

$$t=K \cdot E^{-n} \qquad (9-6)$$

ただし、K は定数であり、n の値は材料の種類、劣化または破壊機構の違いなどにより異なります。各種材料の代表的な V−t 特性を図 9 −15に示します。逆 n 乗則が成立しています。電力ケーブルの代表である CV ケーブルの劣化は、$n=9$ の 9 乗則があてはまるとされています。

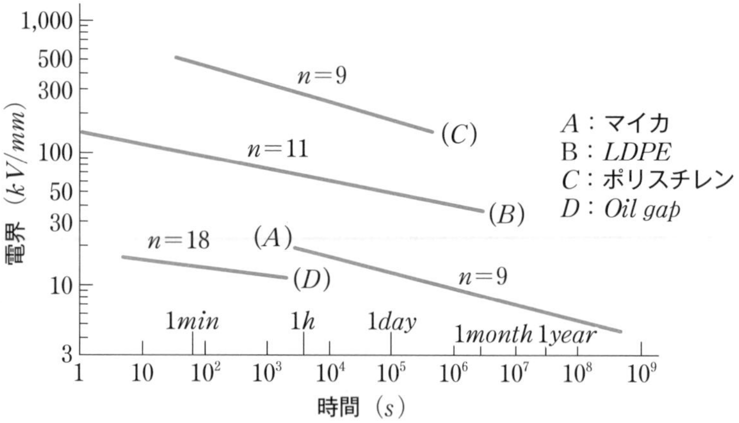

図 9 −15　各種材料の V−t 特性の例

9 − 2 − 3　絶縁耐力試験と絶縁破壊試験

絶縁耐力試験とは、電路や機器などの絶縁物がどの程度の電圧に耐えるかを調べるための試験のことで、絶縁の性能、強度を調べる試験です。使用電圧に対して規定された交流電圧または直流電圧を印加し、絶縁破壊を起こすかどうかで絶縁不良を検出する試験であり、絶縁の強度を調べることができます。この試験は

「耐電圧試験」とも呼ばれています。電気製品（電子部品）が使用する電圧に対して十分な絶縁耐力があるかどうか、絶縁破壊をしないかどうかを確認するための試験です。

絶縁破壊試験とは、絶縁耐力試験において絶縁材料を破壊させたときの電圧を測定する試験です（図9－16）。絶縁の強度を測定する試験であり、絶縁破壊が生じるまで印加電圧を上げていき、その限界の電圧を測定します。測定法には短時間試験（短時間法）と段階試験（階段法）の2種類があります（図9－17）。

短時間試験とは、試料が10～20秒で破壊に至る一定昇圧速度で、破壊電圧（*BDV*1）を求めます。

階段法は、短時間法によって破壊電圧*BDV*1を求め、*BDV*1の40％値（*JIS*）から20秒間加えても破壊しなければ規定の段階電圧に従い、順次電圧を上げていき20秒間加えて破壊するまで続けます。破壊しなかった最大電圧を絶縁破壊電圧（*BDV*2）とします。

一般的には、絶縁破壊電圧は短時間法で測定します。短時間法（電圧上昇速度0.2*kV*/*sec*）によるポリイミドフィルム※注の絶縁破壊試験の例を図9－18に示します。

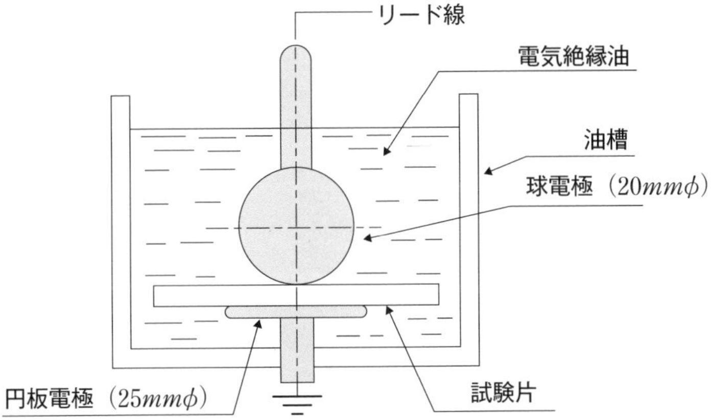

図9－16　絶縁破壊試験の測定系

※注：航空機や電車などに使用されているモータの耐熱性絶縁材料やビデオ、カメラなどに組み込まれているフレキシブルプリント配線板の基板材料として使用されている。

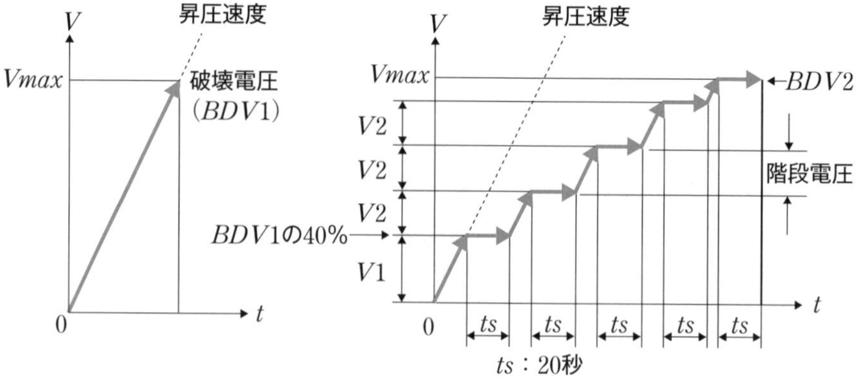

(a) 短時間法　　　(b) 階段法

図9－17　絶縁破壊試験法のイメージ

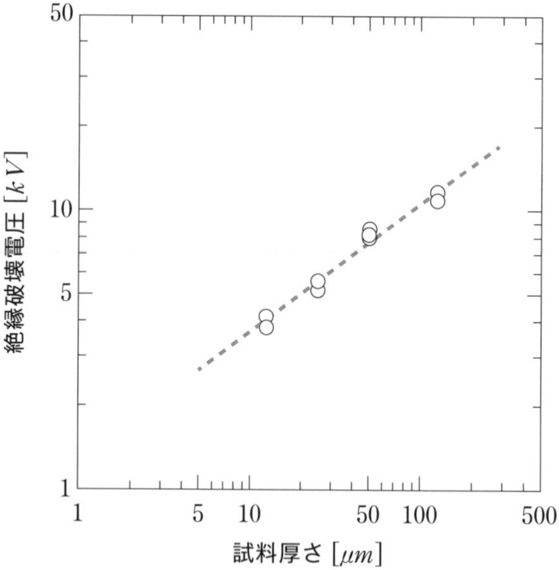

図9－18　絶縁紙の絶縁破壊試験
（出典：http://www.sb-r.co.jp/bunsekirei_j/b00901.htm）

［例題 9 － 3］

電気絶縁材料に関する記述として、誤っている説明について、次の(1)〜(5)のうちから選びなさい。

(1)気体絶縁材料は、液体、固体絶縁材料と比較して、一般に電気抵抗率および誘電率が低い。

(2)気体絶縁材料は、液体、固体絶縁材料と比較して、一般に絶縁破壊強度が低いが、気圧を高めるか、真空状態にすることで絶縁破壊強度を高めることができる性質がある。

(3)内部にボイドを含んだ固体絶縁材料では、固体絶縁材料の絶縁破壊が生じなくても、ボイド内の気体が絶縁破壊することで部分放電が発生する場合がある。

(4)固体絶縁材料は、熱や電界、機械的応力などが長時間加えられることによって、固体絶縁材料内部に微小なボイドが形成されて、部分放電が発生する場合がある。

(5)固体絶縁材料内部で部分放電が発生すると、短時間に固体絶縁材料の絶縁破壊が生じることはなくても、長時間にわたって部分放電が継続的または断続的に発生することで、固体絶縁材料の絶縁破壊に至る場合がある。

［解答］

固体絶縁材料では送電線で使用する碍子や*CV*ケーブルで使用する架橋ポリエチレン、油入変圧器で使用する絶縁紙などがあり、液体絶縁材料では*OF*ケーブルや変圧器で使用する鉱物油や合成油などがあります。気体絶縁材料では遮断器や開閉器などで使用する*SF*6ガスや圧縮空気などがあります。

(1)は誤りです。気体絶縁材料は、液体、固体絶縁材料と比較して、一般に誘電率は低いですが、電気抵抗率は高いです。

(2)は正しいです。気体絶縁材料は、液体、固体絶縁材料と比較して、一般に絶縁破壊強度が低いですが、気体は気圧により絶縁破壊強度が変化する特性があるため、*SF*6ガスや空気においては圧力を高くし使用します。

(3)は正しいです。固体絶縁材料内部にボイド（空隙や空洞）が含まれると、ボイド部での電界強度が高められやすくなります。

(4)は正しいです。

(5)は正しいです。

答：誤りは(1)

［例題 9 − 4］

電気絶縁材料に関する記述として、誤っている説明があれば、次の(1)〜(7)のうちから選びなさい。

(1)直射日光により、絶縁物の劣化が生じる場合がある。

(2)多くの絶縁材料は温度が高いほど、絶縁強度の低下や誘電損の増加が生じる。

(3)絶縁材料中の水分が少ないほど、絶縁強度は低くなる傾向がある。

(4)電界や熱が長時間加わることで、絶縁強度は低下する傾向がある。

(5)部分放電は、絶縁物劣化の一要因である。

(6)一般に固体絶縁材料には、液体や気体の絶縁材料と比較して、絶縁耐力が高いものが多い。

(7)気体絶縁材料は圧力により絶縁体力が変化する。

［解答］

(3)は誤りです。絶縁材料中の水分が少ないほど、絶縁強度は高くなる傾向があります。

それ以外は絶縁材料の基本的な性質として正しいです。

(3)の説明文の絶縁強度とは、絶縁破壊試験で絶縁体に印加する電界を増大していくと、ある限界以上で急激に絶縁性を失って大電流が流れるようになりますが、このときの絶縁破壊に必要な最少の電界のことをいいます。絶縁破壊強度ともいいます。

答：誤りは(3)

9 − 2 − 4　体積抵抗率と表面抵抗率

電気回路における電気の流れにくさを表現する際には電気抵抗値（以下抵抗値）が用いられます。一方で、材料を評価する際には、形状、寸法、電極の取り付け位置などで抵抗値が変わるため、抵抗値というパラメータでは評価できない場合があります。例えば、円柱状の試料の場合では、長さや断面積が変われば両端間の抵抗値は変化します。このような形状や寸法の影響を取り除き、材料固有の特性を比較する絶対的な尺度として、材料の電気的評価として、抵抗率と呼ばれる値が用いられます。

抵抗率には、体積抵抗率と表面抵抗率が用いられます。この理由は、抵抗率は材料固有の値であり、形状、寸法、電極の取り付け位置などの影響を受けないためです。抵抗率は試料である材料の抵抗値を測定し、形状に応じた計算をすることによって得られるため、測定の際には試料の抵抗値と寸法を測る必要があります。また、抵抗値の測定についても留意しなければならない点があります。

電気の流れにくさの指標としての抵抗値 R は、オームの法則から電流に対する電圧の大きさで定義されます。一方で、抵抗率（または比抵抗）ρ は、単位体積あたりの電流の流れにくさを表します。そのため、ゴムやプラスチック、金属などのさまざまな物質がどのような形状であっても電気的特性を評価する際には抵抗率を用います。抵抗率は、直接的に形状などを考慮した測定ができないため、試料の抵抗値を測定した後に計算により抵抗率を求めます。そのため、計算に必要となる長さや断面積などの寸法をあらかじめ測定しておきます。

抵抗率といえば、通常、体積抵抗率（*Volume Resistivity*）ρ_V を指し、単位に $\Omega\cdot m$ を用います。一方、試料表面に流れる電流の流れにくさを評価する場合があります。例えば、絶縁体上に形成した導電性薄膜では試料である薄膜の厚さを考慮せず、表面積のみを考慮した抵抗率を評価します。この抵抗率を表面抵抗率（*Surface Resistivity*）またはシート抵抗率（*Sheet Resistivity*）といいます。記号は ρ_S で、表面（*Surface*）やシート（*Sheet*）の頭文字“*S*”をとって、ρ の下付き文字に“*S*”を付けます。単位は Ω ですが、通常の電気抵抗と区別するために Ω/sq（sq はスクウェアという意味）が使われます。また、絶縁体では表面上を微小電流が流れることがあり、これに対する評価にも表面抵抗率が用いられます。

●低抵抗測定法

導電性材料や金属のような低抵抗材料の場合は、試料と電極の接触抵抗やリード線の抵抗値による影響を考慮する必要があります。そのため、電流源で一定の電流を流し続けた状態で4端子法（または電流電圧法）を用いて電圧を測定します。

4端子法による抵抗測定を図9－19に示します。4端子法では均一な断面積をもつ棒状の試料を用います。4端子法では外側2本の端子の組（電流電極）で試料に電流 I_S を流し、内側2本の端子の組（電圧電極）で電圧 E_m を測定します。内側の端子で電圧を測定することで、接触抵抗やリード線の抵抗値（r_1～r_4）による影響を無視することができます。したがって、試料の抵抗値 R_V は、式 $R_V=\dfrac{E_m}{I_S}$ より求めることができます。ここで、電圧端子間の距離を L、試料の断面積を S とすると、体積抵抗率 ρ_V は次式で求められます。

$$\rho_V=\frac{S}{L}R_V \qquad (9-7)$$

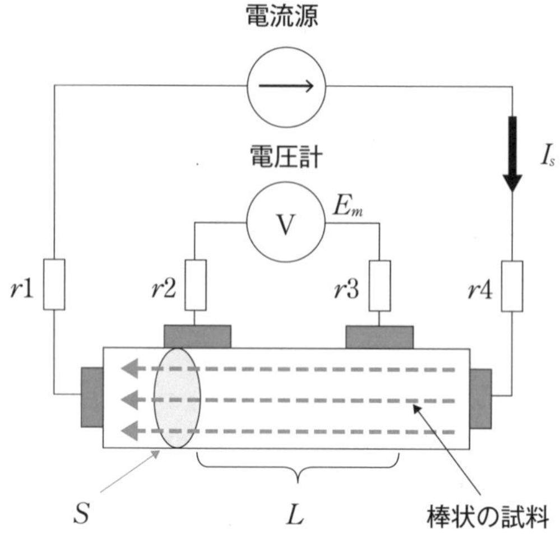

図9－19　4端子法による抵抗測定

薄膜またはシート状の試料の表面抵抗率を測定する場合は、4探針法が使用されます（図9－20）。この方法は、試料の表面に4本の探針（4つの探針プローブ）を押し付けて、前述した4端子法と同様の方法で、すなわち、試料に4本の針状の電極を直線上に置き、外側の2探針間に一定電流を流し、内側の2探針間に生じる電位差を測定して抵抗を求めます。

試料の表面が4つの探針の配列に対して十分に広い平面であれば、試料の形状は測定結果にほとんど影響を及ぼさないため、電流と電圧の関係から表面抵抗率を求めることができます。

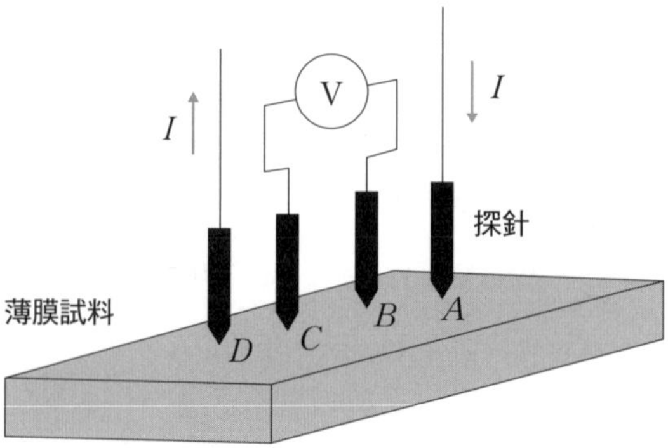

図9－20　4探針法のイメージ

●高抵抗測定法

ゴムや樹脂などの絶縁性の材料は電流が流れにくいため、数百 V 以上の高電圧を印加する必要があります。また、試料に流れる電流が微小であるため、漏れ電流の影響を排除しながら測定する必要があります。そのため定電圧源と二重リング電極（図９－21）の組み合わせを使用します。二重電極は、主電極、リング電極（ガード）、対向電極から構成されています。二重リング電極法では平面状の試料を用います。

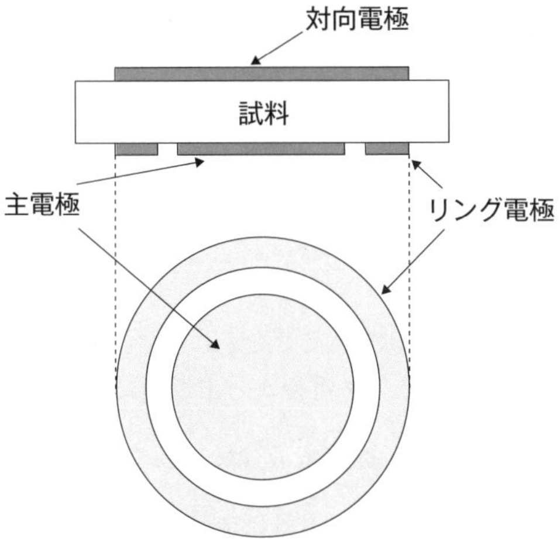

図９－21　二重リング電極

●体積抵抗率測定

体積抵抗率測定は、二重リング電極を用いた図９－22の構成で測定します。電圧源 V_S を試料上部の対向電極と主電極間に印加し、点線矢印のように両電極間の試料に流れる電流 I_m を測定します。このときの抵抗値 R は、オームの法則より式 $R_V = \frac{V_S}{I_m}$ から計算します。

試料の表面および側面を伝導し、リング電極に流れる漏れ電流と対向電極から試料内部を通り、リング電極に流れる電流は、図に示すように電流計を通らず電圧源側に流れ込むので、抵抗値 R_V の計算に使用する測定電流 I_m の大きさには影響を与えません。

主電極の有効面積を S、試料の厚みを t とすると、体積抵抗率 ρ_V は次式で与えられます。

$$\rho_V = \frac{S}{t} R_V \text{（単位は } \Omega\cdot m \text{ または } \Omega\cdot cm\text{）} \qquad (9-8)$$

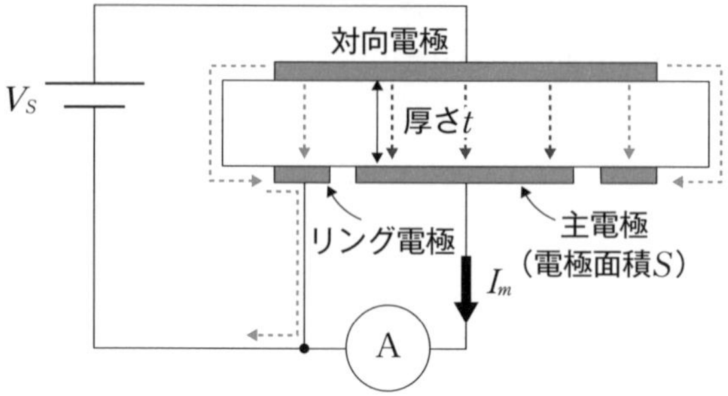

図９－22　体積抵抗率の測定

●表面抵抗率測定

表面抵抗率測定は、図９－23の構成で測定します。電圧源 V_S をリング電極に印加し、点線矢印のように、リング電極から主電極に向かって試料の表面上を流れる電流 I_m を測定します。表面抵抗値 R_S は、式 $R_S = \frac{V_S}{I_m}$ から求めます。リング電極から対向電極に流れる電流は電流計に流れ込まないので、測定電流 I_m には影響を与えません。

主電極の外径およびリング電極の内径の平均長さを L、主電極とリング電極の間隔を W とすると、表面抵抗率 ρ_S は次式で与えられます。

$$\rho_S = \frac{L}{W} R_S \text{（単位は } \Omega \text{ または } \Omega/sq\text{）} \qquad (9-9)$$

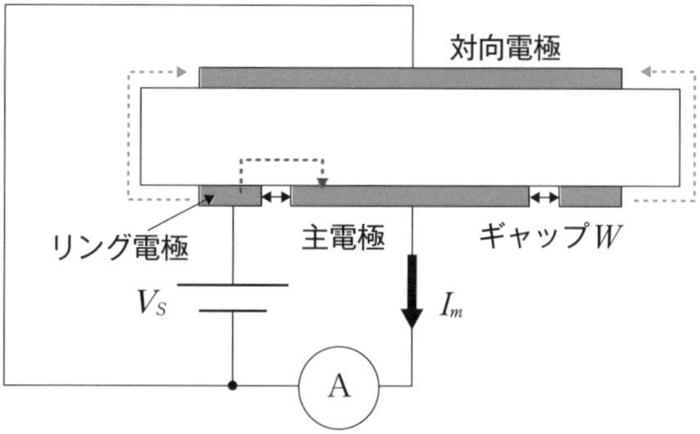

図9－23　表面抵抗率の測定

[例題9－5]

抵抗率が1.72×10^{-8} [$\Omega\cdot m$] の銅線と2.75×10^{-8} [$\Omega\cdot m$] のアルミニウム線がある。この2本の金属線の長さと重さはそれぞれ等しいものとする。抵抗の比（銅線の抵抗／アルミニウム線の抵抗）を求めなさい。ただし、銅とアルミニウムの比重はそれぞれ8.9および2.7とする。

[解答]

金属線の抵抗 R [Ω] は

$$R=\rho\frac{l}{S} \qquad (9-10)$$

から求めることができます（図9－24）。ここで、ρ：抵抗率 [$\Omega\cdot m$]、l：長さ [m]、S：断面積 [m^2] です。

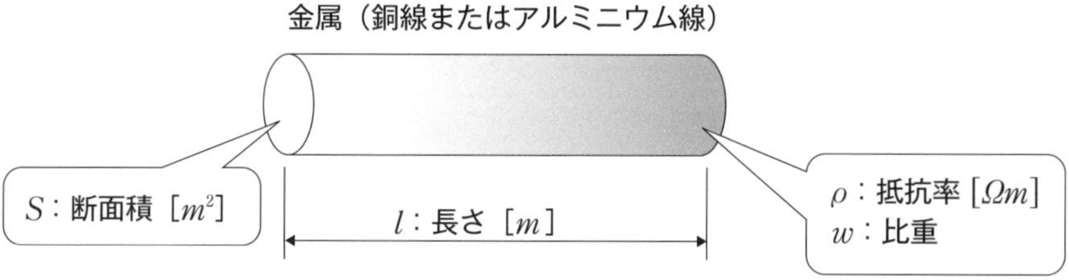

図9－24　金属線の長さと断面積

また、金属線の重さ W [kg] と長さ l および面積 S の関係は、比重を w [kg/m^3] とする

$$W = lSw \qquad (9-11)$$

で与えられます。

題意から

$$lS_{Cu}w_{Cu} = lS_{Al}w_{Al}$$

$$\frac{S_{Al}}{S_{Cu}} = \frac{w_{Cu}}{w_{Al}} \qquad (9-12)$$

となります。

式（9－12）に題意の数値を代入します。

$$\frac{S_{Al}}{S_{Cu}} = \frac{w_{Cu}}{w_{Al}} = \frac{8.9}{2.7} \qquad (9-13)$$

それぞれの抵抗値は

$$R_{Cu} = \rho_{Cu}\frac{1}{S_{Cu}}$$

$$R_{Al} = \rho_{Al}\frac{1}{S_{Al}}$$

となるので、抵抗の比は

$$\frac{R_{Cu}}{R_{Al}} = \frac{\rho_{Cu}\dfrac{l}{S_{Cu}}}{\rho_{Al}\dfrac{l}{S_{Al}}} = \frac{\rho_{Cu}S_{Al}}{\rho_{Al}S_{Cu}} \qquad (9-14)$$

となります。

式（9－14）に題意の数値と式（9－13）の値を代入します。

$$\frac{R_{Cu}}{R_{Al}} = \frac{\rho_{Cu}S_{Al}}{\rho_{Al}S_{Cu}} = \frac{1.72\times10^{-8}}{2.75\times10^{-8}} \times \frac{8.9}{2.7} \approx 2.1$$

答：銅線とアルミニウム線の抵抗の比は $\frac{R_{Cu}}{R_{Al}} \approx 2.1$

［例題 9 － 6］

本文の表面抵抗率 ρ_S を表した式（9 － 9）を、リング電極の内径を D、主電極の外径を d として表しなさい。

［解答］

主電極の外径とリング電極の内径の平均長さ L は、$L = 2\pi\dfrac{\dfrac{D}{2}+\dfrac{r}{2}}{2} = \dfrac{\pi(D+r)}{2}$、

ギャップ W は $D=d+2W$ から $W=\frac{D-d}{2}$ となります。

したがって、式（9－9）は

$$\rho_S=\frac{\frac{\pi(D+d)}{2}}{\frac{D-d}{2}}R_s=\frac{\pi(D+d)}{D-d}R_s$$

となります。

答：$\rho_S=\frac{\pi(D+d)}{D-d}R_s$

［例題 9 － 7］

ある物体の体積抵抗率 ρ_V は0.1［$\Omega\cdot m$］であった。この物体の厚み t が0.02［m］であるとき、この物体の表面抵抗率 ρ_S（シート抵抗率）に変換しなさい。

［解答］

体積抵抗率 ρ_V と表面抵抗率 ρ_S の関係を図 9 －25に示します。

すなわち、

$$R=\rho_V\frac{L}{S}=\rho_V\frac{L}{tW}=\frac{\rho_V}{t}\frac{L}{W}=\rho_S\frac{L}{W}$$

から、体積抵抗率と表面抵抗率の換算式

$$\rho_S=\frac{\rho_V}{t} \qquad (9-15)$$

が得られます。

題意の数値を代入します。

$$\rho_S=\frac{0.1}{0.02}=5\ [\Omega/sq]$$

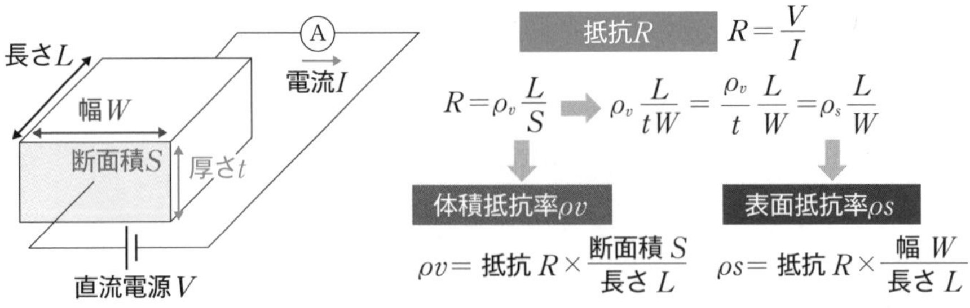

図9－25　体積抵抗率と表面抵抗率の関係

答：表面抵抗率 $\rho_S=5$ [Ω/sq]

9－2－5　誘電正接

誘電正接の定義とコンデンサの誘電正接について説明します。

●誘電正接の定義

誘電正接（*dissipation factor* または *loss tangent*）とは、誘電体内での電気エネルギー損失の度合いを表す数値で、絶縁体としての性能を評価する1つの基準となります。誘電体に交流電場が加わったときに誘電体の分極や分子の振動により電気エネルギーの一部が熱エネルギーとして損失する誘電損（または誘電損失、誘電体損という）の程度を表します。

誘電正接は、誘電損の度合いを示す特性であることから、誘電正接が大きい誘電体ほど誘電損は大きくなります。誘電正接は $tan\delta$ と表し、これを損失係数（*dissipation factor*）といいます。$tan\delta$ は“タンデルタ”、“タンデル”、“タンジェント・デルタ”と呼ばれます。

高周波を扱う電気・電子部品では特に重要な特性であり、誘電損による成形品の温度上昇は絶縁性の低下や内蔵している電子回路の不具合などを引き起こす原因となります。

絶縁物の等価回路を図9－26に示します。

この場合の誘電損失は $W=W_e+W_p+W_i$ となり、絶縁体内に発生するすべての損失を含むので、$tan\delta$ を測定することにより絶縁物の状態を知ることができます。ここで、W_e と W_p は絶縁物の硬化状態や劣化状態、水分などの導電性物質の混入量などによって変化し、W_i は絶縁物中のボイドや空隙の部分放電によって変化します。

絶縁物の $tan\delta$ を測定することにより、絶縁物の良否状態や劣化の状態を非破壊により評価することができます。例えば、$tan\delta$ は吸湿状態（水分の有無や乾燥状態）、ワニスなどの有機絶縁物の硬化状態を調べることができます。$tan\delta$ の数値は乾燥判定として使用することができます。

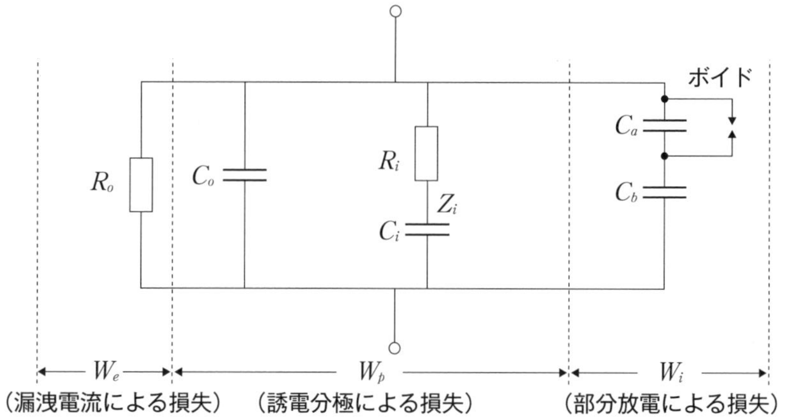

R_O：漏洩抵抗、C_O：全静電容量、R_i と C_i の直列接続：内部直列インピーダンス Z_i

C_a：ボイドの静電容量、C_b：ボイドと直列の静電容量

図 9 −26　絶縁物の等価回路

$tan\delta$ の計算例を示します。

抵抗とコンデンサの並列回路※注の場合です（図 9 −27）。電圧を $\dot{V}$、抵抗 R_p に流れる電流を $\dot{I}_e$、コンデンサ C_p に流れる電流を $\dot{I}_c$ とすると、

$$\dot{I}_e = \frac{\dot{V}}{R_P} \quad \rightarrow \quad \text{ベクトルの大きさ：} I_e = |\dot{I}_e| = \left| \frac{\dot{V}}{R_P} \right| = \frac{V}{R_P}$$

$$\dot{I}_e = \frac{\dot{V}}{\frac{1}{j\omega C_p}} \quad \rightarrow \quad \text{ベクトルの大きさ：} I_c = |\dot{I}_c| = \left| \frac{\dot{V}}{\frac{1}{j\omega C_p}} \right| = \omega C_p V$$

となります。

電圧 $\dot{V}$ と電流 $\dot{I}(=\dot{I}_e+\dot{I}_c)$ の関係（フェザーズ図）を図 9 −28に示します。コンデンサ C_p に流れる電流 $\dot{I}_c$ は電圧 $\dot{V}$ より位相が90°進みます。

$tan\delta$ は次式で求めることができます。

※注：『例題で学ぶ　はじめての電気回路』（臼田昭司著、技術評論社刊）107ページ参照。

$$tan\delta=\frac{I_e}{I_c}=\frac{\frac{V}{R_p}}{\omega C_p V}=\frac{1}{\omega C_p R_p} \quad (9-16)$$

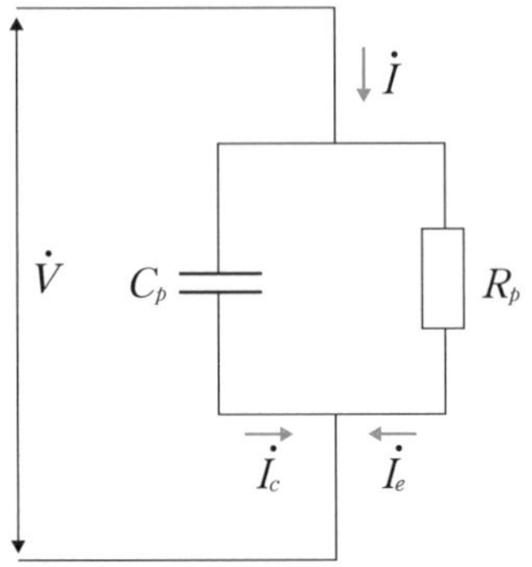

図9−27　抵抗とコンデンサの並列回路

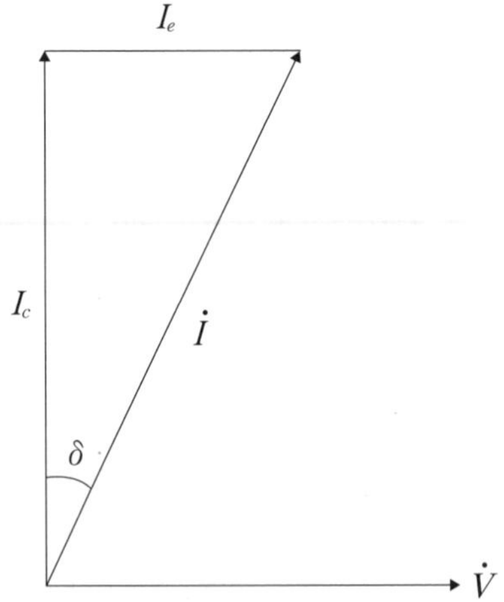

図9−28　電圧 $\dot{V}$ と電流 $\dot{I}$ の関係（抵抗とコンデンサの並列回路）

次に、抵抗とコンデンサの直列回路※注の場合です（図9−29)。電圧を $\dot{V}$、抵抗 R_S の端子電圧を $\dot{V}_R$、コンデンサ C_S の端子電圧を $\dot{V}_C$、回路に流れる電流を

※注：『例題で学ぶ　はじめての電気回路』（臼田昭司著、技術評論社刊）121ページ参照。

$\dot{I}$ とすると、

$$\dot{V}=\dot{V}_R+\dot{V}_C$$

$$\dot{V}_R=R_S\dot{I} \quad\rightarrow\quad \text{ベクトルの大きさ：} V_R=|\dot{V}_R|=R_SI$$

$$\dot{V}_C=\frac{1}{j\omega C_S}\dot{I} \quad\rightarrow\quad \text{ベクトルの大きさ：} V_C=|\dot{V}_C|=\frac{1}{\omega C_S}I$$

となります。

コンデンサのみの場合は、電圧 $\dot{V}$ は電流 $\dot{I}$ より90°遅れます（図 9 −30（a））。抵抗とコンデンサの直列回路の場合のフェーザ図は図 9 −30（b）のようになります。図中の θ は位相角（またはインピーダンス角）で、$tan\delta$ は次式で与えられます。

$$tan\delta=\frac{V_R}{V_C}=\frac{R_S}{\frac{1}{\omega C_S}}=\omega C_SR_S \qquad (9-17)$$

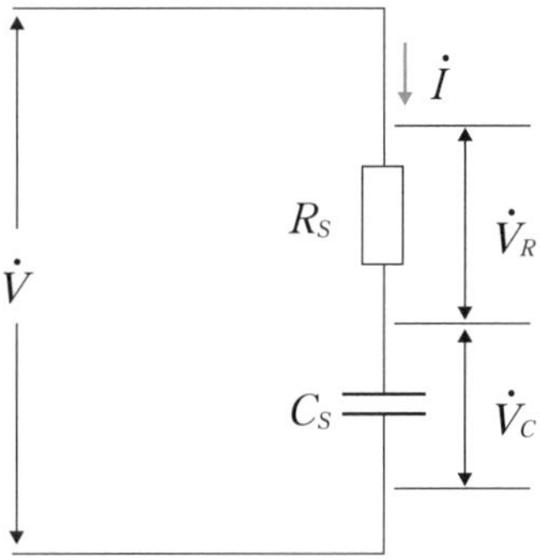

図 9 −29　抵抗とコンデンサの直列回路

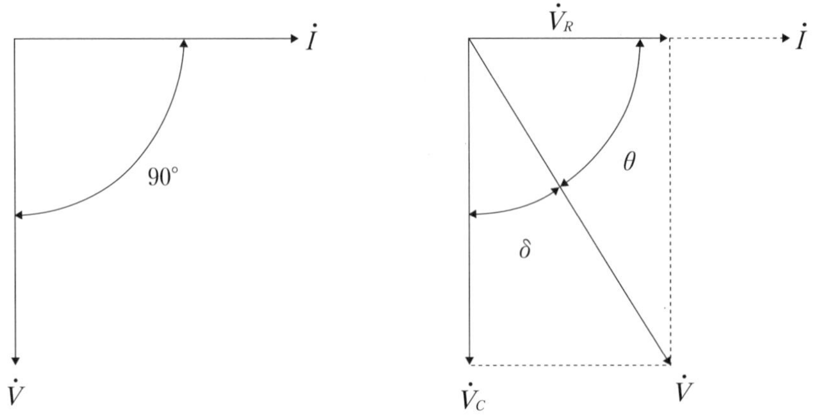

(a) コンデンサのみ　　(b) 抵抗とコンデンサの直列回路

図9−30　電圧 $\dot{V}$ と電流 $\dot{I}$ の関係（抵抗とコンデンサの直列回路）

●コンデンサの誘電正接

誘導正接は、コンデンサの性能を表す特性の1つです。コンデンサ内部で消費されるエネルギーを表す特性の1つです。所定の周波数の正弦波電圧で生じる電力損失 W を無効電力 W_r で割って計算される損失 $\frac{W}{W_r}$ が誘電損失 $\left(tan\delta = \frac{W}{W_r}\right)$ となります。この損失は、理想的なコンデサであれば、交流電圧を印加した場合、電流の位相は90°進むのでコンデンサ内での電力はゼロとなり、損失はありません。

実際のコンデンサは、図9−31に示すような等価回路となります。等価直列抵抗（*ESR*、*Equivalent Series Resistance*）は、電極やリード線の抵抗、誘電体の特性などによってわずかに存在する抵抗成分（アルミ電解コンデンサの場合は電解液の抵抗分と電解紙の抵抗分、その他の接触抵抗分などを含む）で、通常は数十 $m\Omega$～数 Ω になります。等価直列インダクタンス（*ESL*、*Equivalent Series Inductance*）は、電極板やリード線などの寄生インダクタンスで、通常、数百 pH～数 nH です。

また、理想的なコンデンサでは絶縁抵抗は無限大ですが、実際のコンデンサでは電極間の誘電体は完全な絶縁体ではないので微小な電流が流れます。このときの抵抗を絶縁抵抗（*IR*、*Insulation Resistance*）といいます。通常は $M\Omega$～$T\Omega$ のオーダーです。

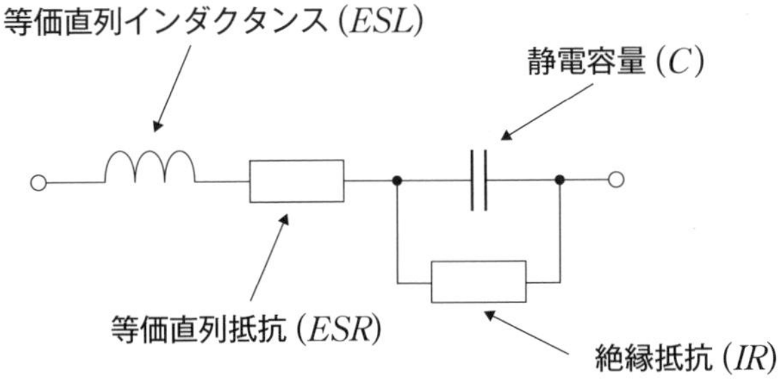

図９－31　コンデンサの等価回路

実際のコンデンサに交流電界を加えると上記のように誘電体の抵抗成分が無視できなくなり、図９－28、図９－30に示すように、電流の位相が δ だけ遅れます。したがって、電圧と電流の位相差が90°でなくなるので、コンデンサ内で電力損失が発生します。この損失を誘電損失といい、δ を損失角といいます。そして、損失角 δ の正接を誘導正接 $tan\delta$ といいます。実際には、*ESR* による損失、*ESL* による損失をすべて含めて $tan\delta$ で表します。この値が小さいほど優良なコンデサであるといえます。

通常、各コンデンサの $tan\delta$ は電解コンデンサが大きく、セラミックコンデンサやマイカは小さくなります。また、コンデンサのデータシートには、損失係数（$D=tan\delta=\omega CR$）として表示されています。

［例題９−８］

下記の説明文の空白箇所（ア）、（イ）、（ウ）、（エ）および（オ）にあてはまる正しい組み合わせを次の表の番号(1)〜(5)の中から選びなさい。

番号	（ア）	（イ）	（ウ）	（エ）	（オ）
(1)	高く	小さく	高い	日常	特別
(2)	高く	大きく	高い	日常	特別
(3)	低く	大きく	高い	特別	日常
(4)	高く	小さく	低い	特別	日常
(5)	低く	大きく	低い	特別	日常

電力用コンデンサには、進相コンデンサ、調相コンデンサおよび直列コンデンサがあり、さらにフィルタ用コンデンサやサージ吸収用コンデンサなどを含めることがある。電力用コンデンサは、一般的に複数枚の薄葉誘電体を金属箔電極とともに巻き込み、リード線を引き出した単位コンデンサの集合で構成し、容器に収納したものである。また、電極として蒸着金属が用いられることがある。誘電体には、広い面積にわたり厚さが均一であること、適当な機械的強度を有すること、誘電率が［（ア）］その温度変化が少ないこと、誘電正接が［（イ）］絶縁抵抗および絶縁耐力が［（ウ）］こと、耐熱性に優れ長期安定性に優れていることなどが求められる。

電力用コンデンサの［（エ）］点検としては、油漏れ、発錆、がいしの汚損、容器の変形、端子部の過熱および機器の異常過熱などの有無について確認を行う。また、数年ごとあるいは異常発生時に行う［（オ）］点検として、［（エ）］点検項目のほかにコンデンサの静電容量・損失の測定、端子−外箱間の絶縁抵抗測定、耐電圧試験などを実施する。

［解答］

理想的なコンデンサでは充放電によるエネルギー損失は発生しませんが、実際のコンデンサでは誘電体での抵抗損失があり、等価回路は図９−31のようになり、コンデンサには図９−28のベクトル図に示すような電流が流れます。このときの$\dfrac{I_e}{I_c}=tan\delta$を誘電正接と呼び、抵抗損失分$I_e$が小さいほど誘電正接$tan\delta$も小さくなり、試験結果はよいことになります。

また、コンデンサの誘電体は、誘電率が高いほどコンデンサを小型化することができます。誘電体内部で損失となる誘電正接 $tan\delta$ が小さく、絶縁耐力が高い方がコンデンサとして優れています。

特に、電力用コンデンサは、高電圧・大電流（大電力）で使用されるため、電子回路用コンデンサと比較して過酷な条件下にあります。電力用コンデンサの劣化要因としては、発熱による誘電体の劣化に伴う損失と、それに伴う内部圧力増加による容器の変形などです。

（ア）は静電容量 C は誘電率 ε、面積 S、コンデンサ間の距離 d とすると、$C=\varepsilon\dfrac{S}{d}$ で求められる※注ので、誘電率は高い方がよいです。

（イ）は本文の解説の通り、誘電正接 $tan\delta$ は小さい方がよいです。

（ウ）は絶縁抵抗や絶縁耐力は高い方が優れています。

（エ）、（オ）は日常点検は目視などの主に五感を使った点検を行い、特別点検は機器を使用した点検になります。

答：(1)

※注：第４章の４－２節の式（４－２）参照。

[例題9−9]

電圧66 [kV]、周波数50 [Hz]、こう長（亘長、*line length*、架空送電線路の長さのことで、電柱などの電気支持物間における水平距離をいう）5 [km] の交流三相3線式の地中電線路がある（図9−32）。ケーブルの心線1線あたりの静電容量が0.43 [$\mu F/km$]、誘電正接が0.03%であるとき、このケーブル心線の3線合計の誘電体損の値 [W] を求めなさい。

ケーブルの誘電体損 W_d は、角周波数を ω、周波数を f、静電容量を C、誘電正接を $\tan\delta$ としたとき、ケーブルの誘電体損は次式で与えられる。

$$W_d=\omega CV^2\tan\delta=2\pi fCV^2\tan\delta \qquad (9-18)$$

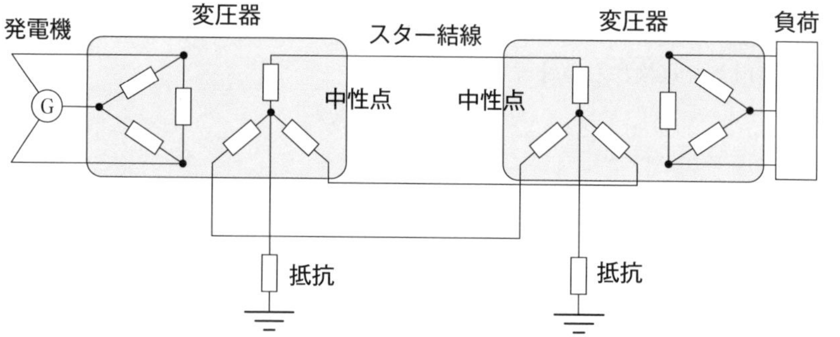

図9−32 **中性点を接地のスター結線方式**

[解答]

電力ケーブル（図9−33）の誘電体損に関する例題です。誘電体損とは誘電損または誘電損失のことです。交流電圧を印加した電力ケーブルは、電圧に対して同位相の電流成分がケーブルの絶縁体に流れることにより誘電体損が発生します。この誘電体損は、ケーブル絶縁体の誘電率と誘電正接との積に比例して大きくなるため、誘電率および誘電正接の小さい絶縁体の採用が望まれます。

一相分の等価回路とベクトル図を図9−34に示します。コンデンサに流れる電流の大きさ I_C と抵抗を流れる電流の大きさ I_R は、線間電圧と相電圧の関係（線間電圧$=\sqrt{3}\times$相電圧、図9−35）から

$$I_C=\omega C\frac{V}{\sqrt{3}}=\frac{\omega CV}{\sqrt{3}}$$

$$I_R=I_C\tan\delta=\frac{\omega CV}{\sqrt{3}}\tan\delta$$

となります。

したがって、3線合計の誘電体損 W_d は

$$W_d=3\times\frac{V}{\sqrt{3}}I_R=3\times\frac{V}{\sqrt{3}}\ \frac{\omega CV}{\sqrt{3}}tan\delta=\omega CV^2 tan\delta=2\pi fCV^2 tan\delta$$

となります。

ケーブルの心線1線あたりの静電容量 C は

$$C=0.43\times10^{-6}\times5=2.15\times10^{-6}\ [F]$$

となります。

上記の W_d の式に題意の数値を代入します。

$$W_d=2\pi\times50\times2.15\times10^{-6}\times(66\times10^3)^2\times0.0003\approx883\ [W]$$

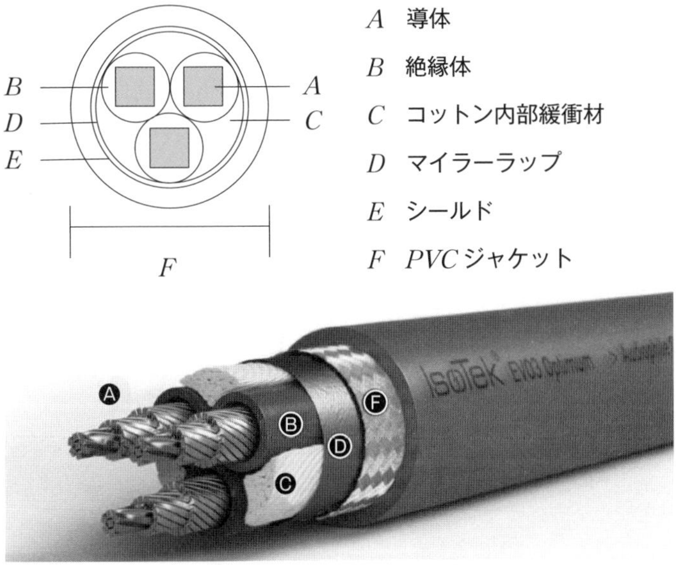

図9－33　電力ケーブルの構成例

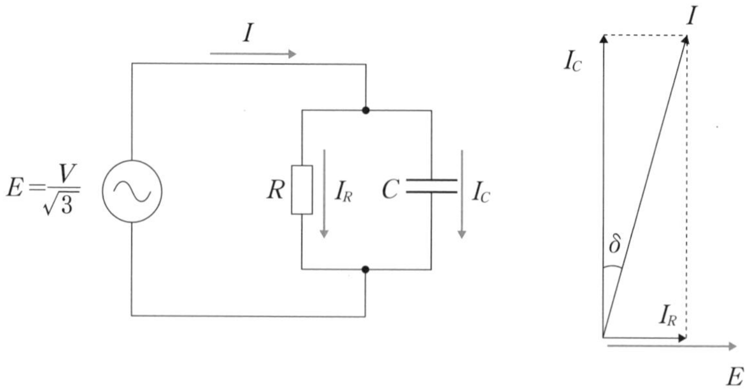

図9−34 一相分の等価回路とベクトル図

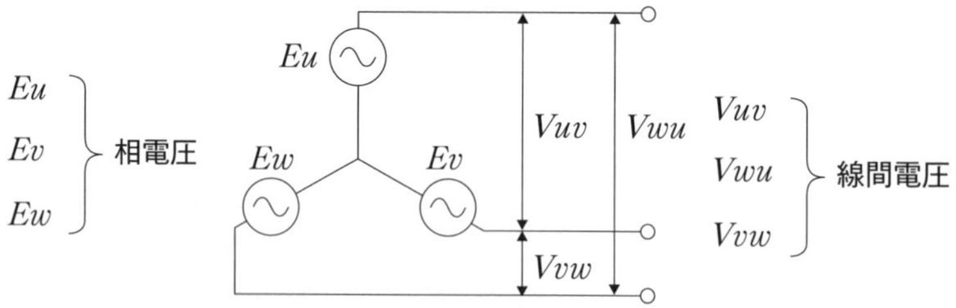

図9−35 スター結線の相電圧と線間電圧

答：$W_d \approx 883$ [W]

9－3 磁気測定

電磁鋼板（ケイ素鋼板）の磁気特性について、エプスタイン装置を用いた測定例について説明します。測定例を通して、磁気特性の基本である鉄損、磁束密度、$B-H$曲線、透磁率などについて理解します。

9－3－1　エプスタイン装置と磁気特性の測定

エプスタイン装置とは*JIS C* 2550に規定されている電磁鋼板の磁気測定に用いられる試験装置をいいます。一次コイルと二次コイルが巻かれたコイル枠の中に短冊状の試料を井桁状に入れた構造になっています（図9－36)。使用する試料片の枚数は材料の板厚やコイル枠の大きさにより異なりますが、0.35*mm*～0.5*mm*厚みの試料を数10枚程度使用します。4つのコイル枠には同じ巻数の一次コイル（励磁）と二次コイル（誘起電圧）が巻かれており、4つのコイルはそれぞれ直列に接続されています。直流または交流で励磁し、鉄損、$B-H$曲線、ヒステリシス損などの磁気特性を測定します。

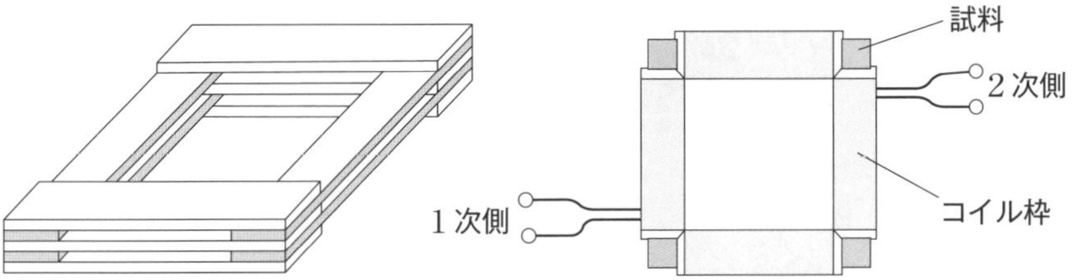

(a) 短冊状試料（鉄心）の構造　　(b) 一次・二次コイルが巻かれたコイル枠

図9－36　エプスタイン装置

エプスタイン装置を用いた電力計法によるケイ素鋼板の鉄損測定例について説明します。測定回路を図9－37に示します。

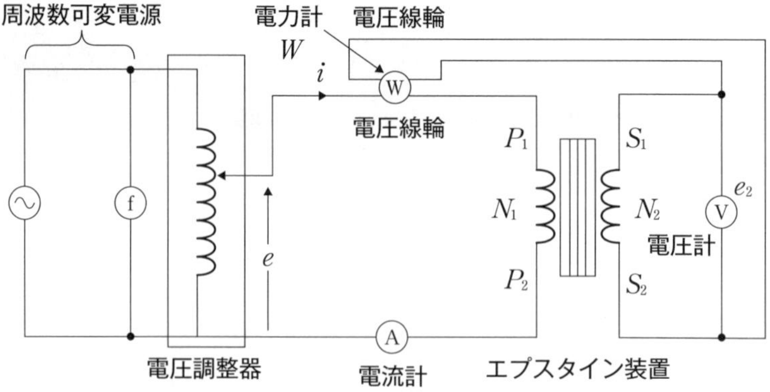

図9－37　エプスタイン装置を用いた鉄損測定

エプスタイン装置の一次コイル（巻数 N_1）に瞬時電圧 e を加えて電流 i を流し、試料中に磁束 ϕ を生じたとします。

一次コイルの巻線抵抗を r_1 とすると次式が得られます。

$$e = N_1 \frac{d\phi}{dt} + r_1 i \qquad (9-19)$$

この式の両辺に i を乗じて時間 T の平均をとると

$$\frac{1}{T}\int_0^T eidt = \frac{N_1}{T}\int_0^T i\frac{d\phi}{dt}dt + \frac{1}{T}\int_0^T r_1 i^2 dt$$

となります。

この式の左辺は回路に加えられた電力を表し、右辺の第１項は試料中の鉄損と二次コイルの銅損の和を表し、第２項は一次コイル N_1 の巻線抵抗による銅損を表します。

ここで、試料の鉄損を W_i、二次コイルの銅損を W_C とすると、

$$\frac{N_1}{T}\int_0^T i\frac{d\phi}{dt}dt = W_i + W_C$$

となります。

エプスタインの二次側の誘起電圧を e_2（図９－37の電圧計の指示）とすると、電力計の指示電力 W は、電流 i（電流線輪）と電圧 e_2（電圧線輪）から

$$W = \frac{1}{T}\int_0^T e_2 idt = \frac{1}{T}\int_0^T \left(N_2\frac{d\phi}{dt}\right) idt = \frac{N_2}{N_1}\,\frac{N_1}{T}\int_0^T i\frac{d\phi}{dt}dt = \frac{N_2}{N_1}(W_i + W_C) \qquad (9-20)$$

となります。

したがって、鉄損 W_i は、

$$W_i = \frac{N_1}{N_2} W - W_C \qquad (9-21)$$

となります。

二次コイルの銅損 W_C は、二次コイルの抵抗が電圧計および電力計の電圧線輪の抵抗に対して無視できるとすると（電圧計の内部抵抗 r_v、電力計の電圧線輪の抵抗 r_w とする）、

$$W_C = \frac{e_2{}^2}{r_v} + \frac{e_2{}^2}{r_w} = e_2{}^2 \left(\frac{1}{R_v} + \frac{1}{R_w} \right)$$

となります。

次に、試料の磁束密度 B_m [T]《テスラ》は、次式を用いて二次コイルに誘起される電圧 e_2（電圧計の読み）から算出することができます。

$$e_2 = 4K_f f N_2 B_m A \qquad (9-22)$$

$$B_m = \frac{e_2}{4K_f f N_2 A} \qquad (9-23)$$

ここで、f は電源周波数 [Hz]、A は鉄心の断面積 [m^2]、K_f は波形率です。

K_f は正弦波の場合は1.11なので

$$B_m = \frac{e_2}{4.44 f N_2 A}$$

となります。

また、鉄心の断面積 A は、試料を短冊状に積み重ねたものなので、鉄心の重量を G [kg]、平均磁路長を l [m]、比重を d（ケイ素鋼板は7.5）とすると、

$$A = \frac{G}{ld} \times 10^{-3} \qquad (9-24)$$

となります。

測定に使用したエプスタイン装置は、短冊状に $3cm \times 50cm$ に切断した試料を井桁状に重ね合わせた構造で、総重量は10kgです。平均磁路長は $50cm \times 4 = 200cm$ になります。また、一次巻線と二次巻線の巻数は、どちらも１辺（１コイル枠）あたり150回で合計600回です。

正弦波交流電源（周波数可変電源）の周波数30 [Hz] の場合の測定例を表９－１に示します。

磁束密度 B_m [T] は0.1～1.0の範囲（0.1刻み）とします。誘起電圧 e_2 は式（９－22）を用いて計算しておきます。測定に際しては、電圧調整器で電圧計の表示を計算値 e_2 に合わせるように調整し、そのときの電力計の指示値 W と電流計の指示値 i を測定します。

鉄損 W_i は式（９－21）の（$N_1 = N_2 = 600$）から計算して求めます。表中の P

と Q の項目は銅損になります。

表 9－1 鉄損の測定例

式（9 －22）より計算（e_2）、電力計の表示（W）、計算（$W-P-Q$）（W_i）、計算（Wi を10kg で割る）（W_i/kg）、電流計の表示（i）

f [Hz]	B_m [T]	e_2 [V]	W [W]	P e_2^2/r_v [W]	Q e_2^2/r_w [W]	W_i [W]	W_i/kg [W/kg]	B_m [T]	i [mA]
30	0.1	5.33	0.080	0.0049	0.00473	0.0704	0.00704	0.1	39
	0.2	10.66	0.396	0.0196	0.01893	0.3574	0.03574	0.2	56
	0.3	15.98	0.800	0.0442	0.04258	0.7132	0.07132	0.3	71
	0.4	21.31	1.320	0.0786	0.07570	1.1657	0.11657	0.4	85
	0.5	26.64	1.940	0.1227	0.11828	1.6990	0.16990	0.5	99
	0.6	31.97	2.700	0.1767	0.17033	2.3529	0.23529	0.6	116
	0.7	37.30	3.420	0.2406	0.23183	2.9476	0.29476	0.7	134
	0.8	42.62	4.300	0.3142	0.30280	3.6830	0.36830	0.8	156
	0.9	47.95	5.520	0.3977	0.38323	4.7391	0.47391	0.9	194
	1.0	53.28	6.700	0.4910	0.47313	5.7359	0.57359	1.0	240

←── 銅損 ──→←── 鉄損 ──→

$A=0.00067$ [m^2]	←式（9 －24）より計算、$G=10$ [kg]、$l=200$ [cm]、$d=7.5$
$r_v=5782$ [Ω]	
$r_w=6000$ [Ω]	
$l=200$ [cm]	
$N_1=600$ 回	
$N_2=600$ 回	

交流電源の周波数30 [Hz]、50 [Hz]、70 [Hz] の場合の磁束密度 B_m [T] に対する単位重量あたりの鉄損 W_i/kg [W/kg] をグラフにすると、図 9 －38が得られます。

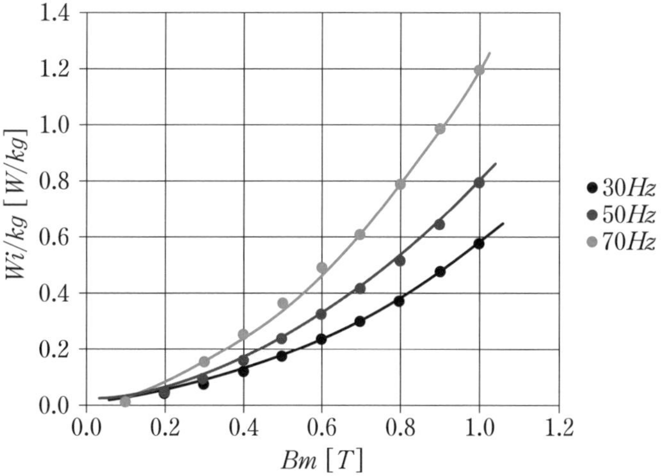

図9－38　$W_i/kg-B_m$ 曲線

9－3－2　B－H 曲線と透磁率の測定

外部の磁場により磁石になりやすい鉄、ニッケル、コバルトなどの物質を強磁性体と呼び、強磁性体の磁化特性を表した曲線を、$B-H$ 曲線または磁気ヒステリシス曲線といいます（図9－39）。横軸は磁場 $H\,[A/m]$ を、縦軸は磁束密度 $B\,[T]$ を表します。

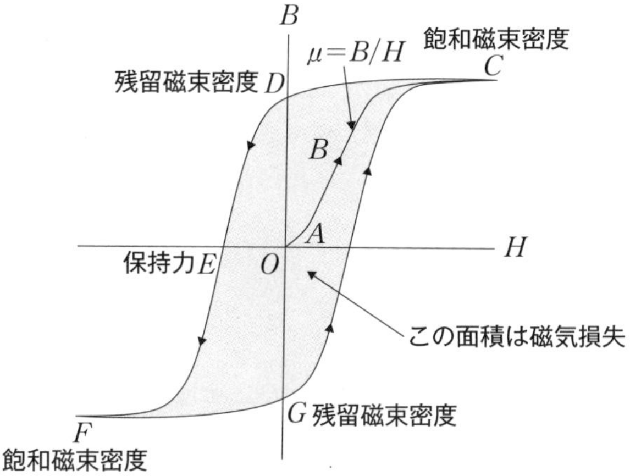

図9－39　強磁性体の $B-H$ 曲線

強磁性体は、外部の磁場を受けると磁気のない状態（点 O）から、磁気を帯びて磁石になります。これを“磁化”といいます。このとき、単位面積あたりの N 極から S 極へ向かう磁気の流れを磁束密度 $B\,[T]$ といい、磁化の強さを表します。

外部磁場が強くなると磁束密度が増えていくことから、この磁束密度と磁場との比を透磁率 $\mu\,[H/m]$（単位 $[H/m]$ は“ヘンリー毎メートル”と発音）といい、透磁率が高いほど弱い磁場でも高い磁束密度が得られます。

真空の透磁率 $\mu_0 = 4\pi \times 10^{-7}\,[H/m]$ との比 $\mu_r = \dfrac{\mu}{\mu_0}$ を比透磁率といい、$\mu_r \gg 1$ の場合は強磁性体、$\mu_r > 1$ の場合は常磁性体、$\mu_r < 1$ の場合は反磁性体といいます。

強磁性体に磁場を加えて磁化していくと、磁束密度に限界が生じ飽和します。これを飽和磁束密度（点 C、点 F）といいます。飽和磁束密度が高いほど強力な磁石となります。磁束が飽和するまでの磁化（点 O から点 C までの磁化）を“初期磁化”といいます。

磁束密度が飽和した後、外部磁場をなくしても（$H=0$）、強磁性体に磁束が残る（点 D、点 G）を残留磁束密度といいます。強磁性体の磁束密度をゼロにするために必要な外部磁場（点 E）を保磁力といいます。

通常、高い保磁力の物質は永久磁石に、高い透磁率と低い保磁力の物質は電磁石やトランス、コイルのコアに使用されます。

また、強磁性体が磁化した後に、外部磁場を変化させると磁束密度は点 C から点 D、F、G を通り点 C に戻る磁気ヒステリシス曲線を描きます。このとき磁気エネルギーが消費され熱を発生します。このエネルギー消費を磁心損失（コアロス）といいます。磁心損失は磁気ヒステリシス曲線の面積に比例するので、面積が小さいほど磁心損失が少ないといえます。

表 9 − 1 の電流 $i\,[mA]$ の測定値から鉄心の磁化電流 $I_m\,[A]$ と磁化力 $H_m\,[A/m]$ は次式で計算することができます。

$$I_m = \sqrt{i^2 - \left(\frac{W}{e^2}\right)^2} \qquad (9-25)$$

$$H_m = \frac{\sqrt{2}\, I_m N_1}{l} \qquad (9-26)$$

計算結果を表 9 − 2 に示します。

初期磁化特性である B_m と H_m の関係、H_m と比透磁率 μ_r の関係をグラフにしたものを図 9 −40、図 9 −41に示します。

表9－2　磁化電流 I_m、磁化力 H_m、透磁率 μ と比透磁率 μ_r の計算

電流計の表示

式 (9 －25) より計算

式 (9 －26) より計算

$\mu = Bm/Hm$ より計算

(10^{-3}で割る)

$\mu/(4\pi \times 10^{-7})$

Bm [T]	i [mA]	Im [A]	Hm [A/m]	μ	$\mu/10^{-3}$	μ_s [H/m]
0.1	39	0.0360	152.7	0.00065	0.65484	521.1
0.2	56	0.0419	177.7	0.00113	1.12527	895.5
0.3	71	0.0504	213.7	0.00140	1.40414	1117.4
0.4	85	0.0582	247.0	0.00162	1.61957	1288.8
0.5	99	0.0671	284.5	0.00176	1.75724	1398.4
0.6	116	0.0795	337.4	0.00178	1.77855	1415.3
0.7	134	0.0977	414.6	0.00169	1.68858	1343.7
0.8	156	0.1190	504.8	0.00158	1.58468	1261.0
0.9	194	0.1562	662.5	0.00136	1.35847	1081.0
1.0	240	0.2044	867.3	0.00115	1.15304	917.6

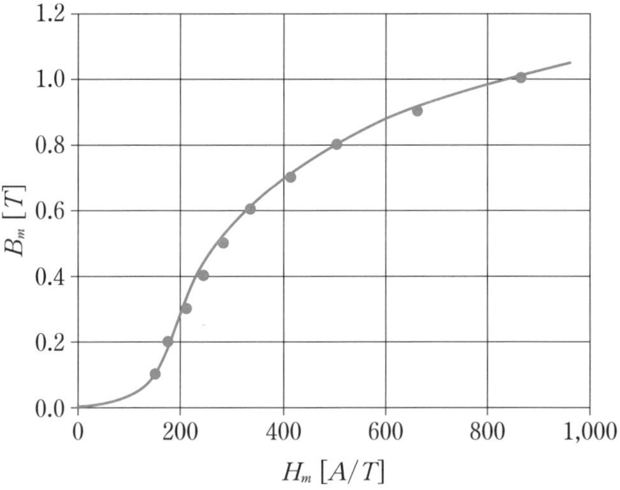

図9－40　B−H曲線の初期磁化特性

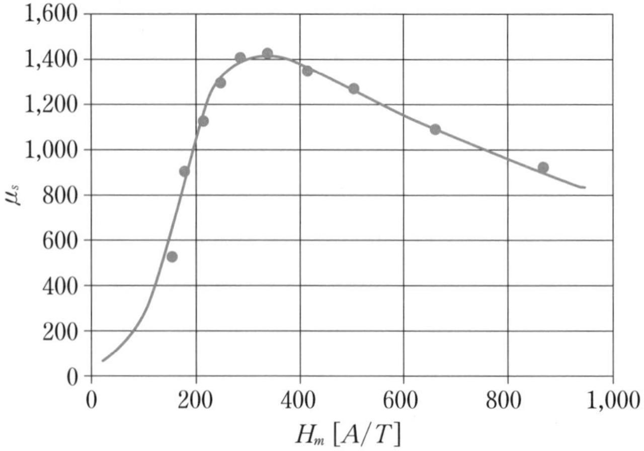

図9−41 磁場の強さ H_m と比透磁率 μ_s の関係

[例題9−10]

磁性体の磁化曲線（$B-H$ 曲線）を図9−42に示す。下記の説明文の空白箇所（ア）、（イ）、（ウ）および（エ）にあてはまる正しい組み合わせを次の表の番号(1)〜(5)の中から選びなさい。

(1)直交座標の横軸は［（ア）］である。

(2) a は［（イ）］の大きさを表す。

(3)鉄心入りコイルに交流電流を流すと、ヒステリシス曲線内の面積に［（ウ）］した電気エネルギーが鉄心の中で熱として失われる。

(4)永久磁石材料としては、ヒステリシス曲線の a と b がともに［（エ）］磁性体が適している。

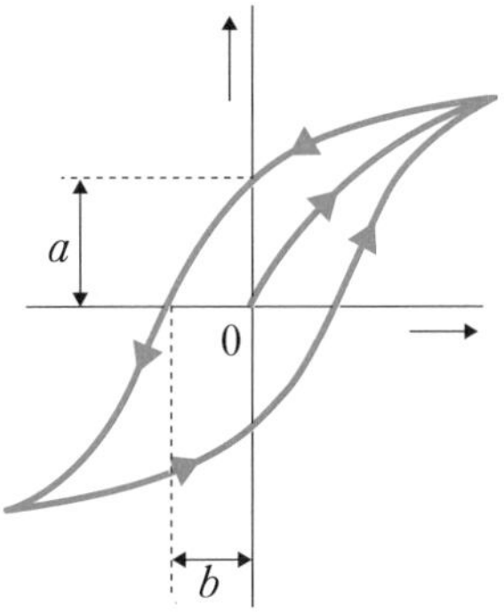

図9－42　B－H曲線

番号	（ア）	（イ）	（ウ）	（エ）
(1)	磁界の強さ $[A/m]$	保磁力	反比例	大きい
(2)	磁束密度 $[T]$	保磁力	反比例	小さい
(3)	磁の強さ $[A/m]$	残留磁気	反比例	小さい
(4)	磁束密度 $[T]$	保磁力	比例	大きい
(5)	磁界の強さ $[A/m]$	残留磁気	比例	大きい

［解答］

磁性体の特徴である磁化曲線は、$B-H$曲線またはヒステリシスループと呼ばれています。真空中では$B=\mu_0 H$（μ_0は透磁率）の関係が成立します。磁性体は、磁界中で磁気を帯び磁化され、磁化されることによって、ヒステリシスループで囲まれたヒステリシス損が発生します。

図9－43において、B_mは飽和磁束密度、aは残留磁気、bは保持力を表します。永久磁石には$B-H$曲線の面積が大きいもの、電磁コイルなどの鉄心には$B-H$曲線の面積が小さいものが選ばれます。

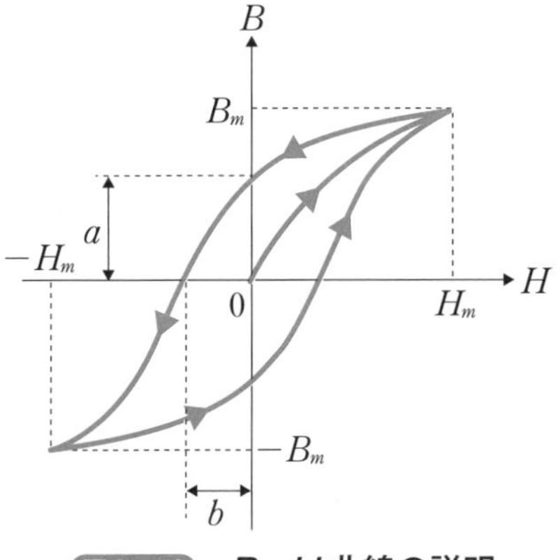

図9－43　B－H曲線の説明

(1)は、直交座標の横軸は磁界の強さで、縦軸が磁束密度です。

(2)aは残留磁気で、bは保磁力です。

(3)は鉄心入りコイルではヒステリシス曲線の面積に比例したヒステリシス損が発生します。

(4)は永久磁石材料としては、a と b がともに大きい強磁性体が磁化されやすいため適しています。

以上から、答えは(5)になります。

答：(5)

9－4　機械的特性試験

機械的強度は物質の力学的な変形あるいは破壊に対する指標であり、ものづくりの基本である設計や製作にとって必要な機械的特性値です。機械的特性を評価する最も重要なことは、どれくらいの力でどれだけ変形し、また、どれくらいの力で破壊するのかを知り、その結果を設計や製作に反映させることにあります。強度を含めた機械的特性値の種類と代表的な強度試験について説明します。

9－4－1　機械的特性値の種類

材料は力をかければ弾性変形します。弾性変形とは力をゼロにすると元に戻る状態をいいます。その後、力をかけ続けていくと塑性変形になり、さらに力を増加させていけば最終的には破壊します（図9－44）。塑性変形とは、元に戻らない状態をいいます。

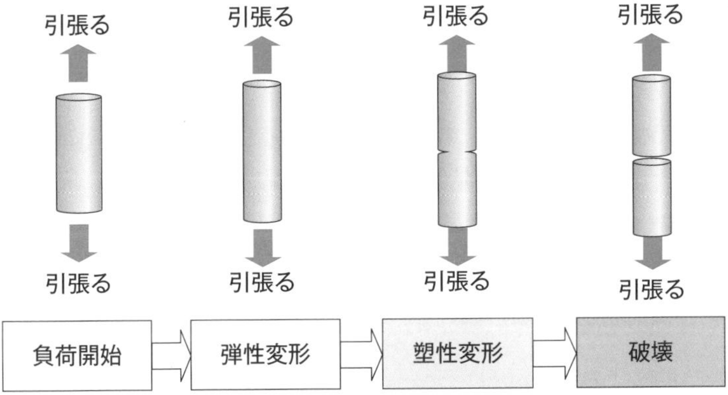

図9－44　引張り試験による変形

●応力とひずみ

機械的特性は、応力とひずみの関係を測定することで、いろいろな特性値を求めることができます（図9－45）。

応力 σ は引張試験力を F、断面積を S とすると、

$$\sigma = \frac{F}{S}$$

で与えられ、応力 σ は単位断面積あたりの試験力になります。

また、ひずみ ε は評線間距離を L、その伸びを ΔL とすると

$$\varepsilon = \frac{\Delta L}{L}$$

で与えられ、ひずみ ε は単位長さあたりの伸びを表します。

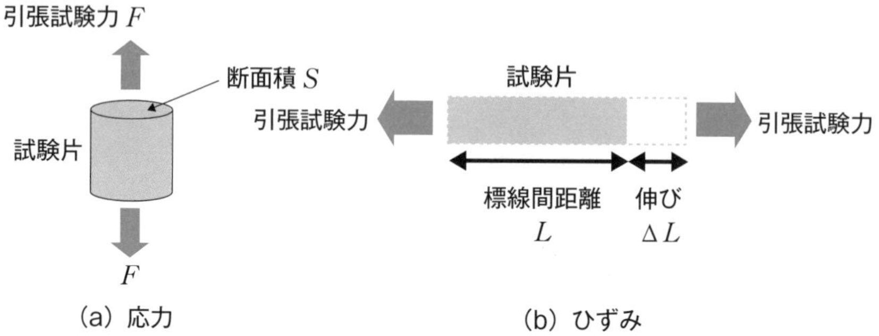

図9－45　応力とひずみ

●応力―ひずみ線図

試験片の両端をつかみ、一定の速度で引張り応力を加えると、図9－46のようなグラフが得られます。このようなグラフを応力－ひずみ線図（*Stress－Strain Curve*）といいます。このグラフの立ち上がり部は応力を除くと元の状態に戻る領域になります。この領域を弾性領域といいます。また、グラフの直線部の傾き $\dfrac{\Delta\sigma}{\Delta\varepsilon}$ を弾性率（*elastic modulus*）またはヤング率（*Young's modulus*）といいます。記号、単位は E [N/mm^2] です。

さらに力を加えると、応力を除いてもひずみが残る塑性領域が現れます。この現象が始まる応力を降伏点といいます。さらに力を加えていくと最大の応力が現れます。これを引張り強さといいます。その後は、応力は減少し破断に至ります。破断したときのひずみを破断ひずみといいます。

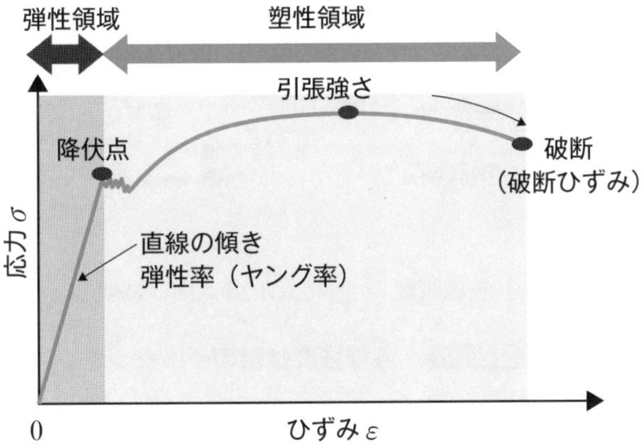

図9－46　応力－ひずみ線図

9－4－2　強度試験

強度試験には、負荷を与える速度が低速か高速か、または負荷が一定方向か繰り返すかで静的試験、動的試験に分類されます（表9－3、図9－47）。

静的試験には、引張り、圧縮、曲げ、せん断、ねじり、クリープ、リラクゼーション試験があげられます。

動的試験には、疲労試験、高速衝撃試験があげられます。

表9－3　強度試験の分類

分類	特性	種類
静的試験	低速 一定方向	引張り、圧縮、曲げ、ねじり、せん断、クリープ、リラクゼーション
動的試験	高速 繰り返し	疲労、衝撃

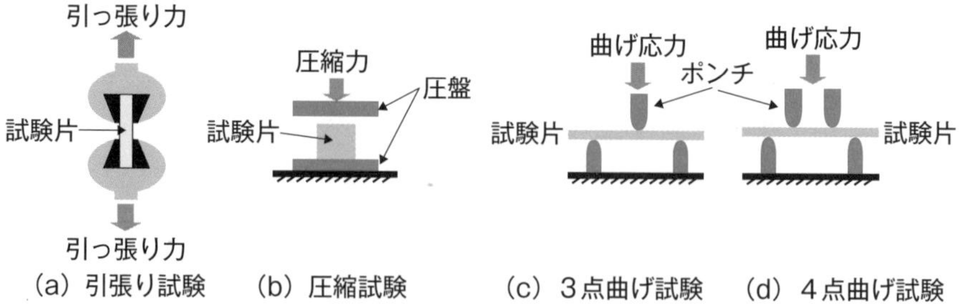

図9－47　各種強度試験のイメージ

●引張り試験

試験片の両端をつかみ、一定の速度で引っ張り力が加わったときの応力とひずみの関係を調べます（図9－47（*a*））。得られた応力とひずみの関係から、弾性率、降伏点、耐力、引張り強さ、破断伸び、絞り、ポアソン比（*Poisson's ratio*、ν値、縦ひずみに対する横ひずみの比）、ひずみ硬化係数（*Strain Hardening Exponent*、n値、塑性変形の結果生じる硬度や強度の増加の指標）、塑性ひずみ比（*Plastic Strain Ratio*、r値、厚さ方向のひずみに対する幅方向のひずみの率）などの特性値を求めることができます。

●圧縮試験

材料や部品、製品に上下の圧盤を介して圧縮力を少しずつ加えていったきに、どのように縮むのか、どれくらいの力で破壊するのか、応力とひずみの関係を調べます（図9－47（*b*））。圧縮弾性率や圧縮降伏点、圧縮強さなどの特性値を求めることができます。

●曲げ試験

２つの支点間に設置された試験片にポンチを介して曲げ応力を加えます。曲げ応力とたわみの関係を調べます（図9－47（*c*）（*d*））。負荷のかけ方で３点曲げ、４点曲げの試験があります。３点曲げは曲げモーメントがポンチの下で最大となり、４点曲げでは、曲げモーメントがポンチ間で一定となります。

●衝撃試験

材料に力が衝撃的に加わったときに、その材料がどのように破壊または変形するかについて調べる試験です。衝撃試験は、材料のもろさやねばさ（ぜい性、じん性)※注の性質を評価する試験です。試験片に衝撃的な力を加えて破断させ、そのときの破断に要したエネルギーがどのくらいなのか、試験片の変形挙動はどうなのか、き裂の進み具合はどうなのかなどを測定、観察することによって、その材料の衝撃力に対する衝撃強度を評価する試験になります。シャルピー衝撃試験機（図９－48）やアイゾット衝撃試験、高速引張り衝撃試験、落重衝撃試験などの試験器が使われます。

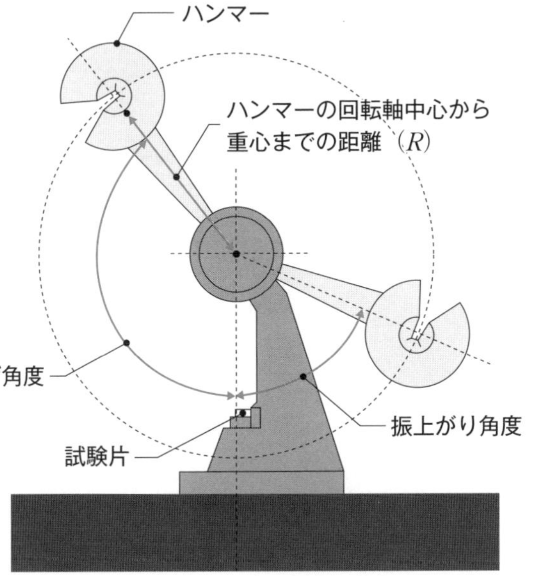

図９－48　シャルピー衝撃試験機

●疲労試験

力が繰り返し加わることで、本来の強度より低い値であっても破壊することがあります。これは応力の高い部分に微小なき裂が発生し、このき裂が徐々に進行し、ついには全体での破壊につながります。

疲労試験は、繰り返しの力に対する寿命や疲労限度を調べることができます。鉄（スチール）のS－N線図の一例を図９－49は示します。右下がりの傾向を示す材料としては、スチールの他にアルミニウム合金、銅合金のような非鉄金属や

※注：ぜい性（脆性、brittleness）とは、材料のもろさ（脆さ）を表す。じん性（靭性、toughness）とは、材料の破壊に対する抵抗性のことで、ぜい性破壊に対する抵抗値＝ねばりを表す。破壊に要するエネルギー（吸収エネルギーと呼ぶ）がじん性の尺度となる。

多くのプラスチック材料などがあげられます。

S−*N*線図（*Stress*、*Number of cycles to failure* の略）は、縦軸に応力を横軸に繰り返し数をとった疲労試験のデータです。線図の水平になる応力以下の繰り返し応力では無限に繰り返しても破壊しない、いわゆる疲労限度（疲労限界、*fatigue limit*）または耐久限度（*endurance limit*）を求めることができます。

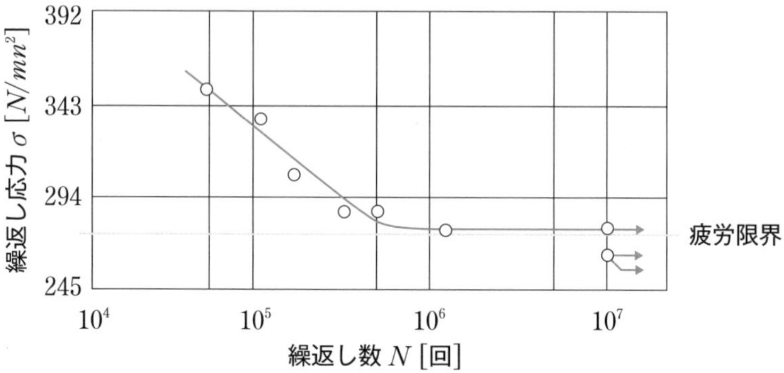

図 9−49　*S*−*N* 線図の例

［例題 9 －11］

軟鋼材料試験片の引張試験で得られた荷重と伸びの線図を図 9 －50に示す。この線図の A 点は何と呼ばれるか。次のうちから正しいものを 1 つ選びなさい。

（a）弾性限度　（b）上降伏点　（c）比例限度　（d）引張強さ

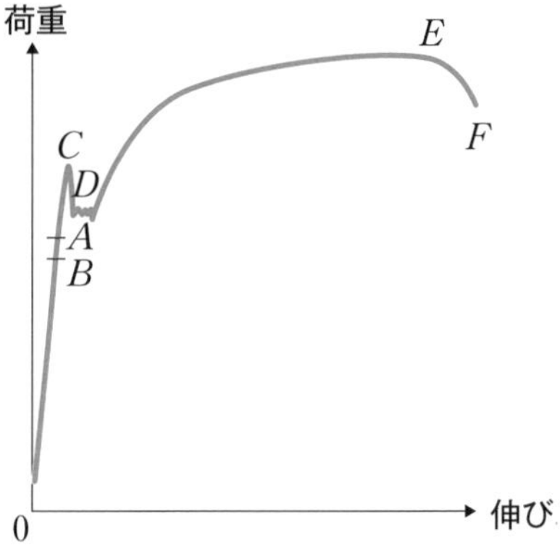

図 9 －50　**軟鋼材料試験片の荷重と伸びの線図**

［解答］

軟鋼は多くの構造物に使用されている材料ですが、軟鋼試験片の引張試験を行うと、図 9 －50のような荷重と伸びの関係を示す線図が得られます。この線図で B 点までは伸びが荷重に比例してほぼ直線になるので、この点を比例限度と呼んでいます。これより荷重が増加していくと、この線図は多少曲がってきます。しかし、A 点までは荷重を取り除くと伸びがゼロになる弾性状態を保っているので、A 点は弾性限度と呼ばれます。

荷重が A 点以上になると、荷重を取り除いても伸びは完全にゼロにならず、C 点を越えると材料内部のすべりが生じて、伸びの増加にしたがい荷重が低下する降伏現象を示します。このため、C 点を上降伏点、D 点を下降伏点と呼んでいます。

さらに、荷重が増加していくと伸びも大きくなり、E 点で荷重が最大になります。しかし、この点を越えると再び荷重が低下して F 点で破断します。この荷重が最大になる E 点を引張強度、F 点を破断強度と呼んでいます。

これらの線図の形状は、図 9 －46も参照してください。

答：（a）弾性強度

用語解説

◎ X 線回析

一定波長の X 線を試料に照射し、ブラッグの干渉原理を利用した試料分析法です。

◎材料の電気的評価

コロナ放電を使用した部分放電試験、高電圧を加えた加速試験として $V\!-\!t$ 試験、絶縁強度を評価する絶縁耐力試験と絶縁破壊試験、電気抵抗を調べる体積抵抗率と表面抵抗率の測定、コンデンサ（誘電体）の誘電損を評価する誘電正接（$tan\delta$）試験があります。

◎エプスタイン装置

電磁リレーなどに使用される電磁鋼板の磁気特性（$B\!-\!H$ 曲線、初期磁化特性、透磁率）を測定する評価装置です。

◎機械的特性試験

材料の機械的特性として、応力とひずみの関係、引張りや圧縮、疲労試験、衝撃試験などがあります。

付録

付録A　光ファイバーを使用した色温度と色度図の測定

色温度と色度図は、*LED*ランプのみならず電球や蛍光灯などの光源から出る色の性質を知るための基本要素になります。光源の色温度とはなにか、色度図とは何かについて説明し、次に、光ファイバーケーブルを接続した光スペクトラムアナライザを使用し、白色*LED*モジュールの色温度の測定例について説明します。得られた色度座標から色温度を推定します。

A－1　色温度

太陽の色や空の色は、朝日の状態、昼の状態、そして夕陽の状態で色が変化していきます。この色は、黒体※注を過熱したときの放射する色に一致していることから、それぞれの色が黒体の放射する色と同じになったときの黒体の温度の尺度として色温度が表現されます。このことから、色温度とは、黒体を加熱したときの色と比較して同じ色の黒体の温度で表示される温度をいいます。すなわち、色温度とは、黒体放射の色度と同じ色度をもつ光源がある場合に、その黒体放射の温度を光源の色温度といいます。

この温度は、非常に高い温度であるため、色温度の単位は、絶対温度（*K*、ケルビン）で表示されます。

身近な例で色温度を上げると、朝日や夕日の空の色はおおむね2000*K*といわれており、普通の太陽光線は5000～6000*K*ぐらいといわれています。お天気のよく澄みわたった太陽の光はおおよそ6500*K*といわれています。

また、日常使われている蛍光灯は、「電球色」「温白色」「白色」「昼白色」「昼光色」に分類されており、それぞれの色温度は約3000 *K*、3500 *K*、4200 *K*、5000*K*、6500*K*です。白熱電球（2800*K*）のように、赤みが強く暖かく感じる光を“色温度が低い（暖色系）”といいます。一方、太陽光に近い白色光のキセノンランプ（6000*K*）は、青みを帯びた涼しい感じの光を出すので、“色温度が高い（寒色系）”といいます。

色温度のイメージを図*A*－1に示します。

※注：黒体（Black body）とは、文字通りすべての光を吸収する物体、真っ黒な物体をいう。すなわち、黒体とは、外部から入射する光や電磁波などの熱放射をあらゆる波長にわたって完全に吸収し、また放出できる物体のことをいう。黒体の放射スペクトルは、黒体放射（Black body radiation）と呼んでいる。黒体から放射される光の色は。温度が低いときは赤っぽく、温度が高いほど青白くなる。

このように、色温度は、蛍光灯や白熱灯などの照明やカメラ、ディスプレイなどさまざまな視覚に関する機器の光の色の基準として使用されています。

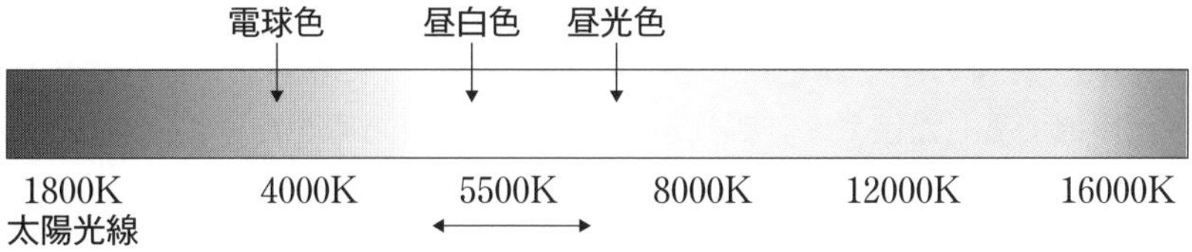

図A－1　色温度のイメージ

A－2　色度座標

1つの色を表現するためには、光の3原色である赤（*R*）、緑（*G*）、青（*B*）色の光の強さの混合比、すなわち*R*、*G*、*B*の3つの数値で決まります。*RGB*3色全部の光の強さの和を1とすると、*R*と*G*の光の相対比を確定すれば、残りの*B*の相対比は自動的に決まり、*R*と*G*の2つの数値で色を決めることができます。実際には、3原色の*RGB*だけでは表せない色もあるので、光学機器による分光測定や色の測定、目の波長感度特性を考慮して数値化した“表色上の3原色”である3刺激値*XYZ*を使います[※注]。その3刺激値*XYZ*にもとづいて、2つの数値（*x*、*y*）を使って*xy*座標空間で色を表したものを、*xy*色度座標といいます。

色度座標を平面上に表したものを色度図といいます。3刺激値*XYZ*から、色度座標*x*、*y*、*z*は次の式で定義されます。

$$x = \frac{X}{S}$$

$$y = \frac{Y}{S}$$

$$z = \frac{X}{S}$$

ただし、$S = X + Y + Z$

※注：3刺激値XYZにもとづく表色系とは，国際照明委員会CIE（Commission International de l'Eclairage）が1931年に策定した国際表示法である。この表示法はCIE－XYZ表色系といわれるもので、同表色系によるxy色度図はCIE色度図（Color Diagram）と呼ばれている。

すなわち、XYZ表色系における3刺激値X、Y、Zについて、その総和$S=X+Y+Z$で割って正規化したものを色度座標（x, y, z）と定義します。3刺激値（X, Y, Z）の代わりに、（$Y(y), x, y$）を用いて任意の色を表現できます。$Y(y)$は明るさ（輝度）、xは色相、zは彩度に相当します。

色度座標x、yのグラフを描くと、図A－2のようになります。光の色をxyの平面座標で表した図です。これが色度図といわれるものです。周囲は、波長（単位はナノメータ、$nm=10^{-9}m$）を示しており、単色はこの波長によって表されます。周囲以外の色は混色を表します。

色度図の中心には、色温度曲線が描かれています。この曲線は黒体の熱放射時の色を記載したものです。色温度曲線を拡大したものを図A－3に示します。

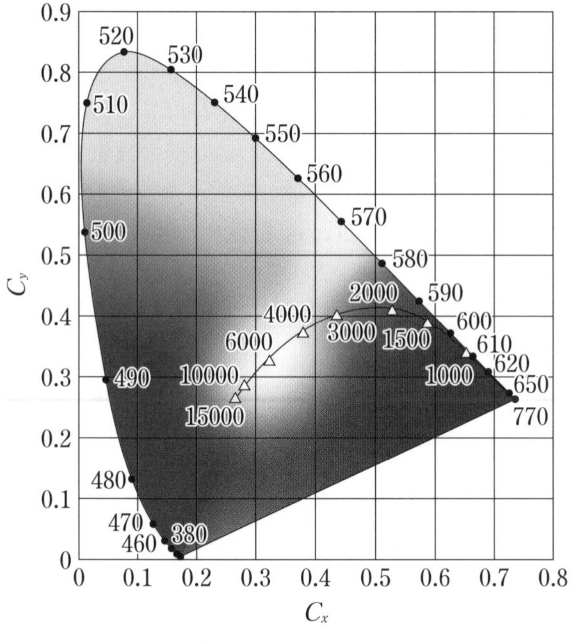

図A－2　色度図

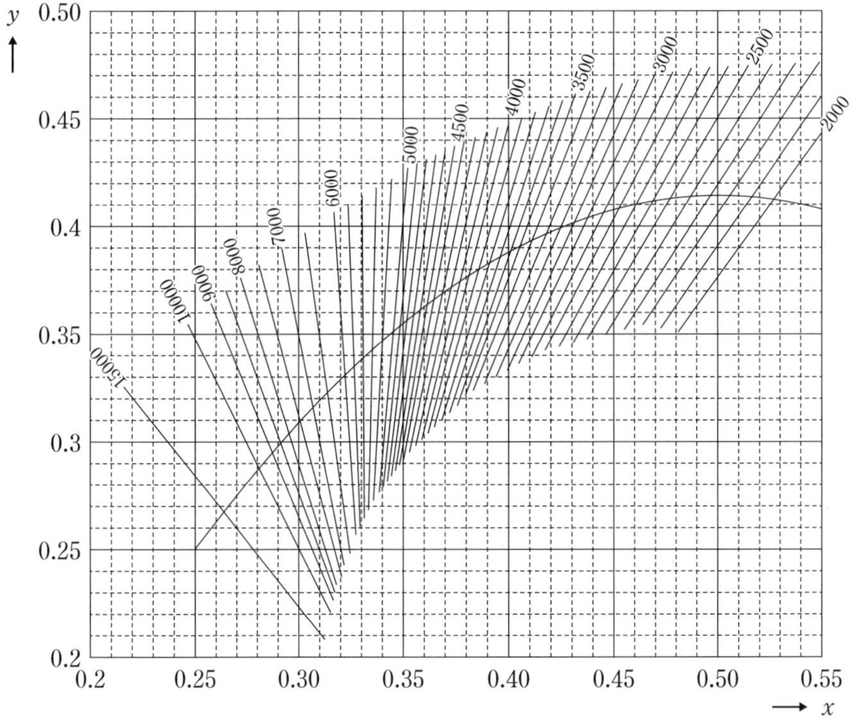

図A－3　色温度曲線の拡大図

色を表現する方式を表色系といいます。大別すると混色系と顕色系があります。混色系は物理的な光に近い色の表現形式で、*RGB*や*CMY*（シアン（*Cyan*）、マゼンタ（*Magenta*）、イエロー（*Yellow*））などが主に用いられます。混色系は数学的な扱いに適しています。例えば、行列掛け算だけで変換可能な混色系は多数あります。色を重ね合わせて別の色を作ることを混色といいます。*RGB*のように、混ぜるほど明るくなる混色を加法混色といいます。反対に、*CMY*のように混ぜるほど暗くなっていく混色を減法混色といいます。

A－3　色温度の測定

筆者の研究室で製作したパワー白色*LED*モジュール（図*A*－4）の色温度を測定します。パワー白色*LED*モジュールは、発光色の異なる*A*タイプと*B*タイプの2種類を用意します。光スペクトラムアナライザ（光ファイバーコードは*GI*形、コア50μm／クラッド125μm、両端*FC*タイプ）で色度座標を測定し、図*A*－3の色度図の色温度曲線から色温度を推定します。

パワー白色 *LED* モジュールの色度座標測定の全体構成を図 *A*－5に示します。測定全景を図 *A*－6に示します。パワー白色 *LED* モジュールの発光部と光ファイバーの先端部は光学ステージ（*XYZ* 軸の調整可能）に固定し、それぞれ対抗するように取り付けます（図 *A*－7）。パワー白色 *LED* モジュールに流す電流 I_R は可変抵抗で調整し、電流値はテスタでモニターします。

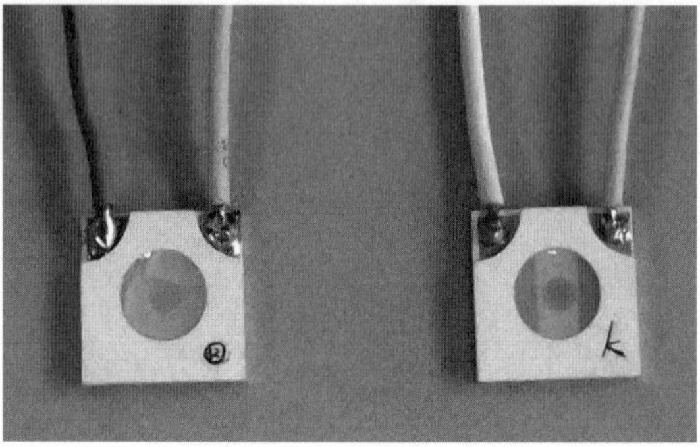

(a) タイプ *A*　　(b) タイプ *B*

図A－4 パワー白色 *LED* モジュール

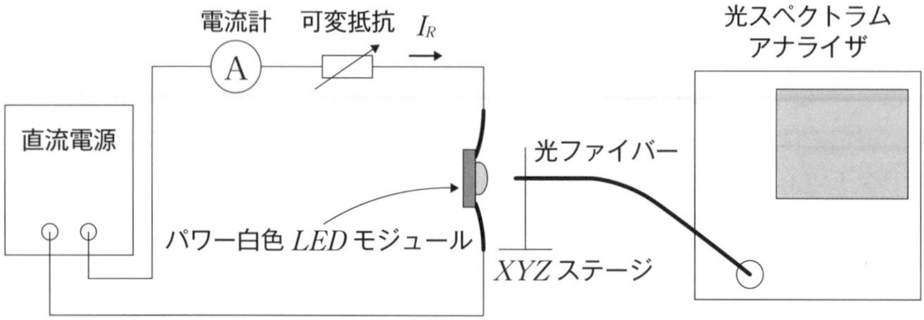

図A－5 パワー白色 *LED* モジュールの色温度測定の全体構成

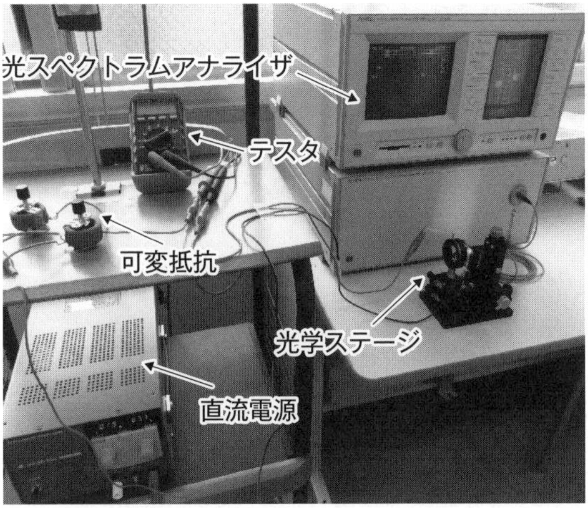

図A－6　**パワー白色 *LED* モジュールの色度座標測定系全景**

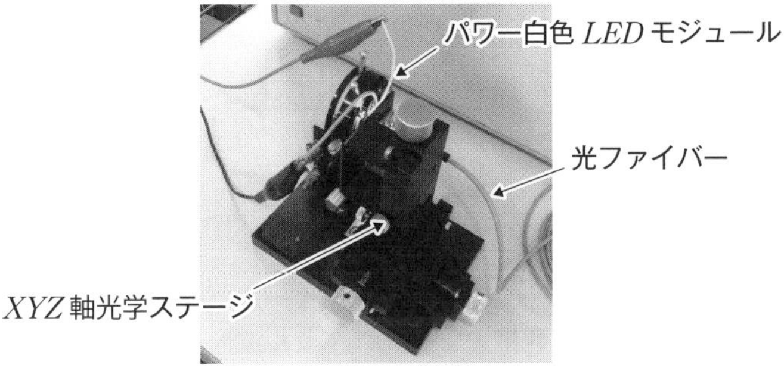

図A－7　**パワー白色 *LED* モジュールを光学ステージに取り付ける**

測定を開始します。パワー白色 *LED* モジュールに流す駆動電流は200mA一定にします。タイプ A とタイプ B の色度座標とスペクトル波形の測定結果をそれぞれ図 A－8と図 A－9に示します。色度座標（x、y）の値は表 A－1のようになります。

次に、色温度の推定をします。

色温度は図 A－3の色温度曲線から推定します。具体的には、色度座標（x、y）と色温度曲線の交差点から色温度を推定します。タイプ A の場合の作図例（色温度の推定法）を図 A－10に示します。色度座標 $x=0.3968$、$y=0.3140$の交点から読み取った色温度は、3000K であることが推定できます。

このようにして、タイプ B についても色温度を推定します。タイプ B の場合は、15000K 以上になります。タイプ A とタイプ B の色度座標から推定した色温度を表 A－1 に示します。

実際に、色温度が低いタイプ A の発光色を観察すると、赤みが強く暖かく感じる発光色であることが確認されます。一方、色温度が高いタイプ B の場合は、青みを帯びた涼しい感じの発光色であることが確認されます。

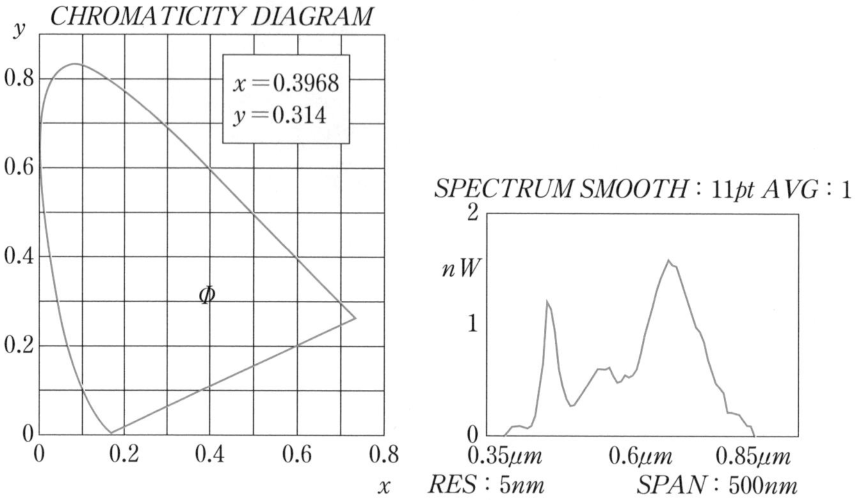

(a) 色度座標　　(b) 光スペクトル

図A－8　パワー白色 *LED* モジュール（タイプ *A*）の色度座標とスペクトル波形

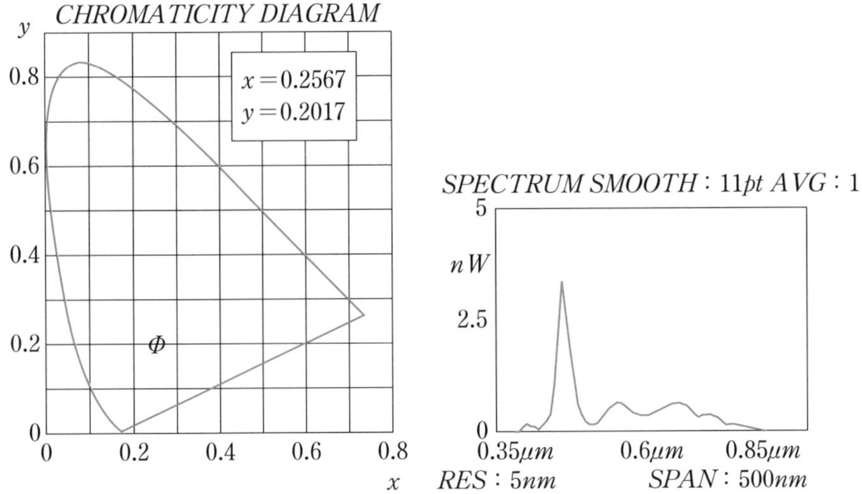

(a) 色度座標　　(b) 光スペクトル

図A－9　パワー白色 *LED* モジュール（タイプ *B*）の色度座標とスペクトル波形

表A－1　パワー白色 *LED* モジュールの色度座標の値

タイプ	x	y	色温度 (K)
A	0.3968	0.3140	3000
B	0.2567	0.2017	15000以上

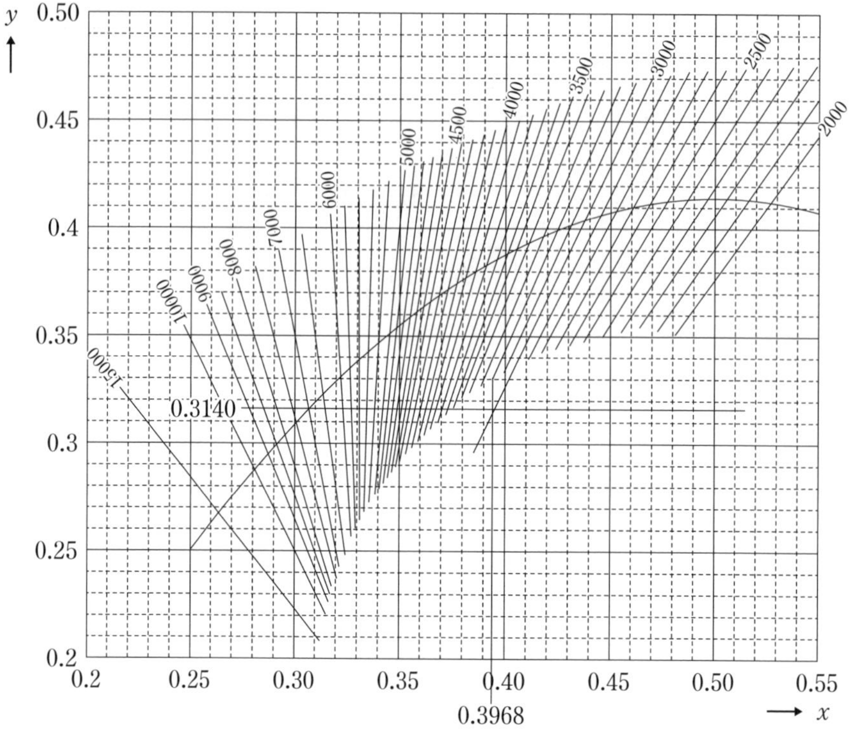

図A－10 色度座標から色温度の推定法

付録B　導電率と粘度の測定

本文6章で説明したリチウムイオン電池の電解液は、導電率（電気伝導度または電導度）またはイオン電導度が高く、粘度が低いことが望まれます。電解液のイオン電導度は、イオン濃度とイオンの移動度の積で決まり、電解液のイオン伝導率は、*LiTFSI*（リチウムビス・トリフルオロメタンスルホニル・イミド）や*LiPF*6（六フッ化リン酸リチウム）などの電解質を濃度1*mol*/*L*（リッタ）程度に*PC*（プロピレンカーボネート）などの有機溶媒に溶解させたときが最大になります。

また、電解液中におけるイオンの移動のしやすさ（移動度）は電解液の粘度と密接に関係しています。液体の粘度が低い方が、イオン移動度が大きくなります。さらに、電解液の粘度が低い方が、正極および負極電極表面（活物質が塗工されている）に電解液が浸透しやすくなり、電池としての酸化還元反応がよくなります。

これらのことを考慮して、リチウムイオン電池の評価の1つとして、電解液の導電率と粘度が測定、評価されます。

実際に、数種類の電解質と有機溶媒を使用して電解液を作製し、導電率と粘度を測定します。

B－1　導電率の測定

作製した電解液は、

- 1.0*M LiTFSI in PC*（有機溶媒*PC*（炭酸プロピレン）に電解質*LiTFSI*を1モル溶解）
- 1.0*M LiFSI in PC*（有機溶媒*PC*に電解質*LIFSI*を1モル溶解）
- 1.0*M LiPF*6 *in EC*/*DEC*（1/1 *vol*%）（*EC*（エチレンカーボネート）と*DEC*（ジエチルカーボネート）を体積比1：1で混合させた有機溶媒に電解質*LiPF*6を1モル溶解）

の3種類です。

測定器は、アタゴ製*EC*メータ“*PAL*－*EC*”（図*B*－1、測定範囲：0～19.9*mS*/*cm*、分解能：0.01*mS*/*cm*（0.00～1.99*mS*/*cm*）、0.1*mS*/*cm*（2.0～19.9*mS*/*cm*）、精度：±0.04*mS*/*cm*（0.20～1.99*mS*/*cm*）、±0.4*mS*/*cm*（2.0～19.9*mS*/*cm*）、温度補正範囲：10.0～40.0℃、サンプル量：0.6*mL*以上、測定時間：3秒）です。

導電率σの単位は、$[1/\Omega\cdot cm]$または$[1/\Omega\cdot cm]$です。ここで、抵抗の逆数は

$\left[\frac{1}{\Omega}\right]=[S]$（ジーメンスと発音）となるので、導電率の単位 $[S/cm]$ は（ジーメンス毎センチメートル）または $[S/m]$（ジーメンス毎メートル）と表すことができます。ここで、$1\times10^{-3}[S/cm]$ であれば、$[mS/cm]$ と表すことができます。上記測定器はこの単位の導電率の測定になります。

ちなみに、導電率の逆数は抵抗率 $\rho=\frac{1}{\sigma}$ で、単位は $[\Omega\cdot cm]$ または $[\Omega\cdot m]$ です。

測定例を表 $B-1$ に示します。

PC（炭酸プロピレン）の導電率は0.00000001 (1*E*−08) $[S/cm]$ であることが知られています。測定器では、“0.00” を表示します。電解質 *LiTFSI* または *LiFSI* を溶解すると導電率は大きく増加します。

また、1.0*M LiPF*6 *in EC/DEC*（1/1 *vol*%）の場合は、混合溶媒 *EC/DEC* に電解質 *LiPF*6を溶解すると若干導電率が増加します。

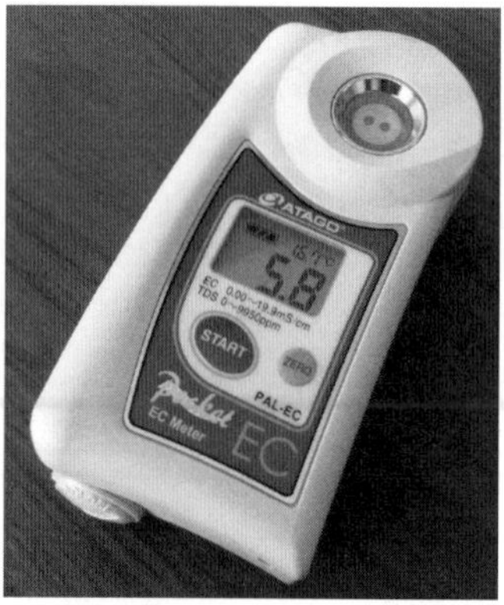

図B－1 導電率測定器

表B－1 導電率の測定例

(*a*) 1.0*M LiTFSI in PC* の場合

項目	化学記号	導電率 [*mS/cm*]	温度 [℃]
電解液のみ	*PC*	0.00	13.0
電解質を溶解	*LiTFSI in PC*	4.0	14.4

(*b*) 1.0*M LiFSI in PC* の場合

項目	化学記号	導電率 [*mS/cm*]	温度 [℃]
電解液のみ	*PC*	0.00	17.0
電解質を溶解	*LiFSI in PC*	5.7	17.9

(*c*) 1.0*M LiPF*6 *in EC/DEC*（1/1 *vol*%）の場合

項目	化学記号	導電率 [*mS/cm*]	温度 [℃]
電解液のみ	*EC/DEC* (1：1*vol*%)	7.1	22.2
電解質を溶解	*LiPF*6 *in EC/DEC*	7.4	22.6

B－2 粘度の測定

粘度の測定法にはいくつかの方法がありますが、キャノンフェンスケ粘度計を使用した粘度測定例について説明します。

この粘度計は動粘度を測定します。動粘度とは、粘度をその液体の同一条件下（温度、圧力）における密度で除した値をいいます。単位は [cm^2/s] または [*St*]（ストークス）です。[mm^2/s] であれば [*cSt*]（センチストークス）です。

一方、粘度は、液体内にせん断速度（速度勾配またはずり速度）があるとき、そのせん断速度の垂直な面に生ずる応力の大きさによって示される液体の内部抵抗をいいます。単位は、[*Pa*･*s*]（パスカル秒）または [*P*]（ポアズ）、[*mPa*･*s*]（ミリパスカル秒）または [*cP*]（センチポアズ）です。

動粘度と粘度の換算式は、

$$\text{動粘度}=[mm^2/s]\{cSt\}=\frac{\text{粘土}\ [mPa\cdot s]\{cp\}}{\text{密度}\ [g/cm^3]}$$

です。例えば、DEC（ジエチルカーボネート）の粘度は0.75 $[cP]$、密度は0.97 $[g/cm^3]$ なので、粘度から動粘度を換算すると

$$\frac{0.75\ [cP]}{0.97\ [g/cm^3]}=0.773\ [mm^2/s]\ \text{または}0.773\ [cSt]$$

となります。

キャノンフェンスケ粘度計の外観を図 $B-2$ に示します。

粘度計は試料だめ球 A、測時球 C、上部試料球 D の各中心が同一線上になるように配置します。管 L から液体を吸引して液体の上方液面が E より 5mm 程度上方にくるように試料を入れます。その後、液体を自然に流下させ E から F までの間の流出時間を読み取ります。

粘度計定数が粘度計に付帯しているので、例えば、粘度計定数が0.00351 $[mm^2/s^2]$ の粘度計を使用し、測定した液体の流出時間が662 $[s]$ であるとすると、動粘度は0.003519 $[mm^2/s^2]\times 662\ [s]\approx 2.3\ [mm^2/s]$ となります。

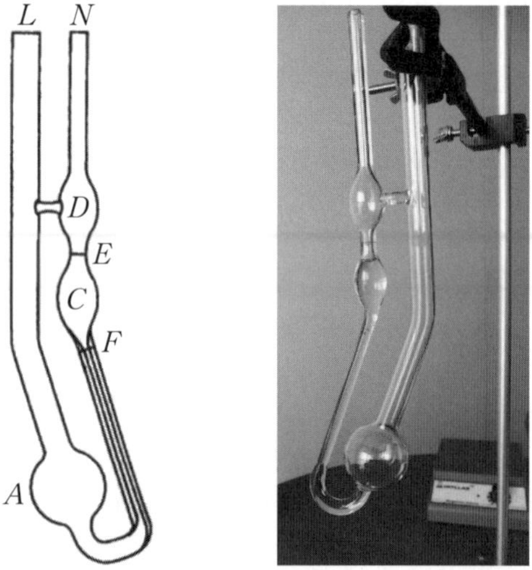

(a) 説明図　　(b) 外観

図B－2　キャノンフェンスケ粘度計

動粘度測定例を表 $B-2$ に示します。

測定対象の電解液は、導電率測定で使用した下記の 2 種類です。

・1.0*M LiTFSI in PC*

・1.0*M LiPF*6 *in EC*/*DEC*（1/1 *vol*%）

電解液 *PC* に電解質 *LiTFSI* を1モル溶解すると動粘度は数倍程度大きくなります。また、*EC* と *DEC* の混合溶液を使用した電解液1.0*M LiPF*6 *in EC*/*DEC*（1/1 *vol*%）は、減粘性をもつ *DEC* を加えることにより動粘度の上昇を抑えています。

表B－2　動粘度の測定例

(*a*) 1.0*M LiTFSI in PC* の場合

項目	化学記号	時間 (秒)	動粘度 (mm^2/s)	温度 (℃)
電解液のみ	*PC*	662	2.3	17.5
電解質を溶解	*LiTFSI*	1839	6.5	18

(*b*) 電解液1.0*M LiPF*6 *in EC*/*DEC*（1/1 *vol*%）の場合

項目	化学記号	時間 (秒)	動粘度 (mm^2/s)	温度 (℃)
電解質を溶解した電解液	*LiPF*6 *in EC*/*DEC* (1：1*vol*%)	1030	3.6	24.0

付録C　人体および人体計測にかかわる電子材料

現代社会において私たちは、電気信号を用いて通信し、情報処理を行っています。一方、私たちの身体は、神経を通る電気信号とホルモンをはじめとする化学物質などでコントロールされています。これは、自動車の電気系統とエンジンのガス圧や油圧による出力制御などの関係とよく似ています。自動車における電気信号は、ワイヤハーネスといわれる金属の導体中を電流や電圧が伝達されますが、生体では比較的電気を通す細胞外液（ナトリウムイオン Na^{+}、カルシウムイオン Ca^{2+} などの生体内の主要な陽イオン）に囲まれた、電気を通しにくい神経細胞の中を一定の振幅の電位が伝わっていきます。これを神経の電気伝導といいます。そして神経細胞は必要に応じて電気信号の伝達速度を変化させながら、分岐やアナログ的な加算結合を繰り返して信号処理を行い、手足の運動コントロールや記憶・判断・コミュニケーションなどを含め多彩な生命活動を担っています。生体の活動を支える生体材料と神経の特質について、電気の側面から説明します。

C－1　神経での電気信号伝達

銅などの金属中では、金属結晶と同程度の多数の自由電子が束縛されずに動き回っています。導線の一端から１個の電子が入り込むと、電子が移動するときのエネルギー情報すなわち電位変化が光速で他端に伝わります。銅線の両端が *1km* 離れていても１個の電子がほぼ同時に他端から出ていくというイメージです。このとき入り込んだ電子はほとんど動いていないようにみえます。これに対し神経細胞では、電位変化が軸索《じくさく》内を伝わることで、情報を伝導していきます。これを“興奮の伝導”といいます。軸索とは、神経細胞において情報を伝える突起で、電気伝導における電線中の芯線である金属のようなイメージです。

神経細胞の情報伝達における電位変化の信号の速さは、軸索の太さなどによって変化し、数 *m/s* から100*m/s* ほどになります。この速度は、金属における光速に比べると百万分の１に過ぎませんが、電線を伝わる電気信号は次第に減衰していくのに対して、神経繊維を遠くまで伝わる電位変化は、常に基本的には一定の大きさに保たれます。生体における情報伝達の仕組みが電気信号と同じように扱えるようになったことは、きわめて重要であると考えられます。その後の多彩な動物の生態進化につながっていきました。

C－1－1　神経細胞の構造

神経系の構成単位は、ニューロン（*neuron*）とも呼ばれる核をもった細胞で、いくつかの軸索と信号を受信するシナプス（*synapse*）からなっています（図*C*－1）。シナプスとは、ニューロンとニューロンをつなぐつなぎ目の部分をいいます。神経の中には、軸索が絶縁性の鞘《さや》とでもいう、およそ1*mm*ほどの長さの髄鞘《ずいしょう》をもつものがあります。こうした神経を有髄神経繊維《ゆうずいしんけいせんい》といい、髄鞘をもたない神経を無髄神経繊維《むずいしんけいせんい》といいます。この髄鞘は電気信号が細胞外に漏れるのを防ぐ絶縁体として働くため、有髄神経繊維では、髄鞘と髄鞘の軸索が露出している数*μm*ほどの隙間（ランビエ絞輪《こうりん》という）部分でのみ軸索は細胞外液に接することができます。

軸索の終端のシナプスでは、電位変化を受け取ったタンパク質が数百万分子の特定の神経伝達物質を放出して、次の神経細胞や軸索に情報を伝えます。これを伝達または伝導といいます。50*nm*ほどのシナプス間隙の中を、多くの種類の神経伝達物質がシナプス間隙を行ったりきたりし、多いところで1,000万個もの受容体が神経伝達物質を選択しながら受け取る場になっています（図*C*－2）。

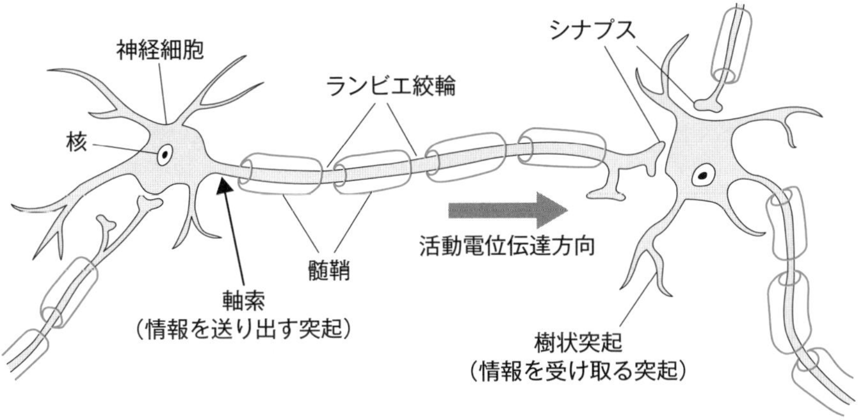

図C－1　神経細胞の構造

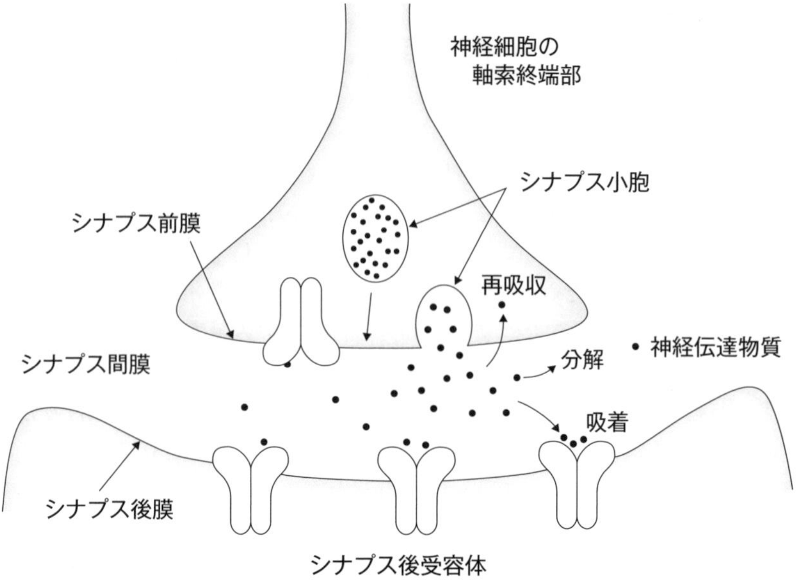

図C－2 シナプスの構造

C－1－2 髄鞘と跳躍電導

イカやウニの神経細胞は髄鞘がない無髄神経繊維であることから、生き延びるためになるべく速い神経パルスの伝播速度が得られるように太い軸索を発達させてきました（図 C－3）。軸索が太くなると、電位変化をより速く遠くに伝えることができるためです。イカの神経軸索（神経線維）は肉眼でもよくみえるほど巨大であり、軸索の直径は600μm もあり、伝導速度は25m/s にもなるといわれています。

高等動物ではさらに速い伝播速度を獲得するために有髄神経繊維を発達させました。有髄神経繊維においては、電位パルスはランビエ絞輪のところのみを跳び跳びに経由して伝播していきます。これを跳躍電導《ちょうやくでんどう》と呼びます。これは各駅停車の電車速度より指定駅に停車する急行電車の方が速いというようなイメージです。表 C－1は動物の軸索と神経伝達速度の例で、髄鞘の神経細胞をもつ猫は、15μm の直径の軸索で100m/s ほどの神経伝達速度をもっています。

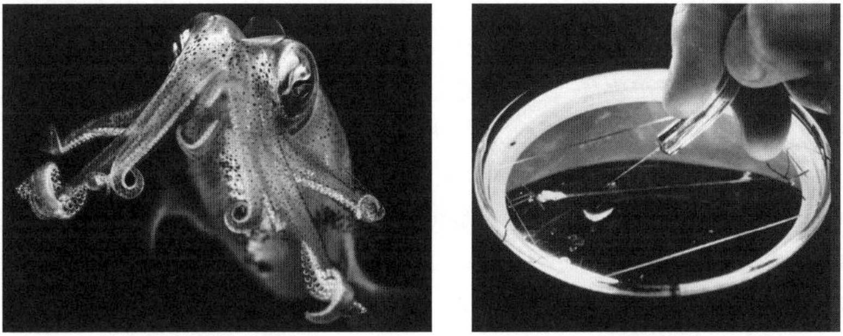

(a) ヤリイカ　　(b) 神経線維（軸索）

図C－3　ヤリイカとイカの巨大神経線維

表C－1　生物（動物）の軸索の直径 d と神経伝搬速度 v

生物	v [m/s]	d [μm]
イカ（無髄）	25	600
カニ（無髄）	4	30
カエル（有髄）	30	15
ネコ（無髄）	1	0.8
ネコ（有髄）	100	15

C－2　生体に用いる電極材料

C－2－1　脳波の測定

神経細胞の軸索の電位を直接測定する試みは、イカの巨大神経などに電極を刺入して行われてきました。しかし、ヒトの神経細胞は細く、電極を１つの神経に刺入できるほどの太さはありません。また、流れる電流はごく微量なので、個々の電位変化をヒトの皮膚表面から観測することはできません。脳の最大体積を占めて感覚・記憶・思考・判断・随意運動（自分の意思に基づく運動）などの中枢である、大脳の外側で灰色に見える灰白質《かいはくしつ》では、神経線維が一方向に揃っており、その内側の白色にみえる白質には軸索が揃って並んでいます。

このように脳の部位では、多くの神経細胞のシナプス結合と配向した軸索があり、神経活動が盛んになると、頭皮に付けた電極で観測できるレベルである１～500μVほどの電圧変化として観測できるようになります。これにより頭に多数の電極を格子状に貼り付け、脳波を観測することができます（図 C－４）。多くの電極を貼り付けた多チャンネル脳波測定によりどの場所で活発な脳活動が起こっているかを推定することができます。

例えば、目を閉じて安静にしていると、頭の後ろ部分の部位である後頭葉の電極では10Hz 前後のα波[※注]が観測されます。そして開眼すると、α波が消滅し、振幅の小さな早い変化のβ波[※注]が観測されるようになります（図C－5）。これは視覚情報を処理するのに多くの神経細胞が活発に活動して干渉した結果、振幅が小さくなったことを表しています。すなわち、大脳皮質の背後部位が視覚をつかさどる部位であることがわかります。このようにして脳波から脳活動の場所や機能性を調べることが可能になります。

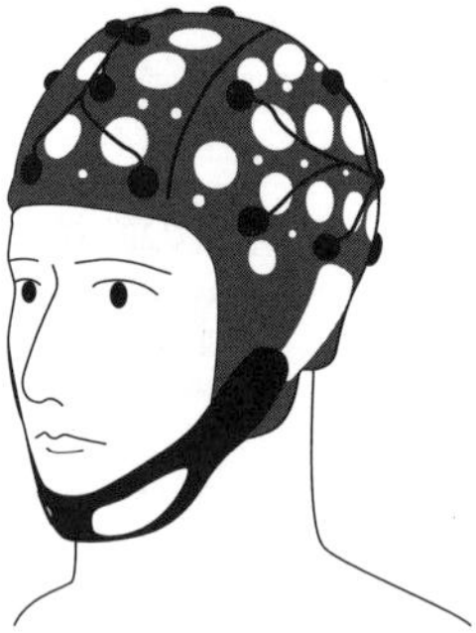

図C－4　脳波測定のグリッド電極

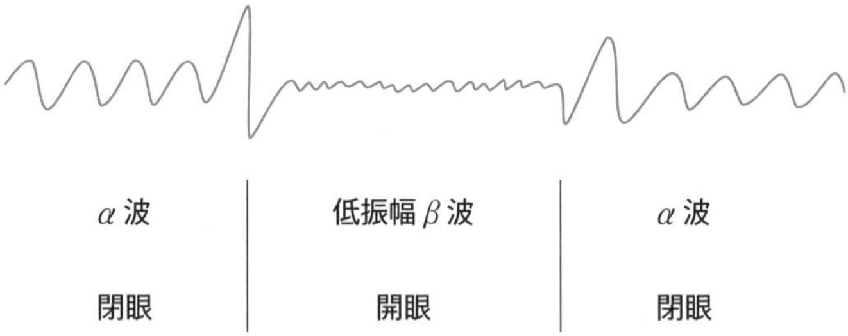

図C－5　開眼によるα波の変化

※注：脳波とは、脳の活動を100万倍に増幅して記録した波形である。焦りや緊張などの精神状態を推測することができる。人間が目を閉じ安静にし、リラックスしているときや、1つのことに集中しているときに大きくなるのがα波で、逆に、脳が活動をしているときに大きくなるのがβ波である。

C－2－2　経皮電極の材料

脳波の電位変化は1～500μVと非常に小さな電位変化です。このような微弱な電圧変化を観測するには、電極と頭皮の間の抵抗をなるべく小さくして接触抵抗による電圧降下を少なくし、入力インピーダンスができるだけ大きい測定機を用いて観測する必要があります※注1。

また、生体電位の変化は1kHz以下であるので、商用電源を使用した電源回路などから混入するノイズ（商用交流雑音、ハムという）をはじめ、さまざまな高周波ノイズ（電磁ノイズなど）が重畳するため、種々のフィルタ処理や信号平均化処理を行い、生体信号だけを取り出す工夫が必要となります。

C－2－3　筋肉の活動電位

筋肉の活動は、筋肉繊維の収縮によって起こる筋肉の電位の変化を皮膚に付けた電極で観測することにより知ることができます。運動神経が筋繊維に接合する場所（神経筋接合）では、神経細胞から伝わった電位によって筋肉繊維が収縮します。1本の神経線維は多いところでは1000本もの筋繊維を支配（運動単位と呼ぶ）しています。さらにもとの運動神経細胞の軸索はたくさん枝分かれしており、それぞれが運動単位の筋繊維を支配しています。

運動神経から「縮め」という信号がくると、その支配下の筋繊維は一斉に収縮活動を始め、それに伴う活動電位が皮膚表面でも筋電位として観測されるようになります。

こうした筋繊維からの収縮活動の信号レベルは、心電図※注2で1～5mV、四肢の筋電図で0.01～10mV程度となります。

C－2－4　生体用の電極材料

生体の電気活動を体表から捉える場合、皮膚の表面角質層は40μmと薄いにもかかわらず、低い周波数では1cm^2あたり50～100$k\Omega$の抵抗をもつことを考慮す

※注1：入力インピーダンスとは回路の入力端子がもっている抵抗値を指す。入力端子側からみたときの回路内部の抵抗的な要素（抵抗、コイル、コンデンサ）すべてを包含した抵抗が入力インピーダンスとなる。この抵抗値が大きいほど電流は流れにくくなり、逆に小さいと電流が流れやすくなる。波形観測用に使用されるオシロスコープの入力インピーダンスは1MΩ以上である。入力インピーダンスが低いと正確な波形観測ができない。

※注2：心電図は心臓が発生する微弱な電流を測定し、波形として表したものであり、心臓の働きや動作がわかる。人間の心臓は、規則正しく動作を繰り返すことで血液を体中に送り出し、さまざまな栄養素を末端の細胞まで配布し、老廃物などを吸収した血液を再度心臓に取り込むことで体内の細胞の健康維持を行っている。

る必要があります。皮膚表面の電位を測定する場合は、皮膚と電極との間で電解質やガス・湿度・汚れによって発生する電極電位が直接影響します。

一般に電解液（イオンを含む溶液）が金属と接する場合、金属電極からイオンが溶け出る場合やイオンとの電極反応によって金属電極の電位が決まります。金属がほとんど溶出しない場合やイオンの反応が起こらない場合は、電子のやり取りがないことから電極の電位は定まりません。このような電極を不活性電極あるいは分極性電極と呼びます。代表的なものに、白金（Pt）や金（Au）、炭素（グラッシーカーボン）電極※注などがあります。分極性電極と呼称する理由は、電荷交換反応が起こらないのでほとんど電流を流さなくても電位を変化させる（分極する）ことができるからです。電位の変化する範囲を電位窓とも呼び、分極性電極の電位窓は広いということになります。電位窓の両端は水などの溶媒の電気分解による気体発生、または、溶けているイオンの固化や分解になります。この分極性電極は電位窓を広く取れるので、電流をコントロールする電極（作用電極といいます）として利用することができます。

これに対して電極金属が溶出してイオン化する場合、または析出する電極反応を伴う場合、充放電する電池の電極反応と同じ反応になるので、小さな充放電電流である限り電極電位はほぼ一定に保たれる、すなわち不分極性電極となります。このような不分極性電極の金属に銀（Ag）があります。

また、Ag 線に $AgCl$ を電解析出させた電極を飽和 KCl 溶液に浸した電極は安定した電極となり、簡便に扱える基準電極の１つとして広く用いられています。これを $Ag/AgCl$ 標準電極と呼びます（図 C－６）。

$Ag/AgCl$ 電極は分極しないため、KCl 溶液を浸したゲルに $Ag/AgCl$ 電極を組み込み、皮膚に貼り付けると、皮膚とゲルは接触抵抗を小さくできるため、Ag 電極から皮膚に流れる電流を取り出すことができます。その電位は $Ag/AgCl$ 電極の電位だけシフトしています。このゲル（$Ag/AgCl$）電極は安定で、運動しているときにも振動によるノイズが入りにくく、乾燥しなければ何度も使えることができ、かつ扱いやすいなど、筋電図や脳波などのモニター電極として広く使われています。もし、交流成分だけを取り出す測定であれば、電極電位のシフトを考慮する必要はなくなります。

※注：ガラス状炭素のことで、ガス・溶液を透過せず、優れた硬度・強度をもち、表面の研磨仕上げも綺麗に行える。電気伝導性に優れており、身体の血液や組織適合性にも適用が良好とされている。

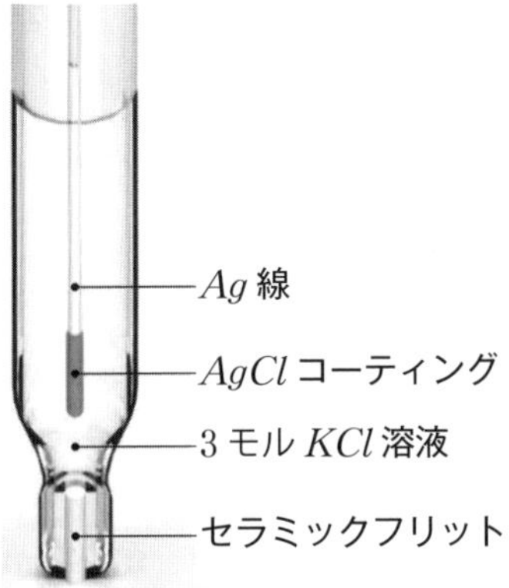

図C－6 Ag/AgCl 電極の例

C－3　生体のセンサ

C－3－1　味覚

舌の表面には白や赤の乳頭と呼ばれる突起があります（図 C－7）。このうち白い乳頭は食べ物から味成分を取り出すヤスリのような働きをし、その間にある赤い乳頭の先端や舌の奥にある大きな乳頭の側面そして喉の乳頭などには味を感じる細胞の入った味孔が開いています。味孔の中の組織を味蕾《みらい》と呼び、味蕾の中には多くの味細胞があり、その先は味覚神経につながっています。

唾液によって運ばれた味物質は、味受容体と呼ばれるたんぱく質と結合して味細胞の内側の電位を発生させて、それを味神経に伝えて脳で味を感じることになります。

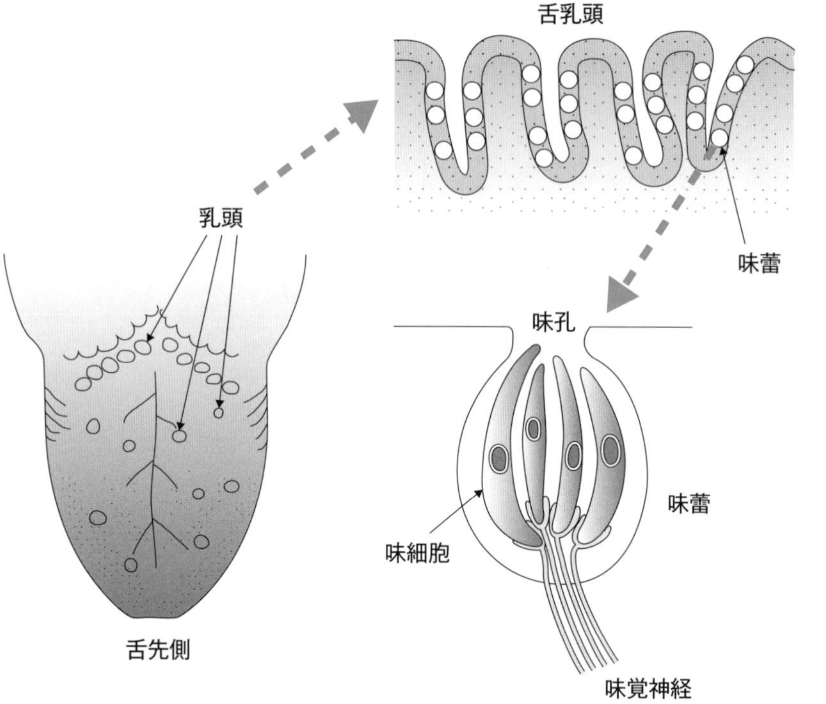

図C－7　舌乳頭と味蕾

アルミホイルを口にくわえた場合を想像してみます。アルミホイルとは、アルミニウム（Al）を厚さ0.006～0.2*mm*まで圧延して薄く伸ばしたアルミ箔のことです。仕様は*JIS*で規定されています。アルミ箔は、単体で使用される場合とフィルムや紙と貼り合わせされて使用される場合があります。用途は、食料品（製菓、酪農用など）から日用品（家庭用ホイル）、電子部品（リチウムイオン電池の正極集電体や各種コンデンサ）など多岐になります。

アルミニウムはイオン化傾向が高く、他端が唇などに触れていれば舌の上に等価的にAlの閉回路を形成し、唾液によって溶解した陽イオンあるいは導体であるアルミニウムによる陰極刺激を味細胞に加えることになります。電流刺激は、電気味として、あるいは電流の量によっては酸味または塩味を感じることになります。

口腔内に埋め込まれたインプラント※注の金属とスプーンなどの金属との組み合わせで、電池の閉回路を形成して陽極刺激やパルス列の刺激が加わると、スプーン味や場合によってはうま味や甘みを感じることがあります。この電極刺激を利用すると、例えば、塩を使っていない料理でも塩辛く感じて減塩生活を送ることができるため、食事の質を落とさない電気味覚の研究が進められています。電圧を印加したフォークに実際に肉などを刺して食べると、より自然な味付けを感じることができるようです。これを利用して味加減を時間とともに変化させる研究も行われています。

舌には7,000個ほどの味蕾があるといわれています。舌の上に100個または200個の電極を配置し、例えば、カメラの明暗情報を電極に加えれば直接味蕾を電気刺激して、カメラに映った風景を舌で感じることができるようになります。視力を失った人がホームから転落するなどの事故を耳にしますが、このような舌ディスプレイがあれば防ぐことができるかもしれません。米国では2015年に食品医薬局で舌ディスプレイ（*Brain Port*）の認可が下り、視力を失った人への使用が始まっています（図 *C*－８）。

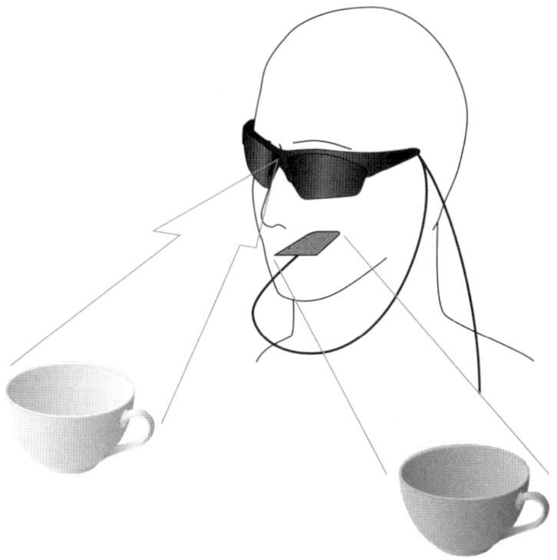

図C－8　舌ディスプレイのイメージ図

※注：体内に埋め込む医療機器や材料の総称である。一般的には、歯科インプラントの意味で使われる。インプラント治療とは、何らかの理由で歯が抜けてしまった顎骨（あごの骨）に金属のインプラント体を埋め込み、その上に人工の歯あるいは義歯を取り付ける歯科治療のことである。

C－3－2　聴覚と人工内耳

人間の聴覚は外部から入った音源が、図 *C*－９のように外耳道を通って鼓膜に達し、鼓膜の振動が耳小骨を介してカタツムリのような蝸牛《かぎゅう》※注に達した後、聴神経を刺激して大脳皮質の聴覚野まで神経パルスが伝わり、生活音や言語を拾い出して認識していることは、よく知られています。

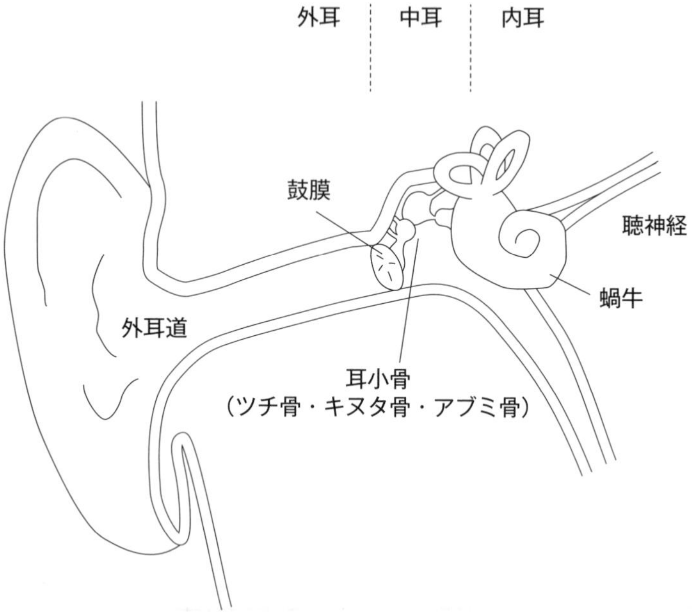

図C－9　ヒトの耳の構造

これらの処理系のうち、聴神経のある蝸牛まで音が届かないために起こる難聴を伝音性難聴と呼び、音伝導を確保する薬物治療や手術を行うか、補聴器を付けると聴力の回復が期待できます。これに対し、音伝導には問題がないが音を聞くことができない、内耳にある蝸牛や脳の障害などによって起こる感音性難聴の場合は、聞くという機能を回復させるのは困難です。しかしながら、蝸牛の障害が

※注：蝸牛は、音を感じ取る役割を担っており、かたつむりのような形をしている。蝸牛の中にはリンパ液が入っており、内側には有毛細胞《ゆうもうさいぼう》という感覚細胞が並んでいる。それぞれの有毛細胞は特定の高さの音に対応している。蝸牛の入り口付近の有毛細胞は高い音を、奥に進むにつれて低い音を感知する。中耳から伝わってきた振動は、蝸牛内にあるリンパ液に伝わり、リンパ液に伝わった波を有毛細胞が感知し、電気信号に変えて蝸牛神経に伝える。蝸牛神経に伝わった電気信号は、その後大脳に伝えられ、脳で処理されることにより、意味のある音として捉えることができるようになる。

原因となっている場合には、蝸牛にある音 − 神経パルス変換を人工的に代替することによって、音を聞くことができるようになります。このためのデバイスが人工内耳です。人工内耳とは、簡単にいえば、蝸牛の代わりをしてくれる人工臓器であり、音を人工的に電気信号に変え、その信号で直接聴神経を刺激する装置であるといえます。

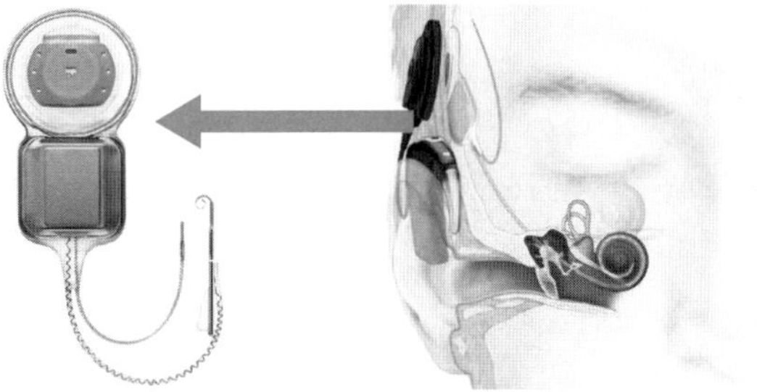

図C−10　人工内耳
（写真提供：日本コクレア）

人工内耳は、耳の後ろの皮膚に埋め込む受信装置（アンテナ）と蝸牛に埋め込む電極で構成される体内装置と体外部品で構成されます（図 *C*−10）。体外部品は、電源、マイクロホン、スピーチプロセッサ（信号処理装置）および信号データを送信するコイル（アンテナ）から成ります。体の内外のアンテナは、磁石の力で頭皮を介して接しています。マイクロホンから集められた音声信号は、現在では20チャンネル以上のスペクトルに分解されて、その強度信号が蝸牛の中に埋め込んだ電極に送られて聴神経を刺激するようにしています。

スピーチプロセッサでは、周波数弁別後のアナログ波またはパルス波などの符号変換が行われ、聴神経が適切に反応できるように振幅のレンジ変換や刺激回数、刺激位置などの出力が調整されます。体内に埋め込んだ人工内耳はほぼ永久使用できますが、空港の金属探知機は人工内耳装着証を示して避ける必要があります。体外にスピーチプロセッサがあるため、新しい制御法をとりれたり、装着者の難聴の変化にも柔軟に対応できるなど、人工内耳は可塑性に特化したデバイスであり、カバーできる疾病の範囲も少しずつ広がってきています。

コラム　生体電気計測

生体電気現象計測用の増幅器は、通常の増幅器に比べると入力インピーダンスが高く設計されています。具体的には、数 $M\Omega$～数百 $M\Omega$ レベルです。

図 C−11は、生体電気増幅器と生体および計測用電極の入力部分（結合状態）の模式図を示したものです。

信号源インピーダンスとは、信号源（生体内の生体電気を発生している臓器）の周囲のインピーダンスと検出器電極部の接触インピーダンス（主に、皮膚と電極との接触部にインピーダンス、皮膚のインピーダンス、ペーストのインピーダンス、電極自身のインピーダンスなどが含まれる）が合成された、増幅器の入力部から生体側をみたインピーダンスのことです。

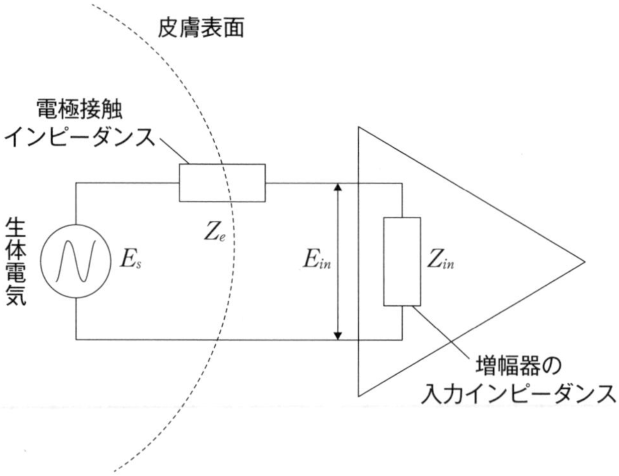

E_s：信号源電圧、E_{in}：増幅器入力電圧、
Z_e：電極接触インピーダンス（信号源インピーダンス）、
Z_{in}：増幅器入力インピーダンス（生体電気増幅器の入力インピーダンス）

図C－11　生体電気増幅器の入力部分の模式図

増幅器に入力される電圧 E_{in} は、電気回路のキルヒホッフの法則（電圧分担）から

$$E_{in}=E_s\frac{Z_{in}}{Z_e+Z_{in}}$$

で表されます。

この式から、増幅器に入力される真の入力電圧 E_{in} は、電圧分担されて $E_{in}<E_s$ となり、信号源の電圧 E_s より低くなってしまいます。

これを解決するために、入力インピーダンス Z_{in} を大きくして、$Z_{in}\gg Z_s$ となるようにします。

このようにすると

$$E_{in}=E_s\frac{Z_{in}}{Z_e+Z_{in}}\approx E_s\frac{Z_{in}}{Z_{in}}=E_s$$

となり、電極接触インピーダンス Z_e の影響を無視することができ、入力電圧 E_{in} は信号源の電圧 E_s に近い値になります。

付録D ギリシャ文字

大文字	小文字	名称
A	α	アルファ
B	β	ベータ
Γ	γ	ガンマ
Δ	δ	デルタ
E	ε	イプシロン
Z	ζ	ジータ
H	η	イータ
Θ	θ	シータ
I	ι	イオタ
K	κ	カッパ
Λ	λ	ラムダ
M	μ	ミュー
N	ν	ニュー
Ξ	ξ	クサイ
O	o	オミクロン
Π	π	パイ
P	ρ	ロー
Σ	σ	シグマ
T	τ	タウ
Υ	υ	ユプシロン
Φ	ϕ	ファイ
X	χ	カイ
Ψ	ψ	プサイ
Ω	ω	オメガ

付録E 電気電子工学の図記号

名称	図記号
電池	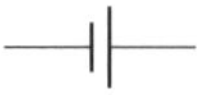
電源（交流）	
電源 (三角波)	
接地	
オシロ スコープ	
電圧計	
電流計	
接続点	•
端子	○
抵抗器	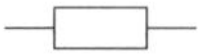
可変抵抗器 （2端子）	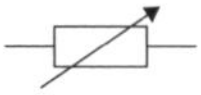
可変抵抗器 （3端子）	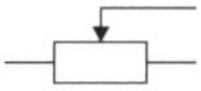

名称	図記号
コンデンサ	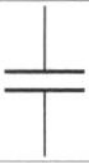
可変 コンデンサ	
半導体 ダイオード	
定電圧 ダイオード	
npn トランジスタ	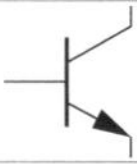
pnp トランジスタ	
*N*チャネル 接合型 *FET*	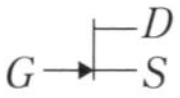
*P*チャネル 接合型 *FET*	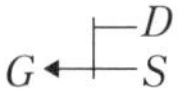
フォト ダイオード	
フォト トランジスタ (*npn* 形)	
フォト トランジスタ (*pnp* 形)	
フォトカプラ	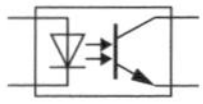

名称		図記号
光導電セル (*CdS*)		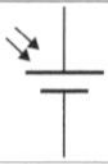
発光 ダイオード		
ガン ダイオード		
NTC サーミスタ (直熱形)		
サーミスタ (直熱形)		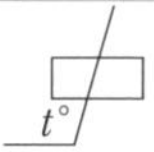
ホール素子		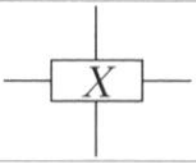
磁気抵抗素子		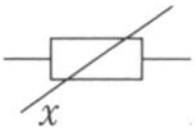
トグル スイッチ		
押しボタン スイッチ		
電磁リレー	コイル	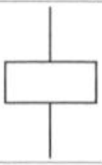
	接点	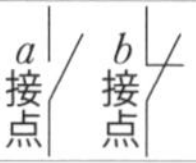
オペアンプ	新 *JIS*	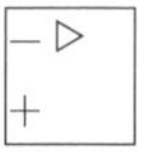
	旧 *JIS*	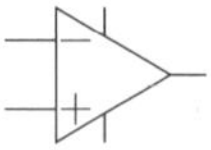

索引

F

G

H

I

L

M

N

T

U

V

X

Y

あ

い

く

け

す

せ

そ

た

ち

つ

て

と

む

め

や

ゆ

よ

り

れ

ろ

■著者略歴

臼田 昭司（うすだ しょうじ）

1975年　北海道大学大学院工学研究科修了
1975年　工学博士
1975年　東京芝浦電気㈱（現・東芝）などで研究開発に従事
1994年　大阪府立工業高等専門学校総合工学システム学科・専攻科　教授
2008年　大阪府立工業高等専門学校地域連携テクノセンター・産学交流室長
　　　　華東理工大学（上海）客員教授　山東大学（中国山東省）客員教授
　　　　ベトナム・ホーチミン工科大学名誉教授
2013年　大阪電気通信大学客員教授　立命館大学理工学部兼任講師
2020年　ミヤンマー・マンダレー工科大学客員教授
　　　　法政大学大学院・気候変動エネルギー政策研究所　特任教授
現在にいたる

専門：電気・電子工学、計測工学、実験・教育教材の開発と活用法
研究：リチウムイオン電池と蓄電システムの研究開発、リチウムイオンキャパシタの応用研究、企業との奨励研究や共同開発の推進など。平成25年度「電気科学技術奨励賞」（リチウムイオン電池の製作研究に関する研究指導）受賞
主な著書：
・「リチウムイオン電池回路設計入門」日刊工業新聞社、2012年
・「はじめての電気工学」森北出版社、2014年
・「例題で学ぶ　はじめての電気回路」2016年、「例題で学ぶ　はじめての電磁気」2017年、「例題で学ぶ　はじめての半導体」2017年、「例題で学ぶ　はじめての自動制御」2018年、「例題で学ぶ　はじめての電気電子工学」2019年、「例題で学ぶ　はじめての電気機器」2019年、例題で学ぶはじめてのメカトロ制御」2021年（以上全て技術評論社）　他多数

早川 潔（はやかわ きよし）

1997年　山梨大学大学院工学研究科博士後期課程社会・システム工学修了
　　　　博士（工学）
　　　　通商産業省　工業技術院　電子総合技術研究所（現　産業技術総合研究所）情報アーキテクチャ部COE特別研究員
2000年　九州工業大学　工学部電気工学科　講師
2005年　大阪府立工業高等専門学校　総合工学システム学科　電子情報コース　准教授
2017年　大阪府立大学工業高等専門学校　総合工学システム学科　電子情報コース　教授
現在にいたる

専門：電子回路，組込み・計算機システム，並列計算，IoT/AI
研究：センサー材料を使ったIoT/AIの研究に従事．アプリケーションのハードウェア化

主な著書：
・「例題で学ぶ　はじめての電子回路」技術評論社、2017年
・「例題で学ぶ　はじめての電気数学」技術評論社、2019年
・「実践ティーチング・ポートフォリオ　スターターブック」（共著）NTS、2011年

伊藤　敏（いとう さとし）

1979年　大阪大学大学院理学研究科修了
1979年　理学博士
　　　　東京工芸大学工学部、愛知工科大学を経て
2004年　岐阜聖徳学園大学経済情報学部　教授
2021年　岐阜聖徳学園大学　名誉教授
現在にいたる

専門：材料活用の教材開発、センサによる実験・教育教材の開発と活用法
研究：顔の動き検出とIOTの連携研究開発、慣性センサ利用の行動状態把握応用研究
主な著書：
・「表計算ソフトを使った分析・解析の実践テクニック　Excelで学ぶ理工系シミュレーション入門」CQ出版社、2003年
・「入門物理学実験　―体でつかむもの作りの基礎―」コロナ社、2006年

井上　祥史（いのうえ しょうし）

1980年　広島大学大学院理学研究科修了
1981年　理学博士
1985年　富士宮北高校，愛知技術短期大学などを経て
1999年　岩手大学教育学部教授，オーロラの研究に従事
2014年　北海道教育大学特任教授（2019年まで）
現在にいたる

専門：数値シミュレーション
研究：複合現実システム，風力発電量予測システム，ICT教育など
主な著書：
・「中学校技術分野ものづくりシリーズ１、２、３」旺文社デジタルインスティチュート、2002年
・「情報基礎」学術図書、2006年
・「例題で学ぶ　はじめての電磁気」技術評論社、2017年

鷲野 嘉映（わしの かえい）

1989年　岐阜市立岐阜薬科大学大学院薬学研究科博士前期課程修了　薬学修士
　　　　岐阜薬科大学薬学部助手、ファイザー製薬株式会社研究員、岐阜大学医学部併任講師（助手）、名古屋文理大学健康生活学部准教授を歴任

1991年　鷲野行政書士事務所　所長（兼職）

1999年　博士（医学）（岐阜大学）

2015年　岐阜聖徳学園大学看護学部看護学科 教授

2021年　愛知みずほ短期大学生活学科 教授、岐阜大学大学院 医学系研究科生命原理学講座非常勤講師（2003年より）

現在にいたる

専門：衛生・公衆衛生学、教育工学（英語学習）

研究：非侵襲的測定により得られるヒトの各種生理指標（加速度脈波・眼電位・脳血流等）を用いた健康科学的および教育工学的な応用研究

主な著書：

・「アメリカ英語の名セリフベスト100」株式会社フォーイン・スクリーンプレイ事業部、2015年

・「先生が薦める英語学習のための特選映画100選（大学生編）」、株式会社フォーイン・スクリーンプレイ事業部、2017年

・「ストレス・疲労のセンシングとその評価技術」技術情報協会、2019年

●装丁　　　　　　辻聡
●組版＆トレース　株式会社キャップス
●編集　　　　　　谷戸伸好

例題《れいだい》で学《まな》ぶ
はじめての電気《でんき》電子《でんし》材料《ざいりょう》

2021年10月13日　初版　第1刷発行

著　者　臼田昭司、早川潔、伊藤敏、井上祥史、
　　　　鷲野嘉映
発行者　片岡　巌
発行所　株式会社 技術評論社
　　　　東京都新宿区市谷左内町21-13
　　　　電話　03-3513-6150　販売促進部
　　　　　　　03-3267-2270　書籍編集部
印刷／製本　日経印刷株式会社

定価はカバーに表示してあります。

ISBN978-4-297-12315-4　C3054
Printed in Japan

■お願い

本書に関するご質問については、本書に記載されている内容に関するもののみとさせていただきます。本書の内容と関係のないご質問につきましては、一切お答えできませんので、あらかじめご了承ください。また、電話でのご質問は受け付けておりませんので、FAX か書面にて下記までお送りください。

なお、ご質問の際には、書名と該当ページ、返信先を明記してくださいますよう、お願いいたします。

宛先：〒162-0846
　　　東京都新宿区市谷左内町21-13
　　　株式会社技術評論社　書籍編集部
　　　「はじめての電気電子材料」質問係
　　　FAX：03-3267-2271

ご質問の際に記載いただいた個人情報は質問の返答以外の目的には使用いたしません。また、質問の返答後は速やかに削除させていただきます。